Kurze Darstellung
der
höhern Analysis
oder
der Funktionenlehre
nach ihrem gegenwärtigen Zustande,

nebst

Anwendung derselben auf die

höhere Geometrie

und einem Anhange

von dem Variationen-Calcül.

Zum leichtern Verständniß von Euler's, Lagrange's, Lacroix's und andern größern Werken bearbeitet

vom Königl. Preuß. Artillerie-Hauptmann

v. Tertor,

Lehrer der mathematischen und militärischen Wissenschaften bey der vormaligen Artillerie-Akademie zu Berlin.

Berlin, 1809.

In der Realschulbuchhandlung.

Also sehn sie in eines gegebenen Dinges bekannter
Eigenschaft, die nicht gegebnen, im Theile das Ganze.

Borussias Xter Gesang.

An

des durchlauchtigsten Prinzen

August von Preussen

Königliche Hoheit.

Durchlauchtigster Prinz!
Gnädigster Prinz und Herr!

Ew. Königl. Hoheit sind ein zu genauer Kenner aller Wissenschaften welche auf die Bildung eines Artilleristen auch nur den entferntesten Einfluß haben, als daß ich es nicht wagen sollte Ihnen diese Blätter unterthänigst vorzulegen, obgleich sie nur einen abstracten Theil der mathematischen Vorkenntnisse betreffen, die einem Artilleristen nützlich seyn können. Bey der großen Menge von Kenntnissen welche dem Artilleristen unentbehrlich sind kann es nicht gleichgültig seyn wie viel Zeit er zu Erlernung der analytischen Meßkunde an=

wenden muß, die ihm in einem großen Umfange nöthig ist um gewisse Gegenstände seines Faches gründlich zu beurtheilen und Schriften wie den Bombardier prussien verstehen zu können. Durch gegenwärtige Schrift etwas zu diesem Entzweck beygetragen zu haben, würde für mich eine große Beruhigung seyn. Mit dem vollkommensten Respekt

Ew. Königl. Hoheit

Berlin,
den 1. Sept. 1809.

unterthänigst gehorsamster
v. Textor.

Vorrede.

Die mehrsten in deutscher Sprache vorhandenen Lehrbücher der höheren Analysis handeln gemeiniglich nur die ersten Anfangsgründe dieser Wissenschaft ab. Man kann daraus die Operationen des Differenziirens und des Integrirens erlernen, letztere aber gemeiniglich nur in so fern sie Funktionen einer einzigen Variabeln betreffen. Viele andere wichtige Lehren der höhern Analysis werden aber darin gar nicht berührt um nicht für Anfänger zu weitläuftig und schwer zu werden. Will aber der Anfänger weiter gehn und sich mit ausführlichen Werken, wie die von Euler, Cousin und Lacroix bekannt machen, welches durchaus nothwendig ist wenn er sich im Gebiete der höheren Mechanik, der Astronomie u. s. w. umsehen will, so stellen sich eine zu große Menge neuer Gegenstände dar, um hier ohne Beyhülfe fortkommen zu können. Auch sind die genannten Werke zu weitläuftig, um sie, ohne davon zuvor wenigstens eine Uebersicht zu haben, mit Nutzen studieren zu können. Es scheint also der Uebergang von einem gewöhnlichen Handbuche zu einem der genannten ausführlichen Werke zu schnell, und die Lücke dazwischen für angehende Analysten noch zu groß zu seyn. Diese Lücke auszufüllen hat sich der Verfasser bey Ausarbeitung der gegenwärtigen Schrift vorgesetzt. Hr. Lagrange hat zwar in seiner Theorie der Funktionen eine vortreffliche Uebersicht der höheren Analysis gegeben und Hr. Professor Grüson hat für deutsche Leser eine Uebersetzung davon geliefert, allein selbst dieses Werk bedarf für solche Leser welche die Analysis nur aus Büchern wie die von Karsten, Kästner, Tempelhof, Pasquich und Vega gelernt haben, noch mancher Erläuterung und die neue darin vorkommende Bezeichnungsart (welche nicht die Vortheile hat um sie der bisher üblichen durchaus vorzuziehen und welche dem berühmten Verfasser der Funktionentheorie wegen der von ihm in der Folge gemachten Veränderunngen selbst nicht zu genügen scheint) trägt mit zur Erschwerung des Studiums dieses Werkes bey. Hr. Hauptmann Rohde hat dieserhalb seine Anfangsgründe der Differentialrechnung, Potsdam 1799. nach Lagrange's

Funktionentheorie zur Erläuterung dieses Meisterwerks für Anfänger abgefaßt, und dieser Bestimmung wegen mehrere der wichtigsten Lehren wie z. B. den Calcül der partiellen Differentiale und der Variationen dem Leser aus dem Original selbst nachzuholen überlassen.

Es schien daher nicht überflüssig, für Leser welche schon einige Bekanntschaft mit den ersten Operationen der höhern Analysis gemacht haben, mit Beybehaltung der bisher üblichen Bezeichnungsart, eine kurze Darstellung der höhern Analysis, größtentheils auch nach Lagrange, auszuarbeiten und die wichtigsten Resultate derselben, mit Weglassung der Beweise für sehr bekannte oder leicht zu erweisende Sätze, näher zusammen zu rücken, um ihnen den Uebergang zu größern Werken zu erleichtern. Sie werden darin dasjenige was sie schon gelernt, nur kurz berührt finden, und Gelegenheit haben sich die Beweise davon selbst wieder zu erinnern oder manches in den Lehrbüchern, mit welchen sie bereits bekannt sind, nachzuschlagen. Auf diese Weise wird die Aufmerksamkeit auf Gegenstände die ihnen noch neu sind am besten rege erhalten. Auch wird dieses Werkchen von Lehrern beym Unterricht gebraucht werden können, weil die Kürze worin die wichtigsten Resultate der höhern Analysis vorgetragen worden ihnen Gelegenheit genung giebt Erläuterungen und Beyspiele hinzuzufügen. Denn um eine desto gedrängtere Uebersicht von den wichtigsten Lehren und ihrem Zusammenhange zu geben, war es nothwendig die Beyspiele sehr sparsam anzubringen, besonders von Gegenständen worin schon in solchen Büchern deren Kenntniß hier voraus gesetzt wird, Beyspiele zur Genüge vorkommen, und um alles desto näher zusammen zu haben, sind selbst einige für gewisse Leser nöthig scheinende Erläuterungen nur am Schlusse des Buches beygefügt worden. Einige Gegenstände wo Anfänger gewöhnlich Schwierigkeiten finden, sind etwas umständlicher auseinander gesetzt, der Calcül ist aber überall so viel wie möglich abgekürzt worden. Die Analysis blos nach den entgegengesetzten Operationen des Differenziirens und Integrirens einzutheilen schien nicht zweckmäßig, weil diese Operationen bey der Erkenntniß der Eigenschaften der Funktionen, so in einander verwebt sind daß ihre Trennung dem natürlichen Zusammenhange nachtheilig ist.

Es sind keine Figuren beygefügt, theils weil die hier vorausgesetzten Leser sie sich nach Bedürfniß leicht selbst entwerfen können, theils weil die bey den vielen dazu nöthigen Buchstaben unvermeidlichen Druckfehler öfters viel Verwirrung machen und überdem das Werk dadurch vertheuert wird.

Der Verfasser hält für nöthig unter den Differentialzeichen dy, dx, d^2y, dx^2 :c. nicht bloß Nullen sondern beliebige endliche Werthe die man nöthigenfalls bis auf Nichts abnehmen lassen kann zu begreifen, welches auch bey den mathematischen Schriftstellern stillschweigend geschiehet *). Wenn man nehmlich bey einer Funktion y von x die Zunahme von x mit dx, die zugehörige Veränderung von y mit $\triangle y$ und hierauf die constituirenden Theile der Entwickelungsreihe für $\triangle y$ nach der Ordnung mit dy, d^2y, d^3y :c. bezeichnet, so kann man diese endlichen Theile der endlichen Differenz $\triangle y$, der Analogie gemäß mit dem Nahmen Differentiale belegen. Dann ist das endliche Verhältniß $\frac{dy}{dx}$ einerley mit demjenigen Verhältniß welches aus den bis auf Null abgenommenen Werthen von dy, dx entstehet und welches letztere man zur Unterscheidung von jenem mit $\frac{dy}{dx}$ bezeichnen kann. Wenn also dieses Verhältniß bekannt ist, so kann man dy, dx als seine endlichen Glieder betrachten. Die folgenden Verhältnisse $\frac{d^2y}{dx^2}$, $\frac{d^3y}{dx^3}$:c. sind aliquote

---

*) Man vergleiche was hierüber Hr. Hauptmann Rohde in seinen Anfangsgründen der Differentialrechnung Seite 126 sagt.

Theile von den höheren aus dem Nullwerthe von dx entspringenden und einander succedirenden Differentialverhältnissen $\frac{d^2 y}{dx^2}$, $\frac{d^3 y}{dx^3}$ ꝛc. und wenn daher diese bekannt sind, so wird man d^2y, dx^2 und d^3y, dx^3 als endliche Glieder von Verhältnissen ansehen können, deren Vervielfachung diese Differentialverhältnisse hervorbringt. Ist z. B. $\frac{d^2 y}{d^2 x} = \frac{1}{2} \frac{d^2 y}{dx^2}$, so ist $\frac{2 d^2 y}{dx^2} = \frac{d^2 y}{dx^2}$ u. $2 d^2 y$, dx^2 sind die endlichen Glieder dieses Verhältnisses. Sonach kann man zur Vorstellung von den Differentialverhältnissen auch durch gewisse endliche Differentiale gelangen und sich also auch in den Differentialverhältnissen $\frac{dy}{dx}$, $\frac{d^2 y}{dx^2}$, $\frac{d^3 y}{dx^3}$ ꝛc. unter dy, d^2y, d^3y ꝛc. und unter dx gewisse endliche Größen denken, wobey es gleichgültig ist auf welche Art man zu diesen Verhältnissen gelangt. Sind diese Verhältnisse einmahl gefunden, so bleiben sie dieselben, man mag dx größer oder kleiner nehmen so lange x sich nicht ändert, und man kann die Veränderung $\triangle y$ auf folgende Art ausdrucken:

$$\triangle y = \frac{dy}{dx} dx + \frac{1}{2} \frac{d^2 y}{dx^2} dx^2 + \frac{1}{2} \cdot \frac{1}{3} \frac{d^3 y}{dx^3} dx^3 + \text{ꝛc.}$$

um anzudeuten, daß die Factoren dx, dx^2 :c. in keiner nothwendigen Verbindung mit den Divisoren dx, dx^2 stehen, sondern als verschiedene willkührlich kleine Größen betrachtet werden können.

Diese Ansicht von den Differentialen die im ersten Kapitel des ersten Abschnitts weiter entwickelt worden, ist den Grundsätzen von Lagrange gemäß, welche nach ihm Lacroix durch die gewöhnliche Bezeichnungsart dargestellt hat. Sie scheint einiges Licht über die Behandlung der Differentialausdrücke zu verbreiten und aufzuklären warum man die Differentiale in dem Algorithmus ganz wie endliche Größen und selbst wie veränderliche Größen oder wie solche behandelt die mehrere Werthe unter sich begreifen. Hierdurch wird es z. B. klar warum Laplace $\int P(dx + \triangle dx) = \int P\,dx$ setzt. Weil nehmlich dx willkührlich ist, so kann man $\triangle dx$ mit darunter begreifen. Hier bedeutet y eine solche Funktion woraus $\frac{dy}{dx} = P$ wird, denkt man sich nun unter dy, dx die endlichen Glieder dieses Verhältnisses wovon dx willkührlich ist, so erhält man $dy = P\,dx$ und da man die Funktion y mit dem Ausdruck $\int P\,dx$ bezeichnet, so bleibt auch hierin dx willkührlich und man muß dieselbe Funktion y erhalten man mag unter dx blos dx oder auch $dx + \triangle dx$ begreifen. Man kann also

$\int P\,dx = \int P\,dx$ setzen und wenn man $dx = dx + \triangle dx$ und $dx = 0$ nimmt, so wird doch $dx = \triangle dx$ folglich als endlich anzusehen seyn. Wenn man auch sagt, man habe bey der Herstellung der Funktion y aus dem Ausdruck $dy = P\,dx$ mit dx gar nichts zu thun, so wird doch wenigstens zu fragen seyn: ob man unter dx sich immer nur Null vorstellen könne?

Stellt man sich die Funktion $y = fx$ durch eine Curve construirt vor, so wird

$$y + \triangle y = fx + \frac{dy}{dx}\,dx + \frac{d^2 y}{2\,dx^2}\,dx^2 + \frac{d^3 y}{2.3\,dx^3}\,dx^3 + \text{etc.}$$

die um den Abstand dx von y entfernte und auf der entgegengesetzten Seite des Anfangspunkts der Abscissen liegende Ordinate. Diese Ordinate wird, wenn x einerley bleibt, blos von dx abhängen und sie wird der Ordinate y desto näher kommen oder der Unterschied $\triangle y$ beyder Ordinaten wird desto geringer werden, je kleiner dx wird, und für $dx = 0$, wird der Unterschied ganz verschwinden. Die von allen möglichen Ordinaten $y + \triangle y$ zunächst an y liegende Ordinate, ist ein Begriff der sich nicht festhalten läßt, und die obige Reihe kann daher keinen Ausdruck dafür geben. Unterdessen wenn man die Differenz

$$\triangle y = dx \left[\frac{dy}{dx} + \frac{d^2y}{2\,dx^2}dx + \frac{d^3y}{2.3\,dx^3}dx^2 + \text{ꝛc.}\right]$$

betrachtet, so siehet man daß dieselbe, so lange dx noch irgend einen wenn auch noch so kleinen Werth behält, nicht kleiner als $dx\,\frac{dy}{dx}$ werden kann. Man ist daher genöthigt diese Grenze des Abnehmens von $\triangle y$ für die Größe selbst zu nehmen, und folglich $y + \triangle y = y + \frac{dy}{dx}dx$ für die nächst anliegende Ordinate selbst anzusehn. Wenn $\frac{dy}{dx} = 0$ ist, so wird der Ausdruck dieser Ordinate $y + \triangle y = y + \frac{d^2y}{2.\,dx^2}dx^2$ u. s. w.

Wenn z eine Funktion von x und y ist und man daraus die Differentialgleichung $dz = \frac{dz}{dx}.dx + \frac{dz}{dy}dy$, worin $\frac{dz}{dx}$ und $\frac{dz}{dy}$ gewisse Funktionen, von x und y sind, gefunden hat, so kann man mit dieser Gleichung keinen rechten Sinn verbinden wenn man dx und dy jedes für Null annimmt, denn man siehet alsdann nicht warum es nöthig ist beyde Glieder im zweyten Theile beyzubehalten. Soll die Gleichung einen Sinn haben, so muß man sich unter dx und dy willkührliche Größen vorstellen. Wenn man alsdann die Funktion z von x und y durch eine krumme Oberfläche construirt, so wird $dz = \frac{dz}{dx} dx + \frac{dz}{dy} dy$ eine Gleichung seyn welche bey dieser krummen Oberfläche Statt findet und welche, wenn man sie construirt, indem man dx u. dy für die mit x u. y paralellen Coordinaten und den Endpunkt von z für den Anfangspunkt nimmt, eine durch diesen Punkt gehende Berührungsebene darstellt.

Ein gleiches gilt von den Variationen welche im wesentlichen von den Differentialen nicht verschieden sind, sondern nur in ihrer Entstehung davon abweichen. Ist z. B. $u = 0$ eine Funktion von x, y und z und es bekommen die Größen oder Funktionen x, y und z die Variationen δx, δy und δz so erhält man bekanntlich die Variation

$$\delta u = 0 = \frac{du}{dx} \delta x + \frac{du}{dy} \delta y + \frac{du}{dz} \delta z$$

wobey man genöthigt ist sich unter δx, δy, δz gewisse kleine Größen vorzusiellen, wovon zwey willkührlich sind die dritte aber alsdann durch die Gleichung selbst bestimmt ist. Wenn aber r ebenfalls eine Funktion von x, y und z, welche nicht $= 0$ ist, so erhält man

$$\delta r = \frac{dr}{dx} \delta x + \frac{dr}{dy} \delta y + \frac{dr}{dz} \delta z$$

worin alle drey Variationen δx, δy und δz will-

kührlich

führlich sind. Nur unter dieser Bedingung läßt sich die Behauptung des Hrn. Laplace auf der 10ten Seite des ersten Theils der Uebersetzung einsehen, daß nehmlich wenn man die Werthe von δx, δy, δz aus der Gleichung $\delta u = 0$ in den Ausdruck für δr setzt und man alsdann allemahl $\delta r = 0$ erhält, man auch $\delta r = N\,\delta u$ haben müsse worin N eine Funktion von x, y und z ist. Nothwendig muß also $\frac{d r}{d x}\delta x + \frac{d r}{d y}\delta y + \frac{d r}{d z}\delta z$ einen Factor haben welcher δx, δy und δz enthält und so beschaffen ist, daß er $= 0$ wird wenn man darin für δx, δy, δz ihre Werthe aus der Gleichung $\delta u = 0$ setzt. Dieses kann nun kein anderer als δu selbst oder $\frac{du}{dx}\delta x + \frac{du}{dy}\delta y + \frac{du}{dz}\delta z$ seyn, so daß

$$\delta r = N \left[\frac{du}{dx}\delta x + \frac{du}{dy}\delta y + \frac{du}{dz}\delta z\right] = N\,\delta u$$

Werden hierin für δx, δy, δz jene Werthe gesetzt, so wird $\delta u = 0$ mithin auch $\delta r = 0$.

Um bey den Differentialzeichen d x, dx gewisse verschiedene Beziehungen auszudrücken, sind die stehenden und liegenden Buchstaben d gebraucht worden. Statt der letztern wären die runden unstreitig besser gewesen, weil durch die gar zu große Aehnlichkeit der stehenden und liegenden ihr Unterschied leicht zu übersehen, welches auch bey der Correctur geschehen seyn wird. Dann hätten aber eigene Schriftzeichen dazu gegossen werden müssen, welches die jetzt überall nothwendige Oekonomie nicht zuließ. Der Leser wird außer den angezeigten Druckfehlern wie gewöhnlich noch mehrere entdecken und hoffentlich nicht für grammatikalische oder orthographische Fehler halten. In dem Buchstaben-Calcül hätte manches besser abgesetzt werden können, womit der Leser gütige Nachsicht haben wird.

Berlin im September
1809.

Der Verfasser.

Inhalt.

Drittes Kapitel.

Viertes Kapitel.

Fünftes Kapitel.

Sechstes Kapitel.

Zweyter Abschnitt.

Anwendung der Analysis auf die höhere Geometrie

Erstes Kapitel.

Zweytes Kapitel.

Drittes Kapitel.

Viertes Kapitel.

Fünftes Kapitel.

Anhang.

Druckfehler

welche vor dem Lesen zu verbessern sind.

Seite	Zeile			
5	letzte		statt	ces setze man ses
7	5	v. u.	—	Zeichtn setze man Zeichen
15	15		—	beidrn setze man beiden
18	9		—	$\left(\frac{dx}{dx}\right)$ setze man $\left(\frac{dy}{dx}\right)$
—	—		—	$\left(\frac{d^2y}{dx}\right)$ setze man $\left(\frac{d^2y}{dx^2}\right)$
20	3	v. u.	—	$\frac{dz}{dy}$ setze man $\frac{dz}{dx}$
22	4		—	$\frac{1}{4} \cdot \frac{1}{8}$ setze man $\frac{1}{2} \cdot \frac{1}{3}$
—	6	v. u.	—	$dx\ dx$ setze man $dx,\ dx^2$
23	8		—	$\frac{dz}{dy}$ setze man $\frac{dz}{dx}$
27	6	v. u.	—	Funktion setze man Funktionen
—	letzte		—	$+$ setze man $\times$
30	7		—	Funktionen setze man Funktion
36	3			setze man nach $\frac{dfx}{dx}$ ein Komma
—	4		—	y' setze man y
37	8		—	$\frac{du}{du}$ setze man $\frac{du}{dx}$
—	15		—	$\ldots + \frac{du}{dz} dz$ setze man $\ldots \frac{du}{dz} dz = 0$

Seite	Zeile		
37	6	v. u.	statt $\frac{d^2 z}{d y^3}$ setze man $\frac{d^2 z}{d y^2}$
38	6		— $\frac{d^3 z}{d x}$ setze man $\left(\frac{d^3 z}{d x^3}\right)$
—	—		— $\frac{d^3 z}{dx\,dy^2}$ setze man $\left(\frac{d^3 z}{dx\,dy^2}\right)$
39	1		— $\frac{dz}{dy}+\frac{dz}{dy}\frac{dy}{dx}$ setze man $\frac{dz}{dx}+\frac{dz}{dy}\frac{dy}{dx}$
41	11		— , setze man ;
—	6	v. u.	
42	12		— $y + cx^2$ setze man $y + cx^2 = 0$
—	—		— welchen setze man welcher
43	10		— erfor setze man erfordert
—	11	v. u.	— $\ldots + bx + c$ setze man $\ldots + bx + c = 0$
44	8	v. u.	— Größe setze man Größen
45	2		— $\frac{d^2 y}{d x^2}$ setze man so ist $\frac{d^2 y}{d x^2}$
—	9		— gefundene setze man gefundenen
47	12		— .... tion setze man .... tionen
49	7	v. u.	lese man so: man der Abkürzung wegen $y', y'' \ldots y^n$ für $\frac{dy}{dx}, \frac{d^2 y}{dx^2} \ldots\ldots \frac{d^n y}{dx^n}$,
60	4	v. u.	durchstreiche man am
68	8		statt $\frac{1}{bx^2}$ setze man $\frac{1}{bx}$
70	2		— Fruction setze man Funktion
—	15		— p setze man $p + b$
84	12	v. u.	— zu bestimmen setze man möglich
—	9	v. u.	— $\frac{d^2 z}{d y^2}$ setze man $\frac{d^2 z}{dy\,dx}$
86	zu Ende		— $2xy$ setze man $2cy$
88	9		— $\frac{dq}{dr}$ setze man $\frac{dq}{dz}$
—	11		— dr setze man dz

Seite	Zeile		
89	6	v. u.	zwischen enthalten und können setze man seyn
95	10		zwischen Differentialgleichung und thut setze man Genüge
96	7		statt Jede setze man Die
—	7	v. u.	— $\frac{du}{dx}:\frac{du}{dx}$ setze man $\frac{du}{dx}:\frac{du}{dz}$
101	3	v. u.	— $\frac{dz}{dy}$ setze man $\frac{dz}{dx}$
103	17		— da: setze man da
109	10		— $\frac{d^2u}{dx^2}dx' + \frac{d^2u}{dx\,dx'}dx''$ setze man $\frac{d^2u}{dx^2}x' + \frac{d^2u}{dx\,dx'}x''$
124	4	v. u.	— $\frac{d^2y}{dx^2}=\frac{15}{8}$ setze man $\frac{d^3y}{dx^3}=\frac{15}{8}$
125	16		— $+ h$ setze man $\pm h$
128	5		— $\frac{dzu}{dy^2}$ setze man $\frac{d^2u}{dy^2}$
132	7		— Divension setze man Dimension
—	10		
134	17		— Coordinate setze man Coordinaten
135	8		— x', x', z' setze man x', y', z'
—	3	v. u.	— Schritt setze man Schnitt.
139	13		— $(F''x' - f'''x')$ setze man $(F'''x' - f'''x')$
141	6	v. u.	— folglich setze man folglich
145	letzte		— $\frac{d^2x'}{dx'^2}$ setze man $\frac{d^2y'}{dx'^2}$
148	8		— dt^3 dividirt setze man dt'^3 multiplicirt
—	9		
—	letzte		— $\frac{dx'}{dx'}$ setze man $\frac{dy'}{dx'}$
151	9	v. u.	— $a\Delta x^{\mu}$ setze man $a\Delta x^{m}$

Seite	Zeile		
158	5		statt Cnrve setze man Curven
165	15		— eins setze man eines
168	16		— Beruhigungs- setze man Berührungs-
172	8	v. u.	— $\triangle x$ setze man $\triangle X$
173	4		— genährete setze mau genäherte
—	7	v. u.	— Curven setze man Curve
187	4		— $\left(\frac{dx}{dy}\right)^2$ setze man $\left(\frac{dy}{dx}\right)^2$
190	4	v. u.	— $\frac{dz'}{d}$ setze man $\frac{dz'}{dx'}$
194	13		— $\frac{dU^2}{dx^2}$ setze man $\frac{d^2U}{dx^2}$
—	—		— $\left(\frac{dz}{dy}\right)^2$ setze man $\left(\frac{dz}{dx}\right)^2$
196	2		— $U_{,,}$ und setze man und $U_{,,}$
202	9		— und b setze man a und b
—	1	v. u.	— $\frac{dV}{da}$ setze man $\frac{d(V)}{da}$
—	9	v. u.	
208	4	v. u.	— dieser setze man diese
214	7		— $\frac{dr}{dx}$ setze man $\frac{dr}{dx}$
260	8		— $\frac{dz}{dy}$ setze man $\frac{dz}{dx}$

Einleitung.

Ueber den Begriff der Differentiale.

Als die analytischen Schriftsteller noch zu sehr mit dem großen Umfang, dem innern Gehalt und den unendlich mannigfaltigen Anwendungen der höhern Annalysis beschäftigt waren, konnte es nicht fehlen, daß sie über die ersten Grundbegriffe entweder leicht hinweg eilten, oder sie doch nicht bis zur sonst gewöhnlichen mathematischen Evidenz aufklärten. Es entstanden sogar einige Bedenklichkeiten über die ersten Operationen der Algebra; z. B. über die Behandlung entgegengesetzter Größen, über die Bedeutung doppelter Werthe der Größen, worauf man durch die Auflösung der quadratischen Gleichungen gelangt, denen man eine willkührliche Worteinkleidung gegeben hat, und die man als etwas Wesentliches betrachtete u. s. w. Diese Anstößigkeiten wurden nach und nach gehoben. In der höhern Analysis machten die Vorstellungen des Unendlichkleinen und die daraus abgeleiteten Differentialausdrücke mehr Schwierigkeiten, und und veranlaßten eine Menge von zum Theil methaphysischen Deduktionen und verschiedenen Meinungen. Ob nun gleich dieser Umstand dem Fortgang der Analysis selbst nicht geschadet hat, so ist er doch der Ausbreitung und dem Studium derselben hinderlich gewesen, indem man den Analysten den Vorwurf machte, daß sie sich mit Unbegreiflichkeiten beschäftigten, oder mit Nullen herumschlügen. Man war zwar in dem Mechanismus der Operationen, wodurch man die Differentiale erhält, völlig einig, hatte aber verschiedene Ansichten von ihrem Wesen und ihrer eigentlichen Bedeutung, und dieß ist noch jetzt der Fall. La Grange sagt hierüber in der Theorie der Funktionen p. 5: Ces Variations dans la manière d'etablir et de presenter les principes du Calcul differentiel, et même dans la dénomination de ce Calcul, montrent ce me semble, qu'on n'en avoit pas saisi la véritable théorie, quoiqu'on eut trouvé d'abord les regles les plus simples et les plus commodes pour le mecanisme des operations.

Jede Bemühung, die Vorstellung von den Differentialen und ihren Verhältnissen dem Anfänger aufzuklären, und ihn wenigstens in einen schicklichen Standpunkt zu versetzen, dieselben zu betrachten, müßte daher eine gute Aufnahme finden, besonders da dieser Theil der Analysis jetzt mehr wie ehedem studirt wird.

Zu dem Ende ist es nöthig, auf die erste Entstehung und Feststellung des Begriffs eines Differentials oder Differentialverhältnisses zurück zu gehen. Man gelangt hierzu, indem man eine einfache algebraische Funktion z. B. $y = a + bx + cx^2$ betrachtet, worin man x um die beliebige Größe Δx zu nehmen lässet, da alsdann y ebenfalls eine gewisse Zunahme, oder vielmehr Veränderung Δy erhalten muß. Nun ist das Verhältniß zusammengehöriger Zunahmen $\frac{\Delta y}{\Delta x} = b + 2cx + c\Delta x$. So lange Δx eine gewisse Größe hat, wird diese

Gleichung allemal das Verhältniß $\frac{\Delta y}{\Delta x}$ ausdrücken, je kleiner Δx wird, desto mehr nähert sich das Verhältniß dem Werth $b + 2cx$, den es nur beim gänzlichen Verschwinden von Δx wirklich erreicht, und welcher daher als die Grenze dieses Verhältnisses bei dem Abnehmen seiner Glieder anzusehen ist. Nimmt man nun wirklich $\Delta x = 0$, so wird auch $\Delta y = 0$, und man erhält $b + 2cx$ als den Verhältnißexponenten zweier Nullen; man schreibt alsdann $\frac{dy}{dx} = b + 2cx$, und nennt dieses Verhältniß das Differentialverhältniß, wo also dy und dx nur zwei verschiedene Zeichen für Null sind. Es entsteht nun die Frage, wie zwischen zweien zu Null gewordenen Größen ein Verhältniß Statt finden könne? An und für sich ist dieses nicht wohl denkbar. Wenn man aber zweien veränderlichen Größen Δy und Δx einmal ein Verhältniß zuschreibt, so kann man für den Fall, da jede derselben $= 0$ wird, keine Ausnahme machen. Dieses erläutert man gewöhnlich durch geometrische Verhältnisse, welche bei Dreiecken, beim Kreis u. s. w. Statt finden, und deren Glieder man durch Parallellinien bis auf Nichts abnehmen läßet. Man kann auch durch die Betrachtung gewöhnlicher Zahlengrößen darauf kommen. Ist z. B. n Rtl. : n Gr. $= 24 : 1$; was auch n für eine Zahl seyn mag, so muß auch 0 Rtl. : 0 Gr. $= 24 : 1$ seyn, wenigstens wird man beide Nullen von einander unterscheiden müssen. Man weiß auch, daß man solche Gleichungen, die auf 0 reducirt worden, nicht für gleichgeltend annehmen kann, und daß, wenn man z. B. $Fx = 0$ und $fx = 0$ hat, daraus nicht $Fx = fx$ gefolgert werden könne. Wenn man aber dieses zugiebt, so muß man

Erklärung des Differentialverhältnisses.

auch zwischen solchen Nullwerthen irgend ein Verhältniß gestatten. Daher wird man es auch nicht anstößig finden können, daß man in der Differentialrechnung die Zeichen dy und dx als Zeichen zweier verschiedenen Nullen, oder wenigstens als Zeichen beibehält, daß zwei von einander verschiedene Größen zu Null geworden. Auch können die Glieder eines veränderlichen Verhältnisses nicht allein durch allmählige Abnahme zu Null werden, sondern auch durch Substitution besonderer Werthe. Hat man z. B. $\frac{x^2 - a^2}{x - a}$ so wird dieses Verhältniß für $x = a$ zu $\frac{0}{0}$, dessen Werth bekanntlich $2a$ ist. Man sieht also, daß die Verhältnisse zwischen zwei zu Null gewordenen Größen nicht blos eingebildet sind, sondern daß man durch die Natur der Größen selbst darauf kommt.

Hr. Professor E. G. Fischer hält in einer besondern Schrift über den eigentlichen Sinn der höhern Analysis den Begriff eines Verhältnisses zwischen zweien zu Null gewordenen Größen für unausweichlich, und setzt denselben ausführlich auseinander.

Die Schwierigkeit, ein Verhältniß zwischen zweien zu Null gewordenen Größen zu gestatten, ist die Ursache, daß viele Mathematiker diese Vorstellung zu umgehen oder zu vermeiden gesucht haben, und sich dagegen mit der Vorstellung von unendlich kleinen Größen zu helfen suchten. Nach ihnen ist ein Differentialverhältniß, ein Verhältniß zwischen Größen, die ins Unendliche abnehmen oder verkleinert werden. Allein hierdurch wird die Dunkelheit, welche in dem Begriff desselben liegt, nicht aufgeklärt. Andere erklären, und zwar mit Recht, ein Differentialverhältniß als die Grenze des Verhältnisses ins Unendliche abnehmender Größen, und betrachten diese Grenzen als den Gegenstand der Differentialrechnung, ohne sich weiter um die abnehmenden Größen selbst zu bekümmern, die sie als unbestimmt ansehen, und davon gänzlich abstrahiren.

Differentialverhältniß als Grenze des Verhältnisses zweier ins Unendliche abnehmender Größen.

Noch schwieriger wird die Vorstellung, daß eine verschwindende oder zu Null gewordene Größe, gegen eine andere Größe derselben Art als Nichts zu betrachten ist, woraus die verschiedenen Ordnungen der Differentiale oder der unendlich kleinen Größen entstehen. Wenn man aber zweien zu Null gewordenen Größen dy, dx ein Verhältniß gestattet, so kann man nicht umhin, ihnen nicht auch das mögliche Verhältniß von 1 : 0 zuzugestehen. Eben so ist es mit dem Verhältniß ydy : dy . dx wo das zweite Glied von der zweiten Dimension, und daher gegen das erste Glied verschwindet, indem das Verhältniß, wenn man durch dy dividirt, = y : dx wird. Eben so verschwindet dx^2 gegen dx, dx^3 gegen dx^2 u. s. w. Hr. Professor Fischer hat in der vorhin erwähnten Schrift diese Vorstellungen, denen er zuerst räumliche Gegenstände unterlegt, mit aller Deutlichkeit auseinander gesetzt.

Hiernach wird der Begriff der Differentialrechnung, in der Bestimmung des Verhältnisses solcher Größen bestehen, welche bis auf Null abgenommen haben, und in diesem Verstande könnte man sie mit dem verstorbenen Hofprediger Schulz für eine künstliche Nullenrechnung erklären.

La Grange in seiner Theorie der Funktionen Seite 4. erklärt sich über das Verhältniß der zu Null gewordenen Differenzen folgendermaßen:

ce rapport n'offre plus à l'esprit une idée claire et precise, aussitôt que ces deux termes deviennent l'un et l'autre nul à la fois. Er führt daher das Gebäude seiner Theorie der Funktionen, welche die vornehmsten Operationen der Differential- und Integralrechnung enthält, auf den Grund der Entwickelung einer jeden Funktion in eine Reihe nach den Potenzen der Zunahmen der unabhängigen Variabeln auf, welches solchergestalt von der Betrachtung unendlich kleiner Größen gänzlich befreit ist, degagé de toute consideration d'infiniment petits ou de limites. Hiernach bestehet die Differentialrechnung in der Betrachtung der Eigenschaften derjenigen Funktionen, welche von einer gegebenen Funktion, vermittelst der Reihenentwickelung abgeleitet werden, wodurch also alles auf die Natur gewisser Operationen beruht, die man mit den Funktionen vornimmt, und welche eben dieselben sind, wodurch die Differentialverhältnisse gefunden werden. Vielleicht, um nicht die Idee unendlich kleiner Größen zu erwecken, die man gewöhnlich mit den Zeichen dy, dx zu verbinden pflegt, hat er eine andere Bezeichnungsart gebraucht, welche einige Vortheile hat, von andern analytischen Schriftstellern aber nicht angenommen worden ist. *)

---

*) Ueber diese Bezeichnungsart erklärt er sich selbst in den Leçons sur le Calcul des fonctions folgendermaßen: La notation, que nous avons employée pour désigner les fonctions derivées de Z par rapport à chacune des variables est comme l'on voit très simple . . ., mais elle ne met pas en evidence les variables auxqu'elles chaque groupe de traits dois se rapporter, et si l'on avoit des fonctions de plus de deux variables, la multitude des virgules pourroit rendre la notation incommode et causer de la confusion par rapport aux variables auxquelles les differentes fonctions repondroient.

Ueberdem ist zur Bestimmung der Differentialverhältnisse einer gegebenen Funktion kein anderer Weg, als die Auflösung der Funktion in eine Reihe, weshalb es am natürlichsten scheint, bei der Feststellung des Begriffs der Differentialverhältnisse von der Reihenentwikkelung als einer allgemein möglichen Operation auszugehn. La Croix in seinem Traité du Calcul differentiel et integral hält dieses für den lichtvollsten und gradesten Weg, marche la plus lumineuse et la plus directe. La Grange hält in der Theorie der Funktion die allgemeine Entwickelungsform für eins der ersten Grundprincipe seiner Theorie, und sagt Seite 12.: on le supposa tacitement dans le calcul differentiel. Es scheint in der That die Vorstellung die Zunahmen Δy und Δx, jede bis auf Null abnehmen zu lassen, nur ein Kunstgriff zu seyn, um den ersten Coefficienten in der Entwickelung einer Funktion abgesondert von den andern zu erhalten. Es ist nemlich die Entwickelung der im obigen Beispiel gewählten Funktion

$$y + \Delta y = (a + bx + cx^2) + (b + 2cx)\Delta x + c\Delta x^2$$

und wenn man mit dy, dx die bis auf Null vermindertem Zunahmen von y und x bezeichnet, so wird $\frac{dy}{dx} = b + 2cx$, zu welcher Gleichung man gerade hin gelangen könnte, wenn man $\frac{dy}{dx}$ als ein bloßes Zeichen des ersten Coefficienten $b + 2cx$ ansähe; und dieß ist im Grunde das Verfahren des Hrn. de la Grange, nur daß er dafür das einfache Zeichen $f'x$ oder y' wählt, so wie für die folgenden Coefficienten die Zeichen $f''x$, $f'''x$ oder y'', y''' u. s. w. Daß man den Ausdruck $\frac{dy}{dx}$ als ein schickliches Zeichen des ersten Coefficienten der Entwickelung ansehen könne, erhellet aus Folgendem:

Wenn in der gegebenen Funktion, x um dx zunimmt, so wird die gesammte Veränderung von y oder $\Delta y = (b + 2cx)\, dx + c\, dx^2$; man sieht nun, daß die Veränderung Δy aus zweien Theilen bestehet; bezeichnet man diese beiden Theile nach der Ordnung mit dy und d^2y, so kann man $dy = (b + 2cx)\, dx$ und $d^2y = c\, dx^2$ schreiben, und folglich auch $\frac{dy}{dx} = b + 2cx$ und $\frac{d^2y}{dx^2} = c$, wo also $\frac{dy}{dx}$ und $\frac{d^2y}{dx^2}$ den ersten und zweiten Coefficienten der Entwickelung bezeichnen. Hier bedeutet also dy nicht die ganze Zunahme der Größe y, sondern nur den ersten Theil derselben, oder es bedeutet nicht die ganze Differenz zwischen $f(x + dx) - fx$, sondern nur den ersten Theil dieser Differenz, und dieses scheint der Sinn der Benennung eines Differentials zu seyn. Es ist also dann nicht nöthig dy, d^2y, dx, dx^2 als Nullen zu betrachten, sondern nur als solche Größen, die man nach Gefallen abnehmen lassen kann, wenn man nur unter dy nicht die ganze Differenz einer Funktion y, sondern nur den ersten Theil derselben, unter d^2y den zweiten Theil derselben u. s. w. versteht.

Dieses scheint den Vorstellungen der höhern Geometrie gemäß, denn wenn $y = fx$ eine Curve vorstellt, wovon x die Abscisse, y die Ordinate, so wird, wenn man $x + dx$ anstatt x setzt, und die Funktion y in eine nach den Potenzen von dx steigende Reihe entwickelt werden kann, die zu der Abscisse $x + dx$ gehörige Ordinate $y' = fx + p\, dx + q\, dx^2 +$ u. s. w. wo p und q Funktionen von x sind, folglich $y' - y = p\, dx + q\, dx^2 +$ 2c. Die Zunahme oder Differenz beider Ordinaten bestehet also aus mehreren Theilen oder Differentialen, und wenn man unter dy den ersten dieser

Theile versteht, so ist $dy = p\,dx$, ferner $d^2y = q\,dx^2$ u. s. w. Unter dy ist also nicht eben eine Verkleinerung von Δy zu verstehen, sondern ein algebraischer Theil von Δy, so daß also dy selbst größer als Δy seyn kann. Δy ist immer die Zunahme der Ordinate, indem die Abscisse um ein beliebig Stück dx zunimmt. aber dy ist nur der erste Theil dieser Zunahme, so daß man also eigentlich nicht $y + p\,dx$ oder $y + dy$ für die auf y unmittelbar folgende Ordinate ansehen kann, sondern nur in so fern die höheren Differentiale oder die folgenden Glieder der Reihe in gar keinen Betracht kommen. Wenn man also unter dy nur den ersten Theil der Differenz $y' - y$ oder das Differential versteht, so bleibt das Verhältniß $\frac{dy}{dx}$ beständig $= p$ so lange x dasselbe bleibt, und man kann sich unter dy und dx kleine Größen vorstellen, wovon die letzte willkührlich ist. Es ist also einerlei, ob man den ersten Coefficienten p in der Entwickelungsreihe als das Verhältniß der zu Null gewordenen Differenzen, oder als das Verhältniß des ersten Differentials dy zu der Differenz dx betrachtet. Die letztere Vorstellungsart scheint aber natürlicher, weil man alsdann die Gleichung $\frac{dy}{dx} = p$ wie jede andere Gleichung in endlichen Größen behandeln kann, wie auch selbst dann, wenn man dy und dx als Nullen betrachtet, gewöhnlich geschiehet. Man wird in der Folge sehen, daß alles dieß ebenfalls bei den höhern Differentialverhältnissen $\frac{d^2y}{dx^2}$, $\frac{d^3y}{dx^3}$ u. s. w. seine Anwendung findet.

Die letztgedachte Vorstellungsart ist besonders nöthig, um sich von den Differentialen einer Funktion z von zweien oder mehreren veränderlichen Größen eine deutliche Vorstellung zu machen. Man hat z. B. im ersten Fall $dz = \frac{dz}{dx}\,dx + \frac{dz}{dy}\,dy$ worunter man sich nichts Deutliches denken kann, wenn man dx und dy jedes für Null nimmt.

Die Forderung sich in den Gleichungen $\frac{dy}{dx} = p$ und $dz = \frac{dz}{dx}\,dx + \frac{dz}{dy}\,dy$, sowohl dx, $\mathrm{d}x$ als dy und $\mathrm{d}y$ als unendlich klein vorzustellen, scheint aus dem Bedürfniß, sich darunter etwas von Null verschiedenes, und doch auch keine endliche Größe zu denken, entsprungen zu seyn, welcher Zweideutigkeit man aber entgeht, wenn man geradezu dx, $\mathrm{d}x$ dy und $\mathrm{d}y$ als kleine Größen betrachtet, oder das Wort unendlich nicht in dem strengen mathematischen Sinn, sondern in dem des gemeinen Lebens nimmt. Alsdann kann z. B. in der Gleichung $dz = \frac{dz}{dx}\,dx + \frac{dz}{dy}\,dy$, dz alle mögliche Werthe haben, nur kann man sich alsdann, wenn diese Gleichung einer krummen Oberfläche zugehört, wovon z die Applicate ist, den einen Endpunkt von dz nicht in derselben vorstellen.

Uebrigens aber muß man gestehn, daß, wenn es gleich nicht unumgänglich nothwendig ist, die Differentiale als Nullen oder im Zustande des Verschwindens zu betrachten, so lange man die Differentialgleichungen einer gegebenen Funktion sucht; doch vorzüglich im umgekehrten Fall, wenn man die Differentialgleichungen bilden will, ohne die Funktionen zu kennen, wozu sie gehören, eine große Erleichterung und Vereinfachung entsteht, wenn man die zusammengehörigen Zunahmen oder Veränderungen der veränderlichen Größen im Zustande des Verschwindens betrachtet.

Erster Abschnitt.

Von den abgeleiteten Funktionen.

Erstes Kapitel.

Von den aufgelösten Funktionen einer veränderlichen Größe und derselben Differentialen.

§. 1.

Eine aufgelösete Funktion z einer oder mehrerer veränderlichen Größen, z. B. x, y wird durch den Ausdruck $z = fx,y$ oder $\varphi\, x,y$ bezeichnet, wo die Buchstaben f, φ oder andere ähnliche, die Funktionszeichen sind, und wo unter $f\, x,y$ irgend eine Verbindung der Größen x und y mit beliebigen Constanten verstanden wird; z. B. $z = y^3 + ax^2y + bx$, wovon die einzelnen Glieder auch Particularfunktionen genannt werden können.

§. 2.

Es sey $y = fx$ eine aufgelösete Funktion der einen veränderlichen Größe x, so wird, wenn x eine willkührliche Zunahme erhält, die Veränderung von y nicht mehr willkührlich, sondern bestimmt seyn, und eben so umgekehrt. Man nennt daher diejenige der beiden

Variabeln, welche eine willkührliche Zunahme erhält, die absolut oder unabhängige veränderliche Größe, und die andere die relativ veränderliche Größe. Da man bei einer aufgelösten Funktion die Zunahme oder Veränderung von y am leichtesten bestimmen kann, so wird man natürlich x als die absolut veränderliche Größe betrachten. Eben dieß gilt von Funktionen mehrerer veränderlichen Größen; wenn z. B. in der obigen Gleichung $z = y^3 + ax^2y + bx$, x und y jedes eine beliebige Zunahme erhalten, so bestimmt sich die Veränderung von z von selbst; x und y sind daher hier die beiden absolut veränderlichen Größen, und z die relativ veränderliche Größe.

§. 3.

Eine jede Funktion $y = fx$ kann, wenn man x um eine beliebige Größe dx wachsen läßt, in eine Reihe nach den aufsteigenden Potenzen von dx entwickelt werden.

Die Möglichkeit, daß eine Funktion in eine solchen Reihe entwickelt werden könne, ist durch Beispiele aus der Algebra z. B. durch den binomischen Lehrsatz u. a. m. dargethan. Hr. La Grange hat in seiner Theorie der Funktionen, die einfachen logarithmischen, exponentiellen und transcendenten Funktionen $y = \lg x$, $y = a^x$, $y = \sin x$ und $y = \cos x$ in solche Reihen blos mit Hülfe des binomischen Lehrsatzes entwickelt, und ohne dabei die Vorstellung von unendlich kleinen Größen zu brauchen. Man wird also für die Entwickelung einer jeden Funktion eine Reihe nach den aufsteigenden Potenzen von dx mit unbestimmten Coefficienten, als die allgemeine Entwickelungsform annehmen können, denn wenn es in einzelnen Fällen nicht möglich seyn sollte, so müßte sich dieses bei der Bestimmung der Coefficienten offenbaren. Es kommt nur darauf an, ob dieser Form nicht noch eine besondere Beschaffenheit zukomme, z. B. ob die Exponenten etwa nur ganze Zahlen seyn können. Bezeichnet man die Exponentenmit μ, ν, ϱ, ꝛc., so muß diese Form so beschaffen seyn, daß sie die Funktion fx unverändert wiederg ebt, sobald man $dx = 0$ setzt, folglich muß alsdann $f(x + dx) = fx + p\,dx^\mu + q\,dx^\nu + r\,dx^\varrho \ldots$ in fx übergehn. Hierzu wird erstens erfordert, daß keiner der Exponenten μ, ν, ϱ, negativ seyn darf; zweitens darf keiner dieser Exponenten eine gebrochene Zahl seyn, denn wenn z. B. μ ein Bruch, etwa $= \frac{1}{2}$ wäre, so würde man in der Entwickelung für jeden Werth von dx zwei Werthe für das Glied p dx erhalten, und sie würde also doppelt so viel Werthe haben als die Funktion selbst haben kann, welches unmöglich ist. Die Exponenten können also, so lange x keinen besondern Werth erhält, nur lauter ganze positive Zahlen seyn.

§. 4.

Allgemeine Form der Entwickelung einer Funktion y von x nach den Potenzen der Zunahme von x. Feststellung des Begriffs der Differentialverhältnisse.

Es sey nun $y = fx$, so wird, wenn man für x, $x + dx$ setzt, $f(x + dx) = fx + p\,dx + q\,dx^2 + r\,dx^3 + s\,dx^4 \ldots$ folglich ist

$$f(x+dx) - fx = \Delta y = p\,dx + q\,dx^2 + r\,dx^3 + s\,dx^4 \ldots$$

die Veränderung der Funktion y welche sie erhält, indem x um dx zunimmt. Man siehet also, daß die Veränderung oder Differenz Δy aus mehreren Theilen bestehet, welche man also Differentiale nennen kann, und da sie zugleich bestehen, kann man sie coordinirte Differentiale nennen. Bezeichnet man diese coordinirten Differentiale nach der Ordnung mit dy, d^2y, d^3y ꝛc., so ergeben sich folgende einzelne Vergleichungen

$$dy = p\,dx \text{ u. } \frac{dy}{dx} = p,$$

$$d^2y = q\,dx^2 \text{ u. } \frac{d^2y}{dx^2} = q,$$

$$d^3 y = r\, dx^3 \text{ u. } \frac{d^3 y}{dx^3} = r \text{ ꝛc.}$$

wo die Größen p, q, r . . . oder die coordinirten Differentialverhältnisse blos Funktionen von x sind, und daher einerlei bleiben, so lange x sich nicht ändert, dx mag größer oder kleiner genommen werden. Wenn man nun x noch einmal um die Größe $\mathit{d}x$ zu nehmen lässet, so muß dadurch f (x + dx) und seine Entwikkelung den nemlichen Werth erhalten, man mag für x, x + $\mathit{d}x$ oder für dx, dx + $\mathit{d}x$ setzen. Nun erhält man durch die erste Substitution für fx = y eine Reihe $y + y' \mathit{d}x + y'' \mathit{d}x^2$ . . . . . für p, q, r eben dergleichen Reihen, wovon man aber nur die beiden ersten Glieder nöthig hat. Man erhält also

$$f(x+dx+\mathit{d}x) = y + p\,dx + q\,dx^2 + r\,dx^3 + s\,dx^4 \ldots$$
$$+ y'\mathit{d}x + p'\mathit{d}x\,dx + q'\mathit{d}x\,dx^2\, r'\mathit{d}x\,dx^3 + s'\mathit{d}x\,dx^4 \ldots$$
$$+ \text{ꝛc.}$$

wo y', p' q' r' ꝛc. die ersten Coefficienten der Entwickelung sind, welche man erhält, wenn man in y, p, q, r ꝛc. für x, x + $\mathit{d}x$ setzt. Die zweite Substitution giebt aber

$$f(x+dx+\mathit{d}x) = y + p\,dx + q\,dx^2 + r\,dx^3 + s\,dx^4 \ldots.$$
$$+ p\,\mathit{d}x + 2q\,dx\,\mathit{d}x + 3r\,dx^2\,\mathit{d}x + 4s\,dx^3\,\mathit{d}x \ldots$$
$$+ \text{ꝛc.}$$

Da nun diese beiden Werthe für jeden Werth von dx und $\mathit{d}x$ einander gleich seyn müssen, so erhält man $p = y'$, $q = \frac{1}{2} p'$, $r = \frac{1}{3} q'$, $s = \frac{1}{4} r'$ ꝛc.; woraus sich ergiebt, daß die Coefficienten p, q, r, s . . in Verbindung stehen, und zwar so, daß jeder derselben aus dem Vorhergehenden gefunden wird, wenn man das erste Differentialverhältniß desselben nimmt, und mit dem Exponenten von dx dividirt. Nun ist nach der vorhin eingeführten Bezeichnungsart $p = \frac{dy}{dx} = \frac{\mathit{d}y}{\mathit{d}x}$. Ferner $p' = \frac{dp}{dx} = \frac{d\frac{dy}{dx}}{dx}$. Hier ist nun zuerst von der Funktion y das erste Differentialverhältniß $\frac{dy}{dx} = p$ genommen, von welchem wiederum das erste Differentialverhältniß genommen worden, also ist in diesem Ausdruck zweimal hintereinander das erste Differentialverhältniß genommen worden; man kann dieses daher das zweite **subordinirte Differentialverhältniß** nennen. Da nun $dy = p\,dx$, so muß, wenn in p, x um dx zunimmt, dy ebenfalls um eine gewisse erste Differenz $d.dy$ zunehmen, und man hat folglich $d.dy = dp\,dx$, wofür man $d^2y = dp.dx$ schreiben kann, wenn man nur dabei bemerkt, daß d^2y das zweite subordinirte Differential von y ist. Es wird also $\frac{d^2y}{dx} = dp$ folglich $\frac{d^2y}{dx^2} = \frac{dp}{dx} = p' = \frac{d.\frac{dy}{dx}}{dx}$.

Demnach haben die beidrn Ausdrücke $\frac{d.\frac{dy}{dx}}{dx}$ und $\frac{d^2y}{dx^2}$ einerlei Bedeutung, und da $q = \frac{1}{2}p' = \frac{1}{2}\frac{d^2y}{dx^2}$ so ist das zweite coordinirte Differentialverhältniß, der Hälfte des zweiten subordinirten Differentialverhältnisses gleich.

Ferner ist $r = \frac{1}{3}q'$, $q' = \frac{dq}{dx} = \frac{1}{2}\frac{d.\frac{d^2y}{dx^2}}{dx}$; folglich $dq = \frac{1}{2}d.\frac{d^2y}{dx^2}$. Da nun $q\,dx^2 = \frac{1}{2}d^2y$, so ist, wenn in q, x abermals um dx zunimmt, $dq.dx^2 = \frac{1}{2}d.d^2y = \frac{1}{2}d^3y$, wo d^3y dreimal hintereinander das erste Differential von y oder das dritte subordinirte Differential bedeutet. Folglich ist $dq = \frac{1}{2}d.\frac{d^2y}{dx^2} = \frac{1}{2}\frac{d^3y}{dx^2}$ und $\frac{dq}{dx} = q'$

$$= \frac{\frac{1}{2} d \frac{d^2 y}{dx^2}}{dx} = \frac{1}{2} \frac{d^3 y}{dx^3}, \text{ und also } r = \frac{1}{2} \cdot \frac{1}{3} \frac{d^3 y}{dx^3}.$$

Folglich ist r oder das dritte coordinirte Differentialverhältniß dem 6ten Theil des 3ten subordinirten Differentialverhältnisses gleich. Eben so ist ferner $s = \frac{1}{4} r'$, und $r' = \frac{dr}{dx} = \frac{1}{2} \cdot \frac{1}{3} \frac{d \cdot \frac{d^3 y}{dx^3}}{dx}$ wo $\frac{d \cdot \frac{d^3 y}{dx^3}}{dx}$ das vierte subordinirte Differentialverhältniß der Funktion y bedeutet. Nun ist $r\,dx^3 = \frac{1}{6} d^3 y$, folglich $dr \cdot dx^3 = \frac{1}{6} d \cdot d^3 y = \frac{1}{6} d^4 y$ wo $d^4 y$ das vierte subordinirte Differential bedeutet, folglich ist $dr = \frac{1}{6} \frac{d^4 y}{dx^3}$ und $\frac{dr}{dx} = r' = \frac{1}{6} \frac{d^4 y}{dx^4} = \frac{1}{6} \frac{d \frac{d^3 y}{dx^3}}{dx}$, demnach $s = \frac{1}{2} \cdot \frac{1}{3} \cdot \frac{1}{4} \frac{d^4 y}{dx^4}$, und es ist das vierte coordinirte Differentialverhältniß, dem 24sten Theil vom 4ten subordinirten Differentialverhältniß gleich. Man sieht also, wie diese Differentialverhältnisse eins aus dem andern abgeleitet worden, und man wird sich dadurch einen deutlichen Begriff von dem Mechanismus der Bezeichnungen machen. Da die coordinirten Differentialverhältnisse nur aliquote Theile von den subordinirten Differentialverhältnissen sind, und sie also sehr leicht durch diese bestimmt werden können, so werden in der Folge, wenn von Differentialen die Rede ist, allemal die subordinirten verstanden werden. Man kann übrigens die Größen p, q, r, s.. da sie eigentlich Coefficienten sind, auch mit dem Namen Differentialcoefficienten bezeichnen. Man sieht auch, daß die Gleichheit der obigen Bezeichnungen nur in so fern Statt findet, daß dx unveränderlich, oder eigentlich, daß x die unabhängige Variable ist, und folglich

folglich dx keine Zunahme mehr erhalten kann, so daß d^2x, d^3x ꝛc. allesammt $= 0$ sind.

§. 5.

Es kommt also bei der Ableitung der Differentialverhältnisse nur darauf an, daß man von jeder Funktion den ersten Differentialcoefficienten zu bestimmen verstehe. Da sich dieses bei den einfachen Funktionen wie x^n, $\lg x$, a^x, $\sin x$, $\cos x$ ꝛc. durch sehr einfache Regeln bewirken läßt, so wird diese Operation als bekannt vorausgesetzt.

§. 6.

Da man für dx jede andere beliebige Größe, z. B. i setzen kann, so erhält man auf diese Art für die Entwickelung einer jeden Funktion $f(x+i)$ nach den Potenzen von i folgende Formel:

$$f(x+i) = fx + \frac{dy}{dx}\, i + \frac{1}{2}\frac{d^2y}{dx^2}\, i^2 + \frac{1}{2.3}\frac{d^3y}{dx^3}\, i^3 + \frac{1}{2.3\,4}\frac{d^4y}{dx^4}\, i^4 \ldots\ldots \quad \text{I.}$$

Diese Formel enthält den berühmten Taylorschen Lehrsatz für die Entwickelung einer Funktion nach den Potenzen von i, und es erhellet wie jeder von den Coefficienten der Potenzen von i aus dem nächst vorhergehenden, durch die Anwendung der nemlichen Operationen gefunden wird. Mit Hülfe desselben kann man eine jede Funktion von $x + i$ z. B. $\sin(x+i)$ sehr leicht in eine Reihe nach den steigenden Potenzen von i entwikkeln. Man setzt nemlich in diese Formel zuerst $i = 0$, sucht die Differentialverhältnisse von $\sin x$, indem man jeden auf diese Art erhaltenen Coefficienten durch den Exponenten von i dividirt. Auf diese Art erhält man

$$\sin(x+i) = \sin x + i \cos x + \frac{i^2}{2} \sin x + \frac{i^3}{2.3} \cos x + \frac{i^4}{2.3.4} \sin x + \frac{i^5}{2.3.4.5} i^5 - \text{rc.}$$

§. 7.

Setzt man in diese Formel x anstatt i, und anstatt x, Null, so muß man die ungeänderte Funktion fx wieder erhalten. Bezeichnet man durch Einklammerung dasjenige, was die Coefficienten fy, $\frac{dy}{dx}$, $\frac{d^2y}{dx^2}$, $\frac{d^3y}{dx^3}$ rc. in der Entwickelung werden, wenn man in ihnen Null anstatt x setzt, so erhält man folgende Reihe:

$$fx = (fx) + \left(\frac{dx}{dx}\right) x + \tfrac{1}{2} \left(\frac{d^2y}{dx}\right) x^2 + \frac{1}{2.3} \left(\frac{d^3y}{dx^3}\right) x^3 + \frac{1}{2.3.4} \left(\frac{d^4y}{dx^4}\right) x^4 \ldots\ldots \text{ II.}$$

Allgemeine Entwickelungsform einer Funktion y von x, nach den steigenden Potenzen von x.

oder nach der La Grangeschen Bezeichnungsart

$$y = (y) + (y') x + \frac{(y'')}{2} x^2 + \frac{(y''')}{2.3} x^3 + \frac{(y'''')}{2.3.4} x^4 \ldots\ldots$$

Hiernach kann man eine jede Funktion y von x z. B. y = sin x in eine Reihe nach den steigenden Potenzen von x entwickeln. Im gegenwärtigen Beispiel erhält man

$$\sin x = x - \frac{1}{2.3} x^3 + \frac{1}{2.3.4.5} x^5 - \frac{1}{2.3.4.5.6.7} x^7 + \text{rc.}$$

§. 8.

Diese beiden Formeln sind bei der Entwickelung in Reihen von dem größten Nutzen. Es macht dabei keinen Unterschied, wenn auch y eine Funktion mehrerer veränderlichen Größen ist. Sie gelten für jede der Veränderlichen, wenn die übrigen als beständig angesehen werden, in welchem Fall man aber $\frac{dy}{dx}$, $\frac{d^2y}{dx^2}$, $\frac{d^3y}{dx^3}$ 2c. partielle Differentialverhältnisse, oder partielle Differentialcoefficienten nennt.

§. 9.

Man darf nicht denken, daß man hier in einem Kreis umhergehe, indem man aus der Entwickelung einer Funktion in eine Reihe, die Operationen des Differentiirens ableitet, und hiernächst wieder die Operationen des Differentiirens zur Entwickelung einer Funktion in eine Reihe anwendet. Aus der allgemeinen Form, welche eine solche Entwickelung haben muß, folgt die Abjeitung jedes ihrer Coefficienten von dem nächst vorhergehenden, durch die Differentialoperationen. Wendet man nun diese Operationen bei einem besondern Fall zur Entwickelung in Reihen an, so thut man nichts, als daß man eine allgemeine Form auf einen speciellen Fall anwendet.

Zweites Kapitel.

Von den aufgelöseten Funktionen zweier veränderlichen Größen und derselben Differentialen.

§. 10.

Es sey $z = f(x,y)$ eine aufgelösete Funktion der beiden von einander unabhängigen Veränderlichen x und y. Ist diese Funktion so beschaffen, daß z beständig $= 0$, folglich $fx,y = 0$ ist, so hören x und y auf, von einander unabhängig zu seyn, und es ist alsdann eine derselben eine unaufgelösete Funktion der andern, welche Funktionen man mit F bezeichnet, so daß $Fx, y = o$ eine auf Null reducirte Gleichung zwischen x und y, und darin y eine unaufgelöste Funktion von x ist.

Um nun den Werth von z zu bestimmen, den es erhält, wenn x um i, und y um o zunimmt, lasse man zuerst die Größe x um i zunehmen, indem y ungeändert bleibt. Alsdann erhält man nach der Formel in §. 6

$$f(x+i)\,y = z + \frac{dz}{dx}\,i + \frac{1}{2}\,\frac{d^2z}{dx^2}\,i^2 + \frac{1}{2}\cdot\frac{1}{3}\,\frac{d^3z}{dx^3}\,i^3 + \frac{1}{2}\cdot\frac{1}{3}\cdot\frac{1}{4}\,\frac{d^4z}{dx^4}\,i^4 \ldots\ldots$$

wo die Coefficienten von i sämmtlich Funktionen von x und y seyn können, bei deren Ableitung von der Funktion z aber nur x als veränderlich betrachtet wird. Um nun die Entwickelung von $f(x+i)(y+o)$ zu finden, hat man nur nöthig, in allen Gliedern der vorigen Reihe $y + o$ anstatt y zu setzen. Man muß also jedes dieser Glieder besonders nach o entwickeln, indem man blos y als veränderlich betrachtet. Die Summe dieser Reihen wird die Entwickelung von $f(x+i)(y+o)$ seyn. Nach diesem Verfahren erhält man also zuerst für z, wenn man darin $y + o$ für y setzt,

$$fx(y+o) = z + \frac{dz}{dy}\,o + \frac{1}{2}\,\frac{d^2z}{dy^2}\,o^2 + \frac{1}{2.3}\,\frac{d^3z}{dy^3}\,o^3 + \frac{1}{2.3.4}\,\frac{d^4z}{dy^4} + \ldots\ldots$$

Ferner wird aus $\frac{dz}{dy}$, wenn man darin $y + o$ statt y setzt.

$$\frac{dz}{dx} + \frac{d.\frac{dz}{dx}}{dy}\,o + \frac{1}{2}\,\frac{d^2\frac{dz}{dx}}{dy^2}\,o^2 + \frac{1}{2.3}\,\frac{d^3\frac{dz}{dx}}{dy^3}\,o^3 + \ldots$$

Da der Ausdruck $\frac{d \cdot \frac{dz}{dx}}{dy}$ nichts anders bedeutet, als daß z zuerst in Bezug auf x differenzirt, und durch dx dividirt, und dann das Resultat wieder in Bezug auf y differenzirt, und durch dy dividirt werden soll, folglich eigentlich z zweimal hintereinander differenzirt, und einmal mit dx hernach mit dy dividirt werden soll, so schreibt man $\frac{d^2z}{dx\ dy}$ für $\frac{d \cdot \frac{dz}{dx}}{dy}$ und eben so schreibt man $\frac{d^3z}{dx\ dy^2}$ für $\frac{d^2 \frac{dz}{dx}}{dy^2}$, $\frac{d^4z}{dx\ dy^3}$ für $\frac{d^3 \frac{dz}{dx}}{dy^3}$ u. s. f. Die Gleichgültigkeit dieser Bezeichnungen erhellet auch so: Es sey $\frac{dz}{dx} = p$, folglich $dz = p\,dx$, wo p folglich auch dz eine Funktion von x und y ist. Nun ist $\frac{d.\frac{dz}{dx}}{dy} = \frac{dp}{dy}$. Da aber $dz = p\,dx$, so wird, wenn in p, y um dy oder o zunimmt, p dadurch das erste Differential dp erhalten. Durch eben diese Operation wird aber auch dz ein erstes Differential $d.dz = d^2z$ erhalten. Es wird also $d^2z = dp\ dx$, und folglich $\frac{d^2z}{dx\ dy} = \frac{dp}{dy}$ also $\frac{d^2z}{dx\ dy} = \frac{d.\frac{dz}{dx}}{dy}$ seyn. In dem Ausdruck $\frac{d^2z}{dx\ dy}$ wird nun durch die Divisoren dx und dy zugleich angezeigt, daß z zuerst nach x, und dann nach y differenzirt werden soll. Auf diese Art wird die letzte Reihe so bezeichnet:

$$\frac{dz}{dx} + \frac{d^2z}{dx\ dy}\,o + \tfrac{1}{2}\frac{d^3z}{dx\ dy^2}\,o^2 + \tfrac{1}{2}\cdot\tfrac{1}{3}\,\frac{d^4z}{dx\ dy^3}\ldots$$

Eben so erhält man für $\frac{d^2 z}{dx^2}$

$$\frac{d^3 z}{dx^2} + \frac{d^2 z}{dx^2\, dy} o + \frac{1}{2} \frac{d^4 z}{dx^2\, dx^2} o^2 + \frac{1}{2} \cdot \frac{1}{3} \frac{d^5 z}{dx^2\, dy^3} \ldots$$

und anstatt $\frac{d^3 z}{dx^3}$

$$\frac{d^3 z}{dx^3} + \frac{d^4 z}{dx^3\, dy} o + \frac{1}{2} \frac{d^5 z}{dx^3\, dy^2} o^2 + \frac{1}{4} \cdot \frac{1}{8} \frac{d^6 z}{dx^3\, dy^3} \ldots$$

u. s. f. Substituirt man nun diese Werthe in die erste Reihe, und ordnet sie nach den Potenzen und Produkten von i und o, so erhält man

$$\begin{aligned} f(x+i)(y+o) = z &+ \frac{dz}{dx} i + \frac{dz}{dy} o \\ &+ \frac{1}{2} \frac{d^2 z}{dx^2} i^2 + \frac{d^2 z}{dx\, dy} io + \frac{1}{2} \frac{d^2 z}{dy^2} o^2 \\ &+ \frac{1}{2} \cdot \frac{1}{3} \frac{d^3 z}{dx^3} i^3 + \frac{1}{2} \frac{d^3 z}{dx^2\, dy} i^2 o \\ &+ \frac{1}{2} \frac{d^3 z}{dx\, dy^2} io^2 + \frac{1}{2} \cdot \frac{1}{3} \frac{d^3 z}{dy^3} o^3 \ldots \quad \text{III.} \end{aligned}$$

wovon das Gesetz leicht zu erkennen ist, indem das allgemeine Glied

Allgemeine Entwickelungsreihe einer Function z von x und y.

$$\frac{i^m\, o^n}{(1 \cdot 2 \cdot 3 \cdot 4 \ldots m)(1\, 2 \cdot 3\, 4 \ldots n)} \quad \frac{d^{m+n} z}{dx^m\, dy^n}$$

wo für m und n lauter ganze positive Zahlen gesetzt werden müssen.

Hätte man zuerst y um o, und nachher x um i zunehmen lassen, so hätte man die nemliche Reihe erhalten, mit dem Unterschied, daß man in dem Differenzialcoefficienten die Zeichen $dy\ dy^2$ .. rc. alle vor den Zeichen $dx\ dx$ ... bekommen haben würde, weil in jedem zuerst nach y, und dann nach x differenzirt worden. Da nun in beiden Fällen der Werth der Reihe derselbe seyn muß, so müßen auch die Differenzialcoefficienten in beiden Reihen einerlei seyn, folglich ist allgemein der Differentialcoefficient $\frac{d^{m+n} z}{dx^m\, dy^n} = \frac{d^{n+m} z}{dy^n\, dx^m}$

und es ist also einerlei, ob man, um ihn zu finden, die Funktion z zuerst m mal nach x, und dann n mal nach y, oder zuerst n mal nach y, und dann m mal nach x differenzirt. Hieraus folgt, daß in der Entwickelung einer Funktion z von x und y die Differentialcoefficienten oder die Funktionen von x und y, welche sie bezeichnen, in einer nothwendigen Relation stehen. Denn, wird z. B. der Coefficient von i oder $\frac{dz}{dy}$ in Bezug auf y differenzirt, so erhält man $\frac{d^2z}{dx\ dy}$, wird der Coefficient von o oder $\frac{dz}{dy}$ in Bezug auf x differenzirt, so erhalt man $\frac{d^2z}{dy\ dx}$. Beide müssen also einander gleich seyn, wenn die Reihe für z die wirkliche Entwickelung von z, nach den Potenzen von i und o seyn soll. Ueberhaupt können ein Paar Differentialfunktionen, wie $\frac{d^{m+n}z}{dx^m\ dy^n}$ und $\frac{d^{p+q}z}{dy^q\ dx^p}$ nicht als von einer und derselben Funktion z abgeleitet angesehen werden, wenn man nicht $\frac{d^{m+p+n+q}z}{dx^{m+p}\ dy^{n+q}} = \frac{d^{q+n+p+m}z}{dy^{q+n}\ dx^{p+m}}$ hat. Wenn daher dieses nicht zutrifft, so sind diese Coefficienten entweder fingirt, oder von zweien verschiedenen Funktionen abgeleitet.

Relation der partiellen Differentialcoefficienten.

§. 11.

Bezeichnet man die Veränderung, welche z erhält, indem x um dx und y um dy zunimmt, mit Δz, so wird

$$\Delta z = \frac{dz}{dx} dx + \frac{dz}{dy} dy + \frac{1}{2} \frac{d^2z}{dx^2} dx^2 + \frac{d^2z}{dx\ dy} dx\ dy + \frac{1}{2} \frac{d^2z}{dy^2} dy^2$$

$$+ \frac{1}{2 \cdot 3} \frac{d^3 z}{dx^3} dx^3 + \frac{1}{2} \frac{d^3 z}{dx^2\, dy} dx^2\, dy$$

$$+ \frac{1}{2} \frac{d^3 z}{dx\, dy^2} dx\, dy^2\, \frac{1}{2 \cdot 3} \frac{d^3 z}{dy^3} dy^3 \ldots$$

Bezeichnet man ferner mit $dz\ d^2z\ d^3z$ rc. diejenigen Theile von Δz, welche in einer, in zweien, in dreien rc. Dimensionen der Differentiale $dx\ dy$ multiplizirt sind, so wird $dz = \frac{dz}{dy} dx + \frac{dz}{dy} dy$, $d^2z = \frac{1}{2} \frac{d^2 z}{dx^2} dx^2 + \frac{d^2 z}{dx\, dy} dx\, dy + \frac{1}{2} \frac{d^2 z}{dy^2} dy^2$, $d^3z = \frac{1}{2 \cdot 3} \frac{d^3 z}{dx^3} dx^3 + \frac{1}{2} \frac{d^3 z}{dx^2\, dy} dx^2\, dy + \frac{1}{2} \frac{d^3 z}{dx\, dy^2} dx\, dy^2 + \frac{1}{2 \cdot 3} \frac{d^3 z}{dy^3} dy^3$, rc.

Von dieser Bezeichnungsart muß man sich nun einen deutlichen Begriff machen. Da, wo die Zeichen $dz\ dx\ dx\ d^2z\ dx^2\ dy^2$ als Quotienten geschrieben sind, hat man gar nicht nöthig sich unter diesen Zeichen Größen vorzustellen, sondern nur gewisse Differentialoperationen, wodurch von der Funktion z eine andere abgeleitet wird. Da aber, wo die Zeichen $dx\ dy\ dy^2$, dx^2 rc. als bloße Faktoren vorkommen, kann man sich willkührlich kleine Größen darunter denken, deren Zusammenhang durch die obige Gleichungen angegeben wird.

§. 12.

In der Reihe III. des §. 10 bemerkt man nun sogleich das nemliche Gesetz in Ansehung der Ableitung der Coefficienten von i und o, und ihren Potenzen und Produkten, wie in der Entwickelung einer Funktion y von einer veränderlichen Größe x.

Die Summe der Coefficienten von i und von o in der ersten Dimension, ist nichts als die Summe der partiellen Differentialverhältnisse der Funktion z, in

Bezug auf x und in Bezug auf y. Die Summe der Coefficienten der Glieder, worin i und o von der zweiten Dimension vorkommen, ist nichts anders als die Summe der Differentialverhältnisse der vorhergehenden Coefficienten, sowohl in Bezug auf x als in Bezug auf y mit der Dimensionszahl 2 dividirt. Die Summe der Coefficienten der Glieder, worin i und o auf der dritten Dimension vorkommen, ist den Differentialverhältnissen der Coefficienten von i und o auf der zweiten Dimension, sowohl in Bezug auf x als auf y genommen, und durch die Dimensionszahl 3 dividirt, gleich; u. s. w. so daß man diese Entwickelung ohne alle Schwierigkeit vornehmen kann.

§. 13.

Setzt man in derselben Reihe anstatt i, x, anstatt o, y, und dagegen für x und für y Null, bezeichnet man dann das, was die Differentialcoefficienten in der Entwickelung durch diese Substitution werden, durch Klammern, so erhält man für die Entwickelung einer Funktion z nach den Potenzen und Produkten von x und y folgende Formel:

$$z = (z) + \left(\frac{dz}{dx}\right) x + \left(\frac{dz}{dy}\right) y + \frac{1}{2}\left(\frac{d^2 z}{dx^2}\right) x^2$$
$$+ \left(\frac{d^2 z}{dx\,dy}\right) xy + \frac{1}{2}\left(\frac{d^2 z}{dy^2}\right) y^2 \ldots \quad \text{IV.}$$

wovon das allgemeine Glied

$$\frac{x^m\,y^n}{(1.2.3.4\ldots m)\,(1.2.3.4\ldots n)}\left(\frac{d^{m+n} z}{dx^m\,dy^n}\right)$$

§. 14.

Auf eben die Art wie im 10ten §. die Entwickelung einer Funktion zweier veränderlichen Größen, nach den Produkten und Potenzen der Zunahmen der Variabeln angeordnet werden kann, lassen sich auch Funktionen mehrerer Variabeln in Reihen entwickeln. Es sey z. B. $u = f(x.y.z)$, so ist das zweite Glied der Entwickelung

$$\frac{du}{dx}dx + \frac{du}{dy}dy + \frac{du}{dz}dz$$

und das allgemeine Glied

$$\frac{dx^m\ dy^n\ dz^o}{(1.2.3..m)(1.2.3..n)(1.2.3...o)} \frac{d^{m+n+o}u}{dx^m\ dy^n\ dz^o}$$

und es ist auch hier gleichgültig, in welcher Ordnung die Differentialoperationen vorgenommen werden.

§. 15.

Aus diesen Entwickelungen fließt nun zuerst folgender Satz: Das Differential du einer Funktion u von mehreren unabhängigen Veränderlichen, ist gleich der Summe der einzelnen oder partiellen Differentiale, welche man erhält, wenn man jede der Variabeln als allein veränderlich betrachtet. Es sey z. B. $u = xyz$, so ist $du = yzdx + xzdy + xydz$. Es sey ferner $z = \frac{y}{x}$, so ist $dz = \frac{1}{x}dy - \frac{y}{x^2}dx = \frac{xdy - ydx}{x^2}$

Zur Bestimmung des ersten Differentials einer Funktion dienen ferner noch folgende Sätze:

1) Aus der Natur des Begriffs eines Differentials folgt: daß das Differential einer als beständig angesehenen Größe $= 0$ sey.

2) Das Differential einer Funktion $z = P + Q + R$, die aus mehreren Theilen oder Particularfunktionen bestehet, ist der Summe der Differentiale der einzelnen

Funktionen gleich; nemlich $dz = dP + dQ + dR$.

3) Das Differentialverhältniß einer Funktion z von p, worin p wieder eine Funktion einer andern Variabeln x, und also nicht die unabhängige Veränderliche ist, wird gefunden, wenn man das Differentialverhältniß von der Funktion z in Bezug auf p mit dem Differentialverhältniß von p in Bezug auf x multiplicirt, so daß, wenn $z = fp$ man $\frac{dz}{dx} = \frac{dz}{dp} \cdot \frac{dp}{dx}$ und $dz = \frac{dz}{dp} \cdot \frac{dp}{dx} dx$ hat. Denn man hat $dz = \frac{dz}{dp} dp$; folglich $\frac{dz}{dx} = \frac{dz}{dp} \cdot \frac{dp}{dx}$ oder

$$\frac{dz}{dx} = \frac{dz}{dp} \cdot \frac{dp}{dx}$$

Eben so hat man, wenn auch x noch eine Funktion von t ist,

$$\frac{dz}{dt} = \frac{dz}{dp} \cdot \frac{dp}{dx} \cdot \frac{dx}{dt}.$$

Dieser Satz ist von der vielfältigsten Anwendung in der Analysis.

Mit Hülfe dieser Sätze wird man das Differential einer Funktion sehr leicht bestimmen können, wenn man das Differential der einfachen Funktion, woraus sie zusammengesetzt worden, zu bestimmen weiß. Es sey z. B. $z = \sin p$ und $p = ax^2 - b \cos x$, so ist

$$\frac{dz}{dx} = \frac{d . \sin p}{dp} \cdot \frac{dp}{dx}, \quad \frac{d . \sin p}{dp} = \cos p, \quad \frac{dp}{dx} = 2ax + b \sin x \text{ folglich } \frac{dz}{dx} = \cos(ax^2 - b \cos x) + (2ax + b \sin x)$$

Wenn $y = fx$, so hat man $dy = \frac{dy}{dx}dx$ als das erste Differential. Nimmt man hiervon wiederum das erste Differential, so erhält man $d^2y = \frac{d^2y}{dx^2}dx^2$ ferner $d^3y = \frac{d^3y}{dx^3}dx^3$, $d^4y = \frac{d^4y}{dx^4}dx^4$ u. s. w. Jede dieser Gleichungen entstehet aus der Differentiation der Vorhergehenden, indem man dx als beständig betrachtet. Ist aber x eine Funktion von t, so kann man dx nicht mehr als beständig betrachten, und alsdann erhält man durch Anwendung der vorigen Regeln

$$d.dy = d^2y = dx.d\frac{dy}{dx} + \frac{dy}{dx}d^2x = \frac{d^2y}{dx^2}dx^2 + \frac{dy}{dx}d^2x$$

$$d.d^2y = d^3y = \frac{d^3y}{dx^3}dx^3 + 3\frac{d^2y}{dx^2}dx\,d^2x + \frac{dy}{dx}d^3x$$

u. s. w. Da nun dx, d^2x, d^3x 2c. durch dt, dt^2, dt^3 2c. wie vorher die Differentiale von y durch die von x gegeben sind, so kann man obige Differentiale durch die Differentiale von t ausdrücken, und man erhält alsdann

$dy = \frac{dy}{dx}\cdot\frac{dx}{dt}dt$ wie schon oben gezeigt worden.

Ferner:

$$d^2y = \frac{d^2y}{dx^2}\left(\frac{dx}{dt}\right)^2 dt^2 + \frac{dy}{dx}\frac{d^2x}{dt^2}dt^2$$

$$d^3y = \frac{d^3y}{dx^3}\left(\frac{dy}{dt}\right)^3 dt^3 + 3\frac{d^2y}{dx^2}\cdot\frac{dx}{dt}\frac{d^2x}{dt^2}dt^3 + \frac{dy}{dx}\frac{d^3x}{dt^3}dt^3$$

u. s. w.

Diese Verschiedenheit in den Differentialen von y entstehet also dadurch, daß x eine relativ veränderliche Größe wird. Wenn man also eine Funktion y von x

nach den Potenzen von dx entwickelt hat, und es ist x nicht die absolut veränderliche Größe, sondern eine Funktion von t, so muß man, um die Entwickelung der Funktion y nach den Potenzen von dt zu haben, in der ersten Entwickelung

$$\frac{dy}{dt} = \frac{dy}{dx} \cdot \frac{dx}{dt} \text{ statt } \frac{dy}{dx}$$

$$\frac{d^2y}{dt^2} = \frac{d^2y}{dx^2}\left(\frac{dx}{dt}\right)^2 + \frac{dy}{dx} \cdot \frac{d^2x}{dt^2} \text{ statt } \frac{d^2y}{dx^2}$$

$$\frac{d^3y}{dt^3} = \frac{d^3y}{dx^3}\left(\frac{dx}{dt}\right)^3 + 3\frac{d^2y}{dx^2}\frac{dx}{dt}\frac{d^2x}{dt^2} + \frac{dy}{dx}\frac{d^3x}{dt^3}$$

$$\text{statt } \frac{d^3y}{dx^3}$$

u. s. w. setzen, welche Gleichungen zugleich eine Erweiterung des dritten Satzes sind.

In diesen Gleichungen sind also die Differentialverhältnisse von y in Bezug auf t, durch die von y in Bezug auf x, und die von x in Bezug auf t gegeben. Multiplizirt man diese Gleichungen nach der Ordnung mit dt, dt^2, dt^3 ꝛc., so erhält man die vorhergehenden Gleichungen wieder; nemlich:

$$dy = \frac{dy}{dx} dx$$

$$d^2y = \frac{d^2y}{dx^2} dx^2 + \frac{dy}{dx} d^2x$$

$$d^3y = \frac{d^3y}{dx^3} dx^3 + 3\frac{d^2y}{dx^2} dx\, d^2x + \frac{dy}{dx} d^3x.$$

ꝛc. worin dy, d^2y, d^3y ꝛc. dx, d^2x, d^3x ꝛc. die Veränderungen oder Differentiale bedeuten, welche y, dy, d^2y und x, dx, d^2x erleiden, indem t um dt zunimmt. Dividirt man diese Gleichungen nach der Ordnung durch dx, dx^2, dx^3, so erhält man

$$\frac{dy}{dx} = \frac{dy}{dx}$$

$$\frac{d^2 y}{dx^2} = \frac{d^2 y}{dx^2} + \frac{dy}{dx}\frac{d^2 x}{dx^2}$$

$$\frac{d^3 y}{dx^3} = \frac{d^3 y}{dx^3} + 3\frac{d^2 y}{dx^2}\frac{d^2 x}{dx^2} + \frac{dy}{dx}\frac{d^3 x}{dx^3}$$

worin $\frac{dy}{dx}, \frac{d^2 y}{dx^2}, \frac{d^3 y}{dx^3}$, die Differentialverhältnisse ausdrükken, welche entstehen, indem in den beiden Funktionen y und x von t, t um dt zunimmt, $\frac{dy}{dx}, \frac{d^2 y}{dx_2}, \frac{d^3 y}{dx^3}$ hingegen diejenigen Differentialverhältnisse bezeichnen, welche entstehen, indem y als Funktionen von x betrachtet wird, und x um dx zunimmt. Um nun leztere durch die ersteren auszudrücken, erhält man

$$\frac{dy}{dx} = \frac{dy}{dx}$$

$$\frac{d^2 y}{dx^2} = \frac{d^2 y}{dx^2} - \frac{dy}{dx}\frac{d^2 x}{dx^2}$$

$$\frac{d^3 y}{dx^3} = \frac{d^3 y}{dx^3} - 3\frac{d^2 y}{dx^2}\cdot\frac{d^2 x}{dx^2} + 3\frac{dy}{dx}\left(\frac{d^2 x}{dx^2}\right)^2 - \frac{dy}{dx}\frac{d^3 x}{dx^3}$$

Jeder zweite Theil in diesen Gleichungen wird auch gefunden, wenn man den Vorhergehenden nach den obigen Regeln differenziirt, indem man sowohl dx als dy veränderlich und von einander unabhängig betrachtet. In der zweiten Gleichung ist nemlich

$$\frac{d^2 y}{dx^2} - \frac{dy}{dx}\frac{d^2 x}{dx^2} = \frac{d\,.\,\frac{dy}{dx}}{dx}$$

wenn man nemlich dy und dx als von einander unabhängige Variabeln betrachtet, und eben so in der dritten

$$\frac{d^3 y}{dx^3} - 3\frac{d^2 y}{dx^2}\frac{d^2 x}{dx^2} + 3\frac{dy}{dx}\left(\frac{d^2 x}{dx^2}\right)^2 - \frac{dy}{dx}\frac{d^3 x}{dx^3}$$

$$= \frac{d\,.\left(\frac{d^2 y}{dx^2} - \frac{dy}{dx}\frac{d^2 x}{dx_2}\right)}{dx}$$

Man kann also die Differentialcoefficienten $\frac{dy}{dx}$ $\frac{d^2y}{dx^2}$ rc. so behandeln, als wäre dx dy d^2y von einander unabhängige Variabeln, und sie gerade eben so differenziiren, wie den Quotienten $\frac{y}{x}$.

Dieses wird hinlänglich seyn, auf die verschiedenen Beziehungen aufmerksam zu machen, in welchen die Differentialverhältnisse vorkommen können, und man wird finden, daß überall jedes dieser Verhältnisse aus dem zunächst Vorhergehenden auf die nemliche Art abgeleitet wird, und daß überhaupt in den Bezeichungen eine bemerkenswerthe Harmonie statt findet, welche die fortgesetzten Differenziirungen erleichtert und sichert.

Die letzte Entwickelung hat ihren Nutzen, wenn die Funktion y von x nur durch ein Paar Gleichungen zwischen y und t und x und t gegeben ist. Alsdann ist zwar allemal y eine Funktion von x, allein es ist nicht immer möglich die Funktian y durch x aufgelöst darzustellen. Es seyn z. B. $y = \sin t$ und $x = \cos t$. Wenn man hier nicht aus andern Gründen wüßte, daß $y = (1 - x^2)^{\frac{1}{2}}$, so würde man durch die Elimination von t auf höchst beschwerliche Reihenausdrücke verfallen. In diesem Fall nun hat man

$$dy = \cos t\, dt,\ d^2y = -\sin t\, dt^2,\ d^3y = -\cos t\, dt^3 \text{ und}$$

$$dx = -\sin t\, dt,\ d^2x = -\cos t\, dt^2,\ d^3x = \sin t\, dt^3$$

folglich

$$\frac{dy}{dx} = -\frac{\cos t}{\sin t} = -\frac{x}{y},\ \frac{d^2y}{dx^2} = -\frac{1}{\sin t} = \frac{1}{y},\ \frac{d^3y}{dx^3}$$

$$= \frac{\cos t}{\sin t} = -\frac{x}{y},\ \frac{d^2x}{dx^2} = -\frac{\cos t}{\sin^2 t} = -\frac{x}{y^2}$$

$$\left(\frac{d^2x}{dx^2}\right)^2 = \frac{x^2}{y^4},\ \frac{d^3x}{dx^3} = -\frac{1}{\sin^2 t} = -\frac{1}{y^2}$$

folglich

$$\frac{dy}{dx} = -\frac{x}{y}$$

$$\frac{d^2y}{dx^2} = -\frac{1}{y} - \frac{x^2}{y^3}$$

$$\frac{d^3y}{dx_3} = -3\frac{x}{y^2} - 3\frac{x^2}{y^5}$$

Man könnte also die Funktion y durch eine nach den Potenzen von x aufsteigende Reihe ausdrücken, wenn man in den vorhergehenden Differentialcoefficienten $x = 0$ und für y dasjenige setzt, was es alsdann wird. Nun wird für $x = 0$, $t = \frac{1}{2}\pi$ folglich $y = \sin\frac{1}{2}\pi = 1$ also $\frac{dy}{dx} = 0$, $\frac{d^2y}{dx^2} = -1$, $\frac{d^3y}{dx^3} = 0$, $\frac{d^4y}{dx^4} = -3$ ic. folglich

$$y = 1 - \frac{1}{2}x^2 - \frac{1}{2.4}x^4 \ldots\ldots$$

Hierin bestehet nun ein Hauptnutzen der Differentialcoefficienten, daß sie zur Entwickelung solcher Funktionon in Reihen dienen, die man auf andere Art öfters gar nicht würde darstellen können. Man wird aber auch finden, daß die fortgesetzten Differenziirungen bald sehr ermüdend und beschwerlich werden.

Drittes Kapitel.

Von den unaufgelöseten Funktionen und derselben Differentialen.

§. 16.

Wenn die Funktion y von x blos durch eine auf 0 reducirte Gleichung $F x, y = 0$ gegeben ist, so kann diese Gleichung so betrachtet werden, als wären x und y ein Paar unabhängige Variabeln, und z eine solche Funktion der=

derselben, daß z beständig $= 0$ ist, und man kann alsdann das Differential derselben nach §. 11 bestimmen. Es wird nemlich alsdann $dz = 0 = \frac{dz}{dx} dx + \frac{dz}{dx} dy$; folglich wenn man durch dx auf beiden Seiten dividirt:

$$\frac{dy}{dx} = \frac{dy}{dx} = - \frac{dz}{dx} : \frac{dz}{dy}.$$

Wenn also auch der Werth von y aus der Gleichung $Fxy = 0$ öfters nicht durch x allein oder aufgelöst dargestellt werden kann, so kann dennoch das Differentialverhältniß $\frac{dy}{dx}$ bestimmt werden, welches alsdann eine Funktion von x und y seyn kann, indem die beiden Differentialverhältnisse $\frac{dz}{dx}$, $\frac{dz}{dy}$ und folglich auch ihr Quotient, sowohl x als y enthalten können. Da nun y eine Funktion von x ist, so wird auch $\frac{dy}{dx}$ als eine Funktion von x allein angesehen werden können, ob sie gleich nicht immer als solche dargestellt werden kann. Da $Fxy = 0$, so entstehet hier die Frage: was die Ausdrücke $\frac{dz}{dx}$ und $\frac{dz}{dy}$ oder $\frac{d\,Fxy}{dx}$ und $\frac{d\,Fxy}{dy}$ bedeuten können, oder ob überhaupt bei einer auf Null gebrachten Gleichung ein Differentialverhältniß Statt finden könne? Um diese Frage aufzuklären, nehme man irgend eine Funktion, $y = fx$, so hat man $\frac{dy}{dx} = f^{1}x$. Nun ist klar: daß die letzte Gleichung für jeden Werth von x Statt findet, folglich auch für einen solchen Werth von x, welcher fx oder $y = 0$ giebt. Da nun in diesem Fall keinesweges erfordert wird, daß auch $f^{1}x = 0$ werde, so kann für den Fall, da $y = 0$ wird, dennoch $\frac{dy}{dx}$ einen wirklichen Werth haben. Eben so können auch $\frac{dz}{dx}$, $\frac{dz}{dy}$ wirkliche Werthe haben, wenn gleich z für jede zusammengehörige Werthe von x und y Null wird.

Wenn man der Abkürzung wegen die Differentialverhältnisse $\frac{dy}{dx}$ $\frac{d^2y}{dx^2}$ $\frac{d^3y}{dx^3}$ rc. mit y' y'' y''' rc. bezeichnet, so findet man aus der ersten Differentialgleichung $\frac{dz}{dx}dx + \frac{dz}{dy}dy = 0$ die zweite, durch die Wiederholung der nemlichen Operation, indem y als Funktion von x, und folglich als eine relativ veränderliche Größe, x aber als eine absolut veränderliche Größe betrachtet wird. Man erhält dann:

$$\frac{d^2z}{dx^2}dx^2 + 2\frac{d^2z}{dx\,dy}dx\,dy + \frac{d^2z}{dy^2}dy^2 + \frac{dz}{dy}d^2y = 0,$$

hieraus bekommt man, wenn man mit dx^2 dividirt

$$y'' = -\left(\frac{d^2z}{dx^2} + 2\frac{d^2z}{dx\,dy}y' + \frac{d^2z}{dy^2}y'^2\right) : \frac{dz}{dy}$$

Ferner erhält man das dritte durch dx^3 dividirte Differential

$$\frac{d^3z}{dx^3} + 3\frac{d^3z}{dx^2\,dy}y' + 3\frac{d^3z}{dx\,dy^2}y'^2 + 3\frac{d^2z}{dx\,dy}y'' + \frac{d^3z}{dy^3}y'^3 + 3\frac{d^2z}{dy^2}y'\,y'' + \frac{dz}{dy}y''' = 0$$

woraus man y''' bestimmen kann. Man sieht hieraus, daß die Differentialverhältnisse y''' y'''' rc. sehr weitläufige Ausdrücke bekommen. — Da man indeß diese Differentialverhältnisse bestimmen kann, so folgt: daß man eine unaufgelöste Funktion y von x ebenfalls nach der Formel II. §. 7. in eine Reihe nach den steigenden Potenzen von x entwickeln könne.

§. 17.

Da in dem Ausdruck $y' = -\frac{dz}{dx} : \frac{dz}{dy}$ durch Substitution besonderer Werthe von x, sowohl $\frac{dz}{dx}$ als auch $\frac{dz}{dy}$ zu Null werden können, wodurch man $y' = \frac{0}{0}$ erhalten würde, so frägt sich: was alsdann die Bedeutung oder der Werth dieses Ausdrucks sey? In diesem Fall darf man nur zu der zweiten Differentialgleichung übergehn, diese giebt alsdann $\frac{d^2 z}{dx^2} + 2\,y' \frac{d^2 z}{dx\,dy} + y'^2 \frac{d^2 z}{dy^2} = 0$, woraus der Werth von y' also doppelt gefunden wird. Es sey z. B. die Gleichung $y^3 - ax^2 + by^2 = 0$, so erhält man $y' = \frac{2ax}{3y^2 + 2by}$ welches für $x = 0$, $y' = \frac{0}{0}$ giebt. Aus dem zweiten Differential erhält man aber $y' = \pm \sqrt{\frac{a}{b}}$. Die Unbestimmtheit des Werths von y' rührt wohl nur von einem im Zähler und Nenner befindlichen gemeinschaftlichen Faktor her, welcher durch die Substitution des besondern Werthes von x zu 0 wird, und nicht weggeschafft werden kann, so lange man nicht y durch x allein ausgedrückt hat, denn wenn man den Zähler und Nenner irgend einer gebrochenen Funktion durch 0 multiplicirt, wird sie allemal zu $\frac{0}{0}$.

Bestimmung des Werths den gebrochene Funktionen für Werthe von x erhalten, für welche sie $\frac{0}{0}$ geben.

Auf eben die Art verfährt man auch, wenn in einem Ausdruck $y = \frac{fx}{\varphi x}$, durch besondere Werthe von x, $y = \frac{0}{0}$ wird. Hier ist y was vorher y', fx was

$\frac{dz}{dx}$ und φx was $\frac{dz}{dy}$ war, wo aber beide Funktionen $\frac{dz}{dx}$ und $\frac{dz}{dy}$ nur als Funktionen von x allein betrachtet werden können. Alsdann wird $\frac{d^2z}{dx^2} = \frac{dfx}{dx}$. $\frac{d^2z}{dx\,dy} = 0$, $\frac{d^2z}{dy\,dx} = \frac{d\varphi x}{dx}$, $\frac{d^2z}{dy^2} = 0$ folglich $y' = \frac{dfx}{dx} : \frac{d.\varphi x}{dx}$. Findet sich auch dieser Ausdruck $= \frac{0}{0}$, so gehet man zur folgenden Differentialgleichung über, und findet $y = \frac{d^2fx}{dx^2} : \frac{d^2\varphi x}{dx^2}$ u. s. w.

Hierbei ist zu bemerken: daß man öfters kürzer zum Zweck kommt, wenn man die Funktionen fx und φx, indem man für x, $(x + i)$ setzt, durch bloße algebraische Operationen in Reihen entwickelt, und hiernächst wieder $i = 0$ setzt.

§. 18.

Wenn die Funktion z zweier veränderlichen Größen nur durch eine unaufgelöste Gleichung $Fxyz = 0$ gegeben ist, so kann man $Fxyz$ als eine Funktion von x, y, z betrachten, und mit u bezeichnen, wo alsdann u beständig $= 0$ wird. Alsdann findet man nach §. 11 $du = 0 = \frac{du}{dx}dx + \frac{du}{dy}dy + \frac{du}{dz}dz$. Die Werthe von dx, dy, dz müssen also beständig so beschaffen seyn, daß dieser Gleichung Genüge geschiehet. Da nun z als Funktion von x und y betrachtet wird, so ist dz durch dx und dy gegeben; nemlich $dz = \frac{dz}{dx}dx + \frac{dz}{dy}dy$, und wenn man diesen Werth an die Stelle von dz setzt, so erhält man

$$\frac{du}{dx}\,dx + \frac{du}{dy}\,dy + \frac{du}{dz}\cdot\frac{dz}{dx}\,dx + \frac{du}{dz}\cdot\frac{dz}{dy}$$

$dy = 0$ folglich auch

$$\left(\frac{du}{dx} + \frac{du}{dz}\,\frac{dz}{dx}\right) dx + \left(\frac{du}{dy} + \frac{du}{dz}\cdot\frac{dz}{dy}\right) dy = 0.$$

Diese Gleichung muß für jeden Werth von dx und dy bestehen, folglich muß jeder der Coefficienten von dx und dy für sich $= 0$ werden, woraus die beiden Gleichungen

$$\frac{du}{du} + \frac{du}{dz}\,\frac{dz}{dx} = 0 \text{ und } \frac{du}{dy} + \frac{du}{dz}\,\frac{dz}{dy} = 0$$

entspringen. Diese Gleichungen nennt man **Partielle Differentialgleichungen**, weil man sie erhält, wenn man in der Funktion z nur eine der Variabeln x uud y als allein veränderlich betrachtet. In denselben kommen keine willkührlichen Differentiale mehr vor, sondern nur partielle Differentialcoefficienten, wogegen in der Differentialgleichung $\frac{du}{dx}dx + \frac{du}{dy}dy + \frac{du}{dz}dz$ zwei der Differentiale jederzeit willkührlich sind. Aus den beiden gefundenen partiellen Differentialgleichungen findet man nun die beiden partiellen Differentialcoefficienten

Partielle Differentialgleichungen der unaufgelösten Gleichungen.

$$\frac{dz}{dx} = -\frac{du}{dx} : \frac{du}{dz} \text{ und } \frac{dz}{dy} = -\frac{du}{dy} : \frac{du}{dz}.$$

Aus diesen kommen nun weiter alle folgende $\frac{d^2z}{dx^2}$, $\frac{d^2z}{dx\,dy}$ $\frac{d^2z}{dy^3}$, $\frac{d^3z}{dx^3}$, $\frac{d^3z}{dx^2\,dy}$ ꝛc. wobei die Schwierigkeiten nur von der Weitläufigkeit der Differentiationen entstehen können. Man sieht hieraus, daß man eine Funktion z von x und y selbst alsdann, wenn sie nur durch eine unaufgelösete Gleichung gegeben ist, in eine Reihe nach den Produkten und Potenzen von x und y

entwickeln könne. Es sey z. B. die Gleichung $z \cos y + \sin z + b \sin x = 0$, worin z für $x = 0$ und $y = 0$ ebenfalls $= 0$ wird; folglich wird nach §. 13 $(z) = 0$. Ferner wird $\left(\frac{dz}{dx}\right) = -\frac{1}{2} b$, $\left(\frac{dz}{dy}\right) = 0$, $\left(\frac{d^2z}{dx^2}\right) = 0$, $\left(\frac{d^2z}{dx\, dy}\right) = 0 \left(\frac{d^2z}{dy^2}\right) = 0$ $\frac{d^3z}{dx} = (b - \frac{1}{16} b^3)$, $\frac{d^3z}{dx\, dy^2} = -\frac{1}{4} b$ 2c. folglich $z = -\frac{1}{2} b . x + \frac{(b - \frac{1}{16} b^3)}{2\,3} x^3 - \frac{1}{8} b x y^2 \ldots\ldots$

§. 19.

Ihre Anzahl ist der Zahl der unabhängigen Variabeln gleich.

Setzt man die Betrachtungen im vorigen §. auch bei Funktionen mehrerer Variabeln fort, welche durch unaufgelöste Gleichungen gegeben sind, so wird man finden, daß man für eine Funktion von dreien unabhängigen Variabeln, drei erste partielle Differentialgleichungen erhält, und überhaupt findet man so viel erste partielle Differentialgleichungen als partielle Differentialverhältnisse $\frac{dz}{dx}$, $\frac{dz}{dy}$ 2c. vorhanden, oder so viel als die Funktion unabhängige Variabeln enthält.

§. 20.

Wenn $dz = \frac{dz}{dx} dx + \frac{dz}{dy} dy$, und also z eine Funktion von x und y ist, nunmehr aber auch y als eine Funktion von x betrachtet wird, so hat man $dy = \frac{dy}{dx} dx$ folglich $dz = \left(\frac{dz}{dx} + \frac{dz}{dy}\frac{dy}{dx}\right) dx$. Nun ist z so wie dz nur eine Funktion von x allein, folglich

$\frac{dz}{dx} = \frac{dz}{dy} + \frac{dz}{dy} \frac{dy}{dx}$. Hier kommt also die Bezeichnung $\frac{dz}{dx}$ in zweierlei Bedeutungen vor. Im ersten Theil der Gleichung bedeutet sie: daß die Funktion y von x, welche darin enthalten, wirklich durch x ausgedrückt sey, und dann z in Bezug auf x differenziirt werden soll, im zweiten Theil bedeutet sie: daß man in dem Ausdruck von z ganz allein in Bezug auf x differenziiren, und die Funktion y als von x unabhängig oder als beständig betrachten soll. Es ist also nothwendig, beide Bezeichnungen zu unterscheiden. Bisher war es gebräuchlich in dem zweiten Fall, wenn nur in Bezug auf x, und nicht in Bezug auf das was davon abhängt, differenziirt werden soll, das Differentialverhältniß $\frac{dz}{dx}$ einzuklammern, und die obige Gleichung so zu schreiben: $\frac{dz}{dx} = \left(\frac{dz}{dx}\right) + \left(\frac{dz}{dy}\right) \cdot \frac{dy}{dx}$. Statt dessen schlägt Hr. La Croix vor, die Bezeichnung für den ersten Fall abzuändern, und die Gleichung so zu schreiben: $\frac{d(z)}{dx} = \frac{dz}{dx} + \frac{dz}{dy} \cdot \frac{dy}{dx}$ welches etwas kürzer ist.

Viertes Kapitel.

Von den combinirten Differentialgleichungen oder den Differentialgleichungen der verschiedenen Ordnungen.

§. 21.

Wenn man z. B. die Gleichung $z = xy$, und also das erste Differential $dz = y\,dx + x\,dy$ hat, so nennt man die letzte Gleichung die erste Differentialgleichung, oder auch wohl schlechthin das erste Differential von z; ferner $d^2z = 2\,dy\,dx$ die zweite Differentialgleichung oder auch das zweite Differential von z u. s. w. Wenn nun eine Gleichung zwischen x und y gegeben ist, so finden auch alle ihre Differentialgleichungen zu gleicher Zeit Statt. Da diese Differentialgleichungen in Bezug auf die Differentialien dx und dy jederzeit homogen sind, wie man aus §. 16 ersehen kann, so kann man durch die Division mit einer Potenz von dx oder dy diese Gleichungen jederzeit durch bloße Differentialverhältnisse oder Differentialcoefficienten ausdrücken wodurch sie die Natur partieller Differentialgleichungen erhalten. So wird z. B. aus $dz = y\,dx + x\,dy$ die Gleichung $\frac{dz}{dx} = y + x\frac{dy}{dx}$ worin der Coefficient $\frac{dy}{dx}$ willkührlich ist. Diese Gleichungen nun können so wohl unter sich als auch mit der ursprünglichen Gleichung auf mancherley Art combinirt werden indem man z. B. Constanten eliminirt. Die hierdurch entstehenden Gleichungen welche man Differentialgleichungen von der 1ten 2ten 3ten ꝛc. Ordnung nennt, nach der Ordnungszahl der darin enthaltenen höchsten Differentialcoefficienten, werden also auch zu gleicher Zeit Statt finden. Sie werden von den abgeleiteten Differentialgleichungen der Form nach nicht immer unterschieden seyn, indem diese so wohl wie sie blos Ausdrücke zwischen den Differentialverhältnissen $\frac{dy}{dx}$ $\frac{d^2y}{dx^2}$ ꝛc. und x und y sind. Dem Wesen nach aber unterscheiden sie sich von ihnen dadurch, daß sie nicht wie jene aus der ursprünglichen Gleichung durch die aufeinanderfolgenden Differentialoperationen abgeleitet werden können, sondern daß ihnen nur durch einen gewissen Werth von y in x und dessen Differentialverhältnissen

Genüge geschieht. Es sey z. B. die Gleichung $y + \frac{1}{2}x^2 = 0$ eine gegebene Gleichung so ist $\frac{dy}{dx} + x = 0$ die wirkliche erste Differentialgleichung und diese beiden Gleichungen geben $y = -\frac{1}{2}x^2$ und $\frac{dy}{dx} = -x$. Diese Werthe thun der Gleichung $\frac{dy}{dx} - \frac{2y}{x} = 0$ welche von der wirkliche Differentialgleichung verschieden ist, Genüge, woraus man schließen kann daß diese Gleichung aus den beiden ersten auf irgend eine Art combinirt worden. Sie ist also keine wirkliche Differentialgleichung sondern eine combinirte Differentialgleichung von der ersten Ordnung, kann aber in eine Differentialgleichung verwandelt werden, wenn man sie nehmlich mit $\frac{dx}{y}$ multiplicirt, so erhält man $\frac{dy}{y} - 2\frac{dx}{x} = 0$ welches die erste Differentialgleichung von $ly - lx^2 = lc$ ist, wo l den natürlichen Logarithmen und c eine willkührliche beständige Größe bedeutet. Diese Gleichung gibt ferner $y = cx^2$ welche, wenn man $c = -\frac{1}{2}$ setzt, mit der ursprünglichen Gleichung übereinkommt. Die Gleichung $\frac{dy}{dx} - \frac{2y}{x} = 0$ entstehet aber wenn man aus der Gleichung $y + cx^2 = 0$ und aus ihrer ersten Differentialgleichung $\frac{dy}{dx} + 2cx = 0$, die beständige Größe c elimnirt, und man siehet daß die zuerst gegebene Gleichung $y + \frac{1}{2}x^2 = 0$ als ein besonderen Fall in der Gleichung $y + cx^2$ enthalten ist. Eben so kann die erste Differentialgleichung $\frac{dy}{dx} + x = 0$ auch aus der Gleichung $y + \frac{1}{2}x^2 + b = 0$ abgeleitet werden, worin b eine willkührliche beständige Größe ist, und in welcher Gleichung die zuerst gegebene Gleichung $y + \frac{1}{2}x^2 = 0$ als ein besondere Fall enthalten ist. Man siehet also daß so wohl die erste Differentialgleichung als auch die erste combinirte Differentialgleichung von ursprünglichen Gleichungen abgeleitet werden können die in Ansehung der Constanten verschieden sind, doch so, daß diese Verschiedenheiten nur durch besondre Werthe entstehen welche die willkührlichen Constanten erhalten haben. Von den Gleichungen $y + \frac{1}{2}x^2 + b = o$ und $y + \frac{1}{2}x^2 = o$ von welchen beiden die Differentialgleichung $\frac{dy}{dx} + x = o$ abgeleitet wird, ist die erste die allgemeinste nnd sie enthält eine Constante mehr als ihre Differentialgleichung. Eben so enthält die Gleichung $y + cx^2$ von welchen die combinirte Differentialgleichung $\frac{dy}{dx} - \frac{2y}{x} = o$ abgeleitet ist, eine Constante c mehr als diese. Dieses findet bey allen höheren Differentialgleichungen und bey den combinirten Differentialgleichungen der höhern Ordnungen Statt. Denkt man sich eine Funktion y von x unter der allgemeinen Reihenform $y = a + bx + cx^2 + dx^3 \ldots$ wozu man durch die Formel II im §. 7. berechtigt ist, und man differenziiret diese Gleichung, so fällt bei der ersten Differentiation das Glied a weg, bei der zweiten, verschwindet das Glied bx bei der dritten das Glied cx^2 u. s. w. und mit diesen Gliedern fallen eben so viel Constanten hinweg. Wenn daher die zu irgend eine Differentialgleichung gehörige ursprüngliche Gleichung die völlige Allgemeinheit haben soll, so muß sie so viel Constanten mehr als jene enthalten, als die Ordnungszahl derselben Einheiten enthält. Es ist ferner aus der obigen Reihenform ersichtlich daß die Constante welche durch die erste Differentiation wegfällt mit x^o, diejenige Constante welche mit der 2te Differentiation wegfällt mit x, die mit der 3ten

Verbindung worin die combinirten und die simplen Differentialgleichungen mit den ursprünglichen Gleichungen stehn

Zahl der Constanten welche die ursprüngliche Gleichung mehr enthalten muß als eine ihrer Differentialgleichungen ausfallende mit x^2 u. s. w. multiplicirt sind, so daß wenn man eine Gleichung gefunden, woraus eine Differentialgleichung abgeleitet werden kann, ohne die erforderliche Anzahl von Constanten zu enthalten, man dieselbe leicht durch Hinzufügung von Gliedern von der Form cx^n vervollständigen kann. Es sey z. B. die Gleichung $y^3 + ax^2 = o$, so ist ihre erste Differentialgleichung $3y^2 \frac{dy}{dx} + 2ax = o$, die 2te $3y^2 \frac{d^2y}{dx^2} + 6y \left(\frac{dy}{dx}\right)^2 + 2a = o$ und die 3te $3y^2 \frac{d^3y}{dx^3} + 18y \frac{dy}{dx} \cdot \frac{d^2y}{dx^2} + 6\left(\frac{dy}{dx}\right)^3 = o$. Für die 3te erfordert die primitive Gleichung drey Constanten, da sie nun schon eine hat, so müssen ihr noch die beiden Glieder $bx + c$ hinzugefügt werden. Für die 2te erfordert die primitive Gleichung 2 Constanten mehr, folglich müssen ihr dieselben Glieder zugefügt werden. Für die erste erfordert die primitive Gleichung eine Constante mehr, folglich muß ihr das Glied b zugefügt werden. Hieraus ergibt sich daß, um aus gegebenen Differentialgleichungen die vollständige primitive Gleichung zu haben, die Form derselben nach der Ordnungszahl der Differentialgleichung eine größere Ausdehnung bekommen kann, so ist im obigen Beyspiel $y^3 + ax^2 + bx + c$ die vollständige primitive Gleichung für die zweite und dritte Differentialgleichung, und $y^3 + ax^2 + b = o$ die vollständige primitive Gleichung für die erste Differentialgleichung. Wenn man also bei der Auflösung einer Aufgabe die 2te oder 3te der obigen Differentialgleichungen erhalten hätte, so würde für diese die Gleichung $y^3 + ax^2 + bx + c = o$ gebraucht werden können, hätte man dagegen die erste der Differentialgleichungen gefunden, so würde für diese die Gleichung $y^3 + ax^2 + b = o$ angewendet werden können.

Bestimmung der Constanten

Da die Constanten b und c ganz willkührlich sind, so können sie nur durch besondere Umstände des vorliegenden Problems bestimmt werden. Wenn z. B. im gegenwärtigen Falle bekannt ist, daß für $x = o$ auch $y = o$ wird, so muß in der ersten Gleichung die Constante c und in der 2te die Constante b, $= o$, werden. Wenn bei der ersten Gleichung bekannt wäre daß für $x = a$, $y = - a$ wird, so muß $ba + c = o$ seyn, wodurch die Zahl der Constanten auf zwey gebracht wird. Fände diese Bedingung bei der 2ten Gleichung statt so müßte $b = o$ werden. Man siehet hieraus daß die Bestimmung der Constanten von besondern zusammengehörigen Werthen der Variabeln x und y abhängt, welche bekannt seyn müssen. Sollten in diesem Beispiele in der ersten Gleichung b und c, und in der 2ten b, zu Null werden, so würden beide, primitive Gleichungen in die einzige speciellere $y^3 + ax^2 = o$ zusammenfallen, welche dann für alle drey Differentialgleichungen zu gleicher Zeit gültig ist. Die nehmliche Bewandniß in Ansehung der Constanten hat es auch mit den combinirten Differentialgleichungen. Jede derselben ist nichts anders als ein Ausdruck zwischen den Differentialverhältnissen $\frac{dy}{dx}$ $\frac{d^2y}{dx^2}$ $\frac{d^3y}{dx^3}$ rc. und den Größe x und y mit oder ohne Constanten. Wenn aber eine solche Gleichung gegeben ist, so finden auch alle ihre Differentialgleichungen zu gleicher Zeit statt. Hat man z. B. eine Differentialgleichung von der erste Ordnung, so ist dadurch das Verhältniß $\frac{dy}{dx}$ durch x und y mit oder ohne Constanten gegeben. In dem ersten Differential dieser Gleichung ist $\frac{d^2y}{dx^2}$ durch $\frac{dy}{dx}$, x, y und Constanten gegeben, wenn man also für $\frac{dy}{dx}$ seinen Werth in x und y substituirt, $\frac{d^2y}{dx^2}$ durch x und y und Constanten gegeben. In dem 2te Differential ist $\frac{d^3y}{dx^3}$ durch $\frac{d^2y}{dx^2}$ $\frac{dy}{dx}$ x, y ꝛc. gegeben, folglich wenn man für $\frac{d^2y}{dx^2}$ und $\frac{dy}{dx}$ ihre Werthe in x und y setzt, so erhält man $\frac{d^3y}{dx^3}$ durch x, y und Constanten ausgedrückt und so wird jedes der Differentialverhältnisse $\frac{dy}{dx}$, $\frac{d^2y}{dx^2}$ ꝛc. durch x und y und Constanten bestimmt werden können. Setzt man in die so gefundene Ausdrücke von $\frac{dy}{dx}$, $\frac{d^2y}{dx^2}$ ꝛc. $x = o$ und bezeichnet man den noch unbekannten Werth den y dann erhält mit (y), so werden alle obige Differentialverhältnisse durch (y) allein ausgedrückt werden. Alsdann sind alle zu der Entwickelungsreihe II §. 7. gehörige Coefficienten durch (y) und folglich die Funktion y selbst durch (y) und x gegeben worin aber (y) unbestimmt bleibt und als die willkührliche beständige Größe anzusehen ist, welche die primitive Gleichung mehr enthalten muß als die gegebene Differentialgleichung von der erste Ordnung.

Hätte man eine Gleichung von der 2te Ordnung gehabt, so würden alle Differentialverhältnisse, vermöge der auf einander folgenden Substitutionen zuletzt durch $\left(\frac{dy}{dx}\right)$ und (y) ausgedrückt werden, welches die beiden willkührlichen beständigen Größen sind welche die primitive Gleichung mehr enthalten muß als die gegebene Gleichung von der 2ten Ordnung. Auf eben die Art er=

gibt sich, daß bei einer gegebenen Gleichung von der dritten Ordnung die drey willkührlichen beständigen Größen $\left(\frac{d^2 y}{dx^2}\right)$ $\left(\frac{dy}{dx}\right)$ (y) sind, welche die primitive Gleichung mehr als diese enthalten muß u. s. w. Wenn man daher eine Gleichung gefunden hat, welche einer gegeben Differentialgleichung von der nten Ordnung Genüge thut, so kann man nicht versichert seyn daß sie die erforderliche Ausdehnung hat und daß alle zur Auflösung des Problems nöthigen Größen darin enthalten, wenn sie nicht n Größen mehr enthält als die gegeben Gleichung von der Ordnung n. Es sey z. B. die Gleichung $\frac{d^2 y}{dx^2} + y = o$ von der 2ten Ordnung, welcher die Gleichung $y + a \sin x = o$ Genüge thut. Da die vollständige primitive Gleichung aber zwey beständige Größen enthalten muß, so kann die Gleichung $y + a \sin x = o$ nicht als die vollständige primitive Gleichung angesehn werden, sondern es ist $y + a \sin (x + b) = o$ oder $y + a \sin x + b \cos x = o$ die vollständige primitive Gleichung. Hingegen ist $y + a \sin x = o$ die vollständige primitive Gleichung von der Differentialgleichung der ersten Ordnung $\frac{dy}{dx} - y \cos x = o$. Ob also gleich diesen beiden Differentialgleichungen durch eine und dieselbe Gleichung Genüge geschiehet so ist sie doch nicht die zu beiden gehörige vollständige primitive Gleichung. Solche Werthe von y in x wie z. B. hier $y = -\sin x$ und $y = -\cos x$ welche den Differentialgleichungen Genüge thun ohne die erforderliche Anzahl von Constanten zu haben, heißen besondre oder Particular Werthe in so fern sie in dem vollständige Werth von y mit enthalten sind.

§. 22.

Man siehet leicht daß die hier gebrauchte Methode die Zahl der Constanten zu bestimmen, zugleich auf eine allgemeine Methode führt die primitive Gleichung oder den Werth von y durch eine Reihe nach den Potenzen von x zu bestimmen, nach Anleitung der allgemeinen Formel II §. 7. Das Verfahren wodurch die ursprüngliche Gleichung gefunden wird, die zu einer gegebenen Differentialgleichung gehört, nennt man die Integration derselben und da die vorgedachte Reihe dazu gebraucht werden kann, so nennt man sie die Taylorsche Integrationsreihe. Die Integration wird also hier durch bloße auf einander folgende Differentialoperation bewirkt, bei ihrer wirklichen Anwendung kommt aber alles auf die Converzenz der Reihe an. Allgemeine Integration nach der Taylorschen Integrationsreihe.

§. 23.

Durch die Bestimmung der Zahl der Constanten welche eine Gleichung haben muß wenn sie als die vollständige ursprüngliche Gleichung soll angewendet werden können, wird also ihre erforderliche Ausdehnung bestimmt. Obgleich die Anzahl dieser Constanten nur auf die Art bestimmt worden, daß man y in einem Reihenausdruck gedacht hat, so muß doch für jeden andern Ausdruck das nemliche Statt finden, indem in demselben nicht mehr und nicht weniger Größen vorkommen als in dem ihm gleichen Reihenausdruck. Die Art aber wie diese Constanten mit den veränderlichen Größen in der primitiven Gleichung verbunden seyn können ist nicht immer sogleich ersichtlich. Nur bei den wirklichen Differentialgleichungen kann diese Verbindung nach §. 21 leicht bestimmt werden. Dieserwegen sucht man eine gegebene Differentialgleichung irgend einer Ordnung in eine wirkliche Differentialgleichung zu verwandeln, besonders weil alsdann das Zurückkehren zur primitiven Gleichung oder das Integriren durch die dem Differenziiren entgegengesetzte Operation gewöhnlich ebenfalls erleichtert wird.

§. 24.

Wenn man eine Gleichung F (x y a b c) = o mit einer gewissen Anzahl von beständigen Größen z. B. mit den dreyen a, b und c hat, welche so beschaffen ist daß diese beständigen Größen in den drei ersten Differentialgleichungen ebenfalls verbleiben, so kann man aus diesen Gleichungen die drei beständigen Größen gänzlich wegschaffen, wenigstens in dem Fall da sie nur als einzelne Factoren vorkommen, und das Resultat der Elimination wird ein Differentialgleichung von der 3ten Ordnung seyn die man mit V = o bezeichnen kann. Zur Bestimmung dieser beständigen Größen sind aber schon die drei ersten Gleichungen nehmlich die gegebene F (x y a b c) = o und ihre erste und 2te Differentialgleichung hinreichend. Hierdurch wird man die Gleichungen a = A, b = B, c = C erhalten, welche von der 2ten Ordnung sind. Differenzirt man jede dieser Gleichungen noch einmahl, so erhält man drei Differentialgleichungen von der 3ten Ordnung, wovon jede für $\frac{d^3 y}{d x^3}$ den nehmlichen Werth geben muß, den die Gleichung V = o gibt. Die drei Gleichungen a = A, b = B und c = C können als die drei primitive Gleichungen von der 2ten Ordnung angesehen werden, welche der Gleichung V = o von der dritten Ordnung zukommen. Man siehet hieraus leicht daß eine Differentialgleichung von der nten Ordnung n primitive Gleichungen von der Ordnung n — 1, ferner n — 1 primitive Gleichungen von der Ordnung n — 2 u. s. f.

u. s. f. und endlich eine primitive Gleichung von der Ordnung o haben müsse. Kennt man die n primitiven Gleichungen von der Ordnung $n - 1$, so lassen sich die Differentialverhältnisse $\frac{dy}{dx}$ $\frac{d^2y}{dx}$ $\frac{d^3y}{dx^3}$ rc. deren Anzahl $n - 1$ ist, sämtlich eliminiren, woraus die primitive Gleichung von der Ordnung o mit den n beständigen Größen welche sie haben muß, als das Resultat der Elimination hervorgeht.

Allgemeine Methode die primitive Gleichung von der Ordnung o zu finden, die einer Differentialgleichung von der Ordnung n zukommt.

§. 25.

Es sey $V = 0$ eine Differentialgleichung von der nten Ordnung so kann dieselbe allezeit auf die Form $\frac{d^n y}{dx^n} + P = 0$ gedacht werden, worin P alle Differentialcoefficienten der übrigen Ordnungen und x und y enthalten kann. Wenn nun $a = A$ eine der n primitiven Gleichungen von der Ordnung $n - 1$ ist welche die Gleichung $V = 0$ haben muß, so hat man $dA = 0$ und da A ein Ausdruck ist worin alle Differentialcoefficienten $\frac{dy}{dx}$ bis zur Ordnung $n - 1$ vorkommen können, so kann dA vermöge der Natur der Differentialoperationen nicht anders als auf folgende Form erscheinen, wenn man der Abkürzung wegen für $\frac{dy}{dx}$, $\frac{d^2y}{dx^2}$, $\frac{d^ny}{dx^n}$, y' y'' $y^{(n)}$ schreibt; $\frac{dA}{d.y^{(n-1)}} \cdot \frac{d^ny}{dx^n} + \frac{dA}{d.y^{n-2}} \cdot \frac{d^{n-1}y}{dx^{n-1}}$ + rc. $= 0$, wo man die Summe aller auf das erste folgenden Glieder mit Q bezeichnen kann wodurch das Differential von A, $\frac{dA}{d.y^{(n-1)}} \frac{d^ny}{dx^n} + Q = 0$ wird, und worin $\frac{dA}{d.y^{(n-1)}}$ und Q nur x und y und die Differentialcoefficienten bis zur Ordnung $y^{(n-1)}$ enthalten können. Hieraus folgt also daß $P = Q : \frac{dA}{dy^{(n-1)}}$, wenn daher die Gleichung $\frac{d^n y}{dx^n} + P = 0$ mit $\frac{dA}{dy^{(n-1)}}$ multiplicirt wird, so wird sie in eine wirkliche Differentialgleichung verwandelt. Es kann also eine jede Differentialgleichung irgend einer Ordnung durch Multiplication mit einer schicklichen Function einer niedern Ordnung in eine wirkliche Differentialgleichung verwandelt werden. Es sey z. B. $y^3 + ax^2 = b$ so wird das erste Differential $2y^2 \frac{dy}{dx} + 2ax = 0$, eliminirt man hieraus a, so erhält man eine Gleichung der ersten Ordnung nehmlich $\frac{b-y^3}{x} = -\frac{3}{2}y^2 \frac{dy}{dx}$ oder $3y^2 \frac{dy}{dx} + 2\frac{b-y^3}{x} = 0$. Eliminirt man aus der ersten Gleichung a so erhält man $a = \frac{b-y^3}{x^2}$, wovon das Differential $\frac{3y^2}{x^2} \frac{dy}{dx} + 2\frac{b-y^3}{x^3} = 0$, hier ist also $\frac{1}{x^2}$ der Factor womit die combinirte Gleichung multiplicirt werden muß um aus ihr ein wirkliches Differential zu machen.

§. 26.

Wenn man aus den beiden primitiven Gleichungen von der ersten Ordnung welche einer Gleichung von der 2ten Ordnung zukommen, und wovon nur eine, eine beständige Größe enthält, das Differentialverhältniß $\frac{dy}{dx}$ eliminirt, so bekommt man eine Gleichung welche nur eine beständige Größe enthält und daher nicht als die vollständige primitive Gleichung der Gleichung der zweiten Ordnung angesehen werden kann, ob sie gleich derselben Genüge leistet. Sie kann nur als die vollständige primitive Gleichung derjenigen der beiden Gleichungen von der ersten Ordnung angesehen werden welche keine beständige Größe enthält. Es seyn z. B. die beiden Gleichungen von der ersten Ordnung $\frac{dy}{dx} + \sqrt{a^2 - y^2} = 0$ und $\frac{dy}{dx} + \cot x = 0$ gegeben, welche beide der Gleichung von der zweiten Ordnung $\frac{d^2y}{dx^2} + y = 0$ Genüge thun wovon aber nur die erste die beständige Größe a enthält. Eliminirt man aus ihnen $\frac{dy}{dx}$, so erhält man $y + a \sin x = 0$ welche nur als die vollständige primitive Gleichung von $\frac{dy}{dx} - y \cot x = 0$ anzusehen ist, wie schon §. 21 gewiesen worden.

§. 27.

Wenn man eine Gleichung findet welche einer Differentialgleichung einer gewissen Ordnung Genüg thut ohne die erforderliche Anzahl von Constanten zu enthalten, so kann sie also nicht als die vollständige primitive Gleichung derselben angesehen werden, sondern sie ist gewöhnlich nur ein besonderer Fall der vollständigen primitiven Gleichung wenn in dieser die Constanten gewisse besondere Werthe erhalten.

Wenn man eben so einen Werth von y in x findet der einer Differentialgleichung Genüge thut ohne daß der gefundene Werth von y die erforderliche Anzahl von Constanten enthält, so ist dieser Werth nicht der vollständige sondern nur ein besondrer Werth von y. Alsdann ist es nicht immer leicht durch Einführung der erforderlichen Constanten den gefundeuen Particular Werth zu vervollständigen. Das ist nur in dem Fall thunlich wenn die gegebene Differentialgleichung von der Form $Ay + B\frac{dy}{dx} + C\frac{d^2y}{dx^2} \ldots = 0$ worin A, B, C, blos Funktionen von x sind, und y und seine Differentialverhältnisse nur auf die erste Potenz erhoben oder die Gleichung nach y lineär ist. Hat man alsdann so viele besondere Werthe p, q, r, ꝛc. von y in x als die Ordnungszahl der gegebenen Differentialgleichung Einheiten hat, so ist der vollständige Werth von $y = ap + bq + cr \ldots$ wovon man sich leicht überzeugen kann. Ist dagegen die gegebene Gleichung nicht lineär z. B. $Ay + B \left(\frac{dy}{dx}\right)^2 = 0$ und es ist p ein besonderer Werth von y, so wird der Werth ap für y gesetzt dieser Gleichung nicht Genüge thun, denn da alsdann $\left(\frac{dy}{dx}\right)^2 = a^2 \left(\frac{dp}{dx}\right)^2$ so wird $Aap + Ba^2 \left(\frac{dp}{dx}\right)^2 > 0$ weil $Aap + Ba \left(\frac{dp}{dx}\right)^2 = 0$ ist.

Methode aus den besondern Werthen einer ursprünglichen Funktion den allgemeinen Werth zu finden

Es sey nun $\frac{d^2y}{dx^2} + y = 0$ welche Gleichung lineär in y ist und wovon $y = \sin x$ und $y = \cos x$ ein Paar besondere Werthe sind, so wird $y = a \sin x + b \cos x$ der vollständige primitive Werth von y (§. 21). Man nennt hier die beständigen Factoren a, b c auch wohl Porameter.

Fünftes Kapitel.

Von der Integration solcher Differentialgleichungen welche aus einer Funktion y von x entstehen können.

§. 28.

Aus dem vorhergehenden erhellet zur Genüge wie eine Gleichung beschaffen seyn muß, wenn sie die vollständige ursprüngliche Gleichung einer Differentialgleichung seyn soll, und es ist klar daß es nicht genug ist wenn die Differentialgleichung daraus abgeleitet werden kann oder wenn ihr durch sie Genüge geschiehet. Die Methoden eine Gleichung zu finden woraus eine Differentialgleichung abgeleitet werden kann, oder wodurch ihr Genüge geschiehet, machen das aus was man den Integral Calcül nennt und die gefundene Gleichung nennt man eine Integralgleichung oder das Integral der gegebenen Differentialgleichung.

Wenn y eine aufgelösete Funktion von x ist, so sind alle Differentialcoeffitienten blos Funktionen von x. Ist daher gegentheils irgend ein Differentialcoefficient durch eine Funktion von x gegeben, so kann man annehmen daß derselbe durch Entwickelung einer aufgelösten Funktion y von x entstanden sey. Diese Funktion ist alsdann die Integralfunktion. Wenn z. B. $\frac{dy}{dx} = X$ wo X nur eine Funktion von x ist, so muß die Funktion y von x so beschaffen seyn daß das Differential derselben $dy = Xdx$ sey, und man bezeichnet dann die Funktion y mit $\int Xdx$ so daß man $y = \int Xdx$ hat. Das Zeichen $\int$ rührt von dem Worte summa her, indem man das Integral in gewissem Betracht als die Summe aller einzelnen Differentiale ansehen kann, oder indem man jede Veränderliche Größe y als die Summe aller unendlich kleinen Zunahmen ansehen kann die sie von ihrem Anfange bis zu dem Augenblick da man sie betrachtet, erhalten hat, und deren Zahl unendlich groß ist. Hat man $\frac{d^2y}{dx^2} = X$ so hat man zuerst $\frac{dy}{dx} = \int X dx + C$ wo C die willkührliche Constante ist, hiernächst aber $y = \int dx \int Xdx + Cx + C'$. Hier muß man sich also zuerst unter $\int Xdx$ eine Integralfunktion von x denken von welcher abermahls die Integralfunktion gesucht wird. Es werden also hier durch die $\int$ zwei aufeinander folgende Operationen angedeutet und so würde man, wenn man $\frac{d^3 y}{d x^3} = X$ hätte, durch drei aufeinander folgende Integraloperationen zur ursprünglichen Integralfunktion y von x gelangen, u. s. w. Man siehet hieraus daß die auf einander folgenden Differentialgleichungen, beziehungsweise auch als Integralgleichungen angesehen werden können. So ist z. B. die dritte Differentialgleichung die erste Integralgleichung der vierten Differentialgleichung oder auch ihre Integralgleichung von der dritten Ordnung, die zweite Differentialgleichung ist die erste Integralgleichung der dritten, und die zweite Integralgleichung der vierten Differentialgleichung oder ihre Integralgleichung von der zweiten Ordnung u. s. w.

Diese Operationen sind allemahl sehr leicht wenn die Funktion X aus einer bloßen Potenz von x bestehet. Hat man z. B. $\frac{d^2 y}{d x^2} = x^n$ so wird $d \frac{dy}{dx} = x^n \, dx$ folglich $\frac{dy}{dx} = \frac{x^{n+1}}{n+1} + c$ und $d . y = \frac{x^{n+1} dx}{n+1} + c dx$ folglich $y = \frac{x^{n+2}}{(n+1)(n+2)} \mp cx + d.$

Die Verfahrungsarten wodurch das Integral $y = \int X dx$ durch einen endlichen Ausdruck gefunden wird, sind nach der verschiedenen Beschaffenheit der Funktion X von x, sehr mannigfaltig *). Gewöhnlich sucht man zuförderst den Ausdruck $X dx$ zur **Integration geschickt zu machen oder vorzubereiten.**

*) Die dahin gehörigen Formeln findet man am vollständigsten im zweiten Theile von Pasquichs mathematischer Analysis.

Läßt sich die Funktion X in mehrere einfache Funktionen p, q, r ꝛc. zerlegen, so daß man $dy = pdx + qdx + rdx$ hat, so erhält man $y = \int pdx + \int qdx + \int rdx$. Besonders ist die Zerlegung der gebrochenen Differentialfunktionen in Partialbrüche deren Nenner möglichst einfach sind, eine sehr vortheilhafte Verbereitung zur Integration.

Integration der Gleichungen wodurch der Differentialcoefficient $\frac{dy}{dx}$ durch eine Funktion der unabhängigen Variabeln x gegeben ist.

Erster Fall.

Die übrigen Vorbereitungen bestehen in zum Theil sehr sinnreichen Substitutionen wodurch Irrationalausdrücke, rational gemacht werden.

Wenn $y = uv$ wo so wohl v als u ein Paar Funktionen von x sind, so erhält man, wenn man beide als unabhängige Variabeln betrachtet $dy = udv + vdu$. Da beide Glieder des zweiten Theils blos Funktionen von x seyn können, so kann man $y = \int udv + \int vdu$ setzen. Die beiden Integrale sind aber hier blos in Hinsicht auf die unabhängige Variable x zu nehmen, denn obgleich der Differential Ausdruck udv entstanden indem man in $y = uv$ blos v veränderlich genommen, so kann man doch nicht bei der Bestimmung des Integrals $\int udv$ blos v veränderlich nehmen, weil sonst dieses Glied allein schon uv geben würde. Da in der Voraussetzung daß blos u veränderlich ist auch $\int vdu = vu$ geben würde, so erhielte man $y = 2uv$ welches also doppelt so groß gefunden wird, als es eigentlich seyn soll. Man siehet hieraus daß wenn in einem Integralausdruck z. B. $\int udv$, das Differential dv nicht das Differential der unabhängigen Variabeln ist, bei der Integration nicht die der Differentiation entgegengesetzte Operation angewendet werden kann. Dieses kann nicht ehe geschehen als wenn dv durch das Differential der unabhängigen Variabeln x ausgedrückt ist.

Es ist nehmlich $dv = \frac{dv}{dx} dx$ dieses gibt also $\int u\,dv = \int u \frac{dv}{dx} dx$ wo so wohl u als $\frac{dv}{dx}$ Funktionen von x sind. Eben so ist $\int v\,du = \int v \frac{du}{dx} dx$ folglich $uv = \int u \frac{dv}{dx} dx + \int v \frac{du}{dx} dx$. Diese beiden Integrale können nun in Bezug auf dx integrirt und dabei die Inversion der Differentialoperationen angewendet werden. Wenn man also die vorhergehende Ausdrücke beibehält und $uv = \int u\,dv + \int v\,du$ schreibt so sind die Integrale nur in Bezug auf x zu nehmen. Dieses vorausgesetzt wird man erhalten $\int u\,dv = uv - \int v\,du$. Wenn also das Integral $\int v\,du$ bestimmt werden kann so erhält man auch $\int u\,dv$. Dieses Verfahren welches man theilweise Integriren nennt, ist zur Reduction zusammengesetzter Integrale auf einfache und also zur Integration selbst dienlich. Es sey z. B. $dy = \int x^3 \frac{dx}{\sqrt{1+x^2}}$. Setzt man $x^2 = u$, $\frac{x\,dx}{\sqrt{1+x^2}} = dv$ folglich $\sqrt{1+x^2} = v$ so wird $y = x^2 \sqrt{1+x^2} - \int \sqrt{1+x^2} \cdot 2x\,dx = x^2 \sqrt{1+x^2} - \frac{2}{3}(1+x^2)^{\frac{3}{2}}$.

Wenn endlich das Differential $\frac{dy}{dx}$ oder die Funktion X nur durch eine unendliche Reihe ausgedrückt werden kann, so wird, wenn die Glieder dieser Reihe nachdem sie mit dx multiplicirt worden der Integration fähig sind, das Integral y ebenfalls durch eine unendliche Reihe ausgedrückt deren Gesetz öfters leicht in die Augen fällt. Alsdann kommt es aber auf die Convergenz dieser Reihe an. Es sey z. B. $\frac{dy}{dx} = \frac{1}{(a+x)}$ folglich $y = \int \frac{dx}{a+x}$. Wenn man den Bruch $\frac{dx}{a+x}$

in eine Reihe auflöset so erhält man $\frac{dx}{a} - \frac{x\,dx}{a^2} + \frac{x^2\,dx}{a^3} - \frac{x^3\,dx}{a^4} \ldots\ldots$ wovon jedes Glied integrabel ist und die Integration gibt $y = \frac{x}{a} - \frac{x^2}{2a^2} + \frac{x^3}{3a^3} - \frac{x^4}{4a^4} \ldots\ldots$ Nun ist aber der zweite Theil dieser Gleichung der natürliche Logarithmus von $\left(1 + \frac{x}{a}\right)$ folglich $y = l\left(1 + \frac{x}{a}\right) + C = l\,(a + x) - la + C$ wo C die hinzu zu fügende Constante ist. Setzt man für x, x — a so wird $y = lx - la + C$ wo man die Größe $- la$ mit unter C begreifen kann wodurch man $y = lx + C$ erhält, welches dann das Integral von $dy = \frac{dx}{x}$ ist.

§. 29.

Wenn der Differentialcoefficient $\frac{dy}{dx}$ durch einen Ausdruck gegeben ist worin x und y zugleich vorkommen, oder welches einerley ist, wenn sich die gegebene Gleichung auf die Form $M dx + N dy = o$ bringen läßt worin M und N Ausdrücke zwischen x und y sind, oder wovon wenigstens einer derselben x und der andre y enthält. Alsdann bestehet die erste Vorbereitung zur Integration dieser Gleichung darin daß man die Gleichung so zu verwandeln suche daß der Coefficient von dx blos x und der von dy blos y enthalte, welches man die **Trennung der Variabeln** nennt. Man hat nehmlich alsdann $X dx + Y dy = o$ wodurch die Integration auf den vorigen Fall zurück geführt wird, nehmlich $\int X dx + \int Y dy = C$ wo C die willkührliche Constante bedeutet. Es sey z. B. die Gleichung $\frac{dy}{dx}$ —

Integration der Gleichungen wodurch der Differentialcoefficient $\frac{dy}{dx}$ in x und y gegeben ist. Zweiter Fall.

Trennung der Variabeln.

$y \cot x = 0$, multiplicirt man mit $\frac{dx}{y}$ so erhält man $\frac{dy}{y} - \cot x\, dx = 0$ worin die Variabeln getrennt sind. Die Integration gibt nun $ly - l \sin x = lc$ und wenn man Statt der Logarithmen die Größen selbst nimmt, $\frac{y}{\sin x} = c$ oder $y = c \sin x$ welches also die vollständige Integralgleichung ist. Es sey ferner die Gleichung $y dx - x dy = 0$ gegeben, so wird wenn man mit yx dividirt $\frac{dx}{x} - \frac{dy}{y} = 0$ folglich $lx - ly = lc$ oder $\frac{x}{y} = c$ das vollständige Integral derselben.

§. 30.

Ist der durch x und y gegeben Differentialcoefficient $\frac{dy}{dx}$ nicht auf die Form $X dx + Y dy = 0$ zu bringen, wohl aber auf die Form $M dx + N dy = 0$, so kann man y als eine unaufgelöste Funktion von x betrachten, welche durch die Gleichung $Fxy = 0$ gegeben ist. Bezeichnet man dann Fxy mit z, so muß nach §. 11 und 16 der Coefficient $\frac{dy}{dx}$ aus der Gleichung $\frac{dz}{dx}$

Bedingung der Integrabilität.

$dx + \frac{dz}{dx} dy = 0$ entstanden seyn. Um also die Gleichung $M dx + N dy = 0$ als das erste aus der Gleichung $z = 0$ abgeleitete Differential ansehen zu können muß $M = \frac{dz}{dx}$ und $N = \frac{dz}{dy}$ seyn. Nach §. 10 muß aber alsdann $\frac{d^2 z}{dx\, dy} = \frac{d^2 z}{dy\, dx}$ folglich $\frac{dM}{dy} = \frac{dN}{dx}$ seyn. Dieß ist also die Eigenschafft welche Statt finden muß wenn man die Gleichung $M dx + N dy = 0$

als ein wirkliches Differential ansehen will. Die Gleichung $\frac{dz}{dx} = M$ gibt alsdann $z = \int M dx + Y$ worin Y irgend eine Funktion von y allein ist, welche bei der Differentiation von z nach x hat verschwinden können, denn es ist einleuchtend daß bei dieser Operation nicht allein alle isolirte Constanten sondern auch alle Glieder der Funktion z verschwinden welche allein y enthalten. Nun kann man aber die Funktion Y im gegenwärtigen Fall auf folgende Art bestimmen. Differenzi rt man nehmlich die Gleichung $z = \int M dx + Y$ nach y so erhält man $\frac{dz}{dy} = \frac{d.\int M dx}{dy} + \frac{dY}{dy}$. Dieses muß nun $= N$ seyn, folglich erhält man $\frac{dY}{dy} = N - \frac{d\int M dx}{dy}$ und daher $Y = \int \left(N - \frac{d\int M dx}{dy}\right) dy + C$, also wird endlich $z = \int M dx + \int \left(N - \frac{\int M dx}{dy}\right) dy + C = 0$. Es sey z. B. die Gleichung $\frac{dx}{y} - \frac{x}{y^2} dy = 0$ gegeben, so ist $M = \frac{1}{y}$, $N = -\frac{x}{y^2}$, folglich $\frac{dM}{dy} = -\frac{1}{y^2} = \frac{dN}{dx}$. Nun ist $\int M dx = \int \frac{dx}{y} = \frac{x}{y}$, weil sich hier das Integrationszeichen $\int$ nur blos auf x bezieht, ferner $\frac{d\int M dx}{dy} = -\frac{x}{y^2}$ folglich $Y = C$ und daher $z = \frac{x}{y} + C = 0$, daher $\frac{x}{y} = C$ wie im §. 29. Dieses Beyspiel, welches auch nach dem vorigen §. hätte behandelt werden können, ist nur der folgenden Bemerkung wegen gewählt. Wenn man nehmlich die gegebene Gleichung mit y^2 multiplicirt, so erhält man $y dx - x dy = 0$, welche Gleichung nicht mehr der Bedingung der Integrabilität entspricht; denn es ist $\frac{dM}{dy} = + 1$, $\frac{dN}{dx} = - 1$. Dieses geschiehet nur durch die Wiederherstellung des Factors $\frac{1}{y^2}$ welches ein Faktor ist, wodurch die Gleichung $y dx - x dy = 0$ in ein wirkliches Differential verwandelt wird (§. 25.). Man erhielte alsdann $\frac{x}{y} = C$ welches mit $\frac{x}{y} + C = 0$ gleichgeltend ist, weil die willkührliche Constante C sowohl positiv als negativ genommen werden kann. Die Gleichung $y dx - x dy = 0$ ist also kein wirkliches Differential, sie ist das Resultat der Elimination der Constanten c aus den beyden Gleichungen $x - cy = 0$ und $dx - c dy = 0$. Wenn daher eine gegebene Differential-Gleichung kein wirkliches Differential ist und also nicht der Bedingung der Integrabilität Genüge thut, so muß man sie durch einen schicklichen Multiplicator in ein wirkliches Differential zu verwandeln suchen. Man ist aber bey Aufsuchung dieses Multiplicators genöthigt versuchsweise zu verfahren.

Differentiation unter dem Zeichen $\int$.

Da man den Differentialcoefficienten $\frac{d\int M dx}{dy}$ auch erhält, wenn man $\int M dx$ in eine Reihe nach den Potenzen von y entwickelt, indem man Statt y, $y + dy$ setzt und dann den Coefficienten von dy nimt, so erhält man dann am $\int \left(M + \frac{dM}{dy} dy + \text{rc.} \right) dx = \int M dx + dy \int \frac{dM}{dy} dx + \text{rc.}$ folglich

$$\frac{d\int M dx}{dy} = \int \frac{dM}{dy} dx$$

wodurch man im Stande ist das Differential eines Ausdrucks wie $\int M dx$ nach irgend einer darin enthaltenen Variabeln y zu bestimmen, ohne das Integral $\int M dx$ selbst zu kennen, welches man unter dem Zeichen differenziiren nennt. Hievon kann man sich auch so überzeugen: Wenn $z = \int Z dx$, so muß wenn Z eine Funktion von x und y ist, z ebenfalls diese beyden Variabeln enthalten, und es muß $\frac{dz}{dx} = Z$ seyn. Nimt man auf beyden Seiten das Differential in Bezug auf y so erhält man $\frac{d^2z}{dx\,dy} = \frac{dZ}{dy}$. Nun ist aber $\frac{d^2z}{dx\,dy}$

$$= \frac{d^2z}{dy\,dx} = \frac{d\frac{dz}{dy}}{dx}$$ folglich

$$\frac{dz}{dy} = \int\frac{dZ}{dy}\,dx.$$

§. 31.

Die Schwierigkeit, eine Differentialgleichung einer höhern Ordnung zu integriren, nimt mit der Ordnungszahl derselben zu und es gibt nur wenige Fälle, worin die Integration gelingt, z. B. Integration der Differentialgln. der höhern Ordnungen.

1) Wenn irgend ein Differentialcoefficient blos durch eine Funktion des nächst niedrigen Differentialcoefficienten gegeben ist, so wird die Integration dadurch auf den Fall einer einzigen Variabeln §. 28. zurückgeführt. Es sey z. B. $\frac{d^3y}{dx^3} = Q$ wo Q blos Funktion von $\frac{d^2y}{dx^2}$ ist. Setzt man $\frac{d^2y}{dx^2} = q$ so erhält man $\frac{d^3y}{dx^3} = \frac{dq}{dx}$ folglich $\frac{dq}{dx} = Q$. Da nun q eine Funktion von x ist, so kann man umgekehrt auch x als eine Funktion von q betrachten und folglich $dx = \frac{dq}{Q}$ setzen, woraus

man $x = \int \frac{dq}{Q} + C$ erhält. Da ferner $\frac{d^2y}{dx} = q$ so ist $\frac{dy}{dx} = \int q dx = \int \frac{q dq}{Q} + C'$ und $y = \int dx \int q dx$ $= \int \frac{dq}{Q} \left(\int \frac{q dq}{Q} + C' \right) + C''$. Eliminirt man q aus den beyden Ausdrücken für x und y so erhält man eine Gleichung zwischen x und y mit dreyen Constanten, welche folglich das vollständige Integral von der Ordnung o der gegebenen Gleichung ist.

c) Eben dieses findet Statt, wenn der Differentialcoefficient blos durch eine Funktion des um zwey Einheiten niedrigern Differentialcoefficienten gegeben ist. Es sey z. B. $\frac{d^4y}{dx^4} = Q$ und Q eine Funktion von $\frac{d^2y}{dx^2}$ $= q$ so hat man $\frac{d^3y}{dx^3} = \frac{dq}{dx}$ und $\frac{d^4y}{dx^4} = \frac{d^2q}{dx^2}$ folglich $\frac{d^2q}{dx^2} = Q$. Multiplicirt man diese Gleichung mit dq so erhält man $\frac{dq}{dx} \cdot \frac{d^2q}{dx} = Q dq$ folglich $\frac{1}{2} \frac{dq^2}{dx^2} = \int Q dq$ und $\frac{dq}{dx} = \sqrt{2\int Q dq + C}$ also $dx = \frac{dq}{\sqrt{2\int Q dq + C}}$ $x = \int \frac{dq}{2\sqrt{\int Q dq + C}} + C'$. Aber $\frac{d^2y}{dx^2} = q$ gibt $\frac{dy}{dx} = \int q dx = \int \frac{q dq}{\sqrt{2\int Q dq + C}} + C'$ folglich y $= \int dx \int q dx = \int \frac{dq}{\sqrt{2\int Q dq + C}} \left(\int \frac{q dq}{\sqrt{2\int Q dq + C}} + C'' \right)$ $+ C'''$. Wenn man auch hier aus den beyden Werthen von x und y, q eliminirt, so erhält man eine Gleichung zwischen x und y mit vier Constanten, welche das vollständige Integral der gegebenen Gleichung ist.

§. 32.

Wenn eine Differentialgleichung irgend einer Ordnung weder an sich selbst noch nach vorhergegangenen Verwandlungen, durch die Inversion der einfachen Differentialoperationen auf die ursprüngliche oder Integral-Gleichung zurückgeführt werden kann, so kommt es darauf an, die erforderliche Anzahl besonderer Werthe von y zu finden, um dann nach §. 27. den vollständigen Werth von y zu erhalten. Hiezu ist keine directe und allgemeine Methode bekannt, außer wenn die Gleichung von der ersten Ordnung und lineär in y oder von folgender Form ist: $\frac{dy}{dx} + yfx = 0$. Hievon ist p $= e^{-\int fx\,dx}$ ein besonderer Werth nnd folglich $y = C\,e^{-\int fx\,dx}$. In diesem Fall aber ist auch die Gleichung nach §. 29. zu behandeln und man hat $\frac{dy}{y} = -fx\,dx$ folglich $\lg y = -\int fx\,dx + C$. Für lineäre Differentialgleichen können die besondern Werthe von y nur gefunden werden, wenn die Coefficienten von y, $\frac{dy}{dx}$ ꝛc. constant sind. Wenn man nehmlich in einer solchen Gleichung $Ay + B\frac{dy}{dx} + C\frac{d^2y}{dx^2} + - \ldots = 0$ für y den besondern Werth $p = e^{mx}$ setzt, so erhält man $A + Bm + Cm^2 \ldots = 0$. Sind nun $m_{,}$, $m_{,,}$, $m_{,,,}$ ꝛc. die Wurzeln dieser Gleichung, so wird $y = ae^{m_{,}x} + be^{m_{,,}x} \mp ce^{m_{,,,}x} \ldots$ die vollständige primitive Gleichung.

§. 33.

Methode aus einem besondern Integral das vollständige Integral zu finden.

Ist die gegebene Differentialgleichung nicht lineär, so können die besondern Werthe von y nicht auf diese

Art vervollständigt werden, wenn schon dieselben in hinreichender Zahl vorhanden sind. Es sey z. B. $y = f(xa)$ das vollständige Integral einer Gleichung $F\left(x\ y\ \frac{dy}{dx}\right) = 0$ von der ersten Ordnung. Wenn man für y einen besondern Werth p in x hat, so kann man hier nicht $y = ap$ setzen, weil sonst $Fxy\frac{dy}{dx} = 0$ lineär in y seyn müßte, welches wider die Voraussetzung ist. Eben so wenig kann $y = p + a$ seyn, weil sonst $\frac{dy}{dx}$ blos durch x allein gegeben seyn müßte Es wird also die Constante a weder als ein Parameter noch als eine isolirte Constante in $f(xa)$ enthalten seyn, sondern auf eine mehr verwickelte Art, dergestalt daß $f(xa)$ der Entwickelung in eine Reihe nach den aufsteigenden Potenzen von a fähig ist. Nun ist diese Entwickelung

$$y = p + qa + ra^2 + sa^3 \ldots.$$

wo p der Werth von y ist, wenn die Constante $a = 0$ wird, und also ein Partikularwerth ist. Es entstehet auch ein besonderer Werth von y, wenn die Constante a irgend einen besondern Werth h erhält, wenn man alsdann $a = h + i$ setzt und die Funktion $fx(h + i)$ nach den Potenzen von i entwickelt, so wird

$$y = p + qi + ri^2 + si^3 \ldots.$$

worin $p = fxh$ der besondere Werth von y ist. Es kommt also in beiden Fällen auf die Bestimmung der Coefficienten q, r, s ꝛc. an. Zu dem Ende sey $\frac{dy}{dx} = V$ wo V eine Funktion vou x und y ist. Es sey ferner v derjenige Werth von V, welchen es erhält indem man für y seinen besondern Werth p setzt, wodurch $\frac{dp}{dx} = v$ wird. Der Abkürzung wegen setze man $y = p$

+ b

$+ b$ wo $b = qa + ra^2 + sa^3 \ldots$ oder $= qi + ri^2 + si^3 \ldots$ ist und entwickele die Funktion V nach den Potenzen von b, so erhält man

$$V = v + \frac{dv}{dp} b + \frac{1}{2} \frac{d^2 v}{dp^2} b^2 + \frac{1}{2.3} \frac{d^3 v}{dp^3} b^3 \ldots$$

$$= \frac{dp}{dx} + \frac{dq}{dx} a + \frac{dr}{dx} a^2 + \frac{ds}{dx} a^3 \ldots$$

und wenn man für b seinen Werth setzt, so wird

$$V = v + \frac{dv}{dp} qa + \frac{dv}{dp} ra^2 + \frac{dv}{dp} sa^3 \ldots$$
$$+ \frac{1}{2} \frac{d^2 v}{dp^2} q^2 a^2 + \frac{d^2 v}{dp^2} qra^3 \ldots$$
$$+ \frac{1}{2.3} \frac{d^3 v}{dp^3} q^3 a^3 \ldots$$

u. s. w.

Durch Vergleichung der gleichen Potenzen von a erhält man dann zur Bestimmung von q, r, s rc. folgende Gleichungen:

$$\frac{dq}{dx} = q \frac{dv}{dp}, \quad \frac{dr}{dx} = r \frac{dv}{dp} + \frac{q^2}{2} \frac{d^2 v}{dp^2}, \quad \frac{ds}{dx} = s \frac{dv}{dp} + qr \frac{d^2 v}{dp^2} + \frac{q^3}{2.3} \frac{d^3 v}{dp^3}$$

welche sämmtlich linear sind. Die erste gibt sogleich $\frac{dq}{q} = \frac{dv}{dp} dx$ folglich $\lg q = \int \frac{dv}{dp} dx$ wo keine Constante nöthig ist, weil der Werth von q nur so beschaffen seyn darf, daß er der Differentialgleichung $\frac{dq}{dx} = q \frac{dv}{dp}$ Genüge thut. Ist q gefunden, so wird solches in die 2te Gleichung versetzt, welches dann auf die merkwürdige Form

$$\frac{dr}{dx} + r\varphi x + \psi x = 0$$

führt, durch deren Integration der Werth von r in x gefunden wird. Im Fall $\psi x = 0$ würde diese Form auf die der ersten Gleichung oder die im §. 32. zurückgeführt, wo nicht, so erfordert die Integration ein besonderes Verfahren. Nach §. 32. gibt es einen besondern Werth, welcher der Gleichung $\frac{dr}{dx} + r\varphi x = 0$ Genüge thut, dieser sey $= \varrho$ so ist $r = c\varrho$ der vollständige Werth von r, welcher derselben Gleichung Genüge thut. Soll dieser Werth auch der Gleichung $\frac{dr}{dx} + r\varphi x + \psi x = 0$ Genüge thun, so kann c nicht mehr als beständig, sondern als eine Funktion von x angesehen werden. Alsdann hat man $\frac{dr}{dx} = c\frac{d\varrho}{dx} + \varrho\frac{dc}{dx}$. Substituirt man diesen Werth in die letzte Gleichung, so erhält man $c\frac{d\varrho}{dx} + c\varrho\varphi x + \varrho\frac{dc}{dx} + \psi x = 0$. Die beiden ersten Glieder sind $= 0$ denn wenn $\frac{d\varrho}{dx} + \varrho\varphi x = 0$ so ist anch $c\frac{d\varrho}{dx} + c\varrho\varphi x = 0$ was auch c für eine Function von x seyn mag, also wird $\varrho\frac{dc}{dx} = -\psi x$, $\frac{dc}{dx} = -\frac{\psi x}{\varrho}$ woraus man $c = -\int\frac{\psi x}{\varrho}dx + C$ findet. Es kommt also auf die Bestimmung des Integrals $\int\frac{\psi x}{\varrho}dx$ an. Ist dieses Integral $= X$ so hat man $r = -\varrho X + C\varrho$ für das vollständige Integral und $r = -\varrho X$ für das besondere Integral der gegebenen Differentialgleichung. Es sey z. B. $\frac{dy}{dx} - y = nx$ gegeben so ist $y = e^{x}$ ein besonderer Werth von y für die Gleichung $\frac{dy}{dx} - y = 0$. Nun wird $c = n\int xe^{-x}dx + C = -n\left(e^{-x}x + e^{-x}\right)$

$+ C = - ne^{-x}(1 + x) + C$ folglich $y = - n(1 + x) + Ce^{x}$ und $\frac{dy}{dx} = - n + Ce^{x}$ durch welche Werthe der gegebenen Gleichung Genüge geschiehet. Durch diese Integration ist man nun im Stande die Größen r, s 2c. c zu bestimmen, wobey zu bemerken, daß es nicht nöthig ist die vollständigen Werthe derselben zu haben, weil es nur darauf ankommt den obigen Gleichungen dadurch Genüge zu thun.

Diese interessante Operation verdient durch ein leichtes Beyspiel erläutert zu werden. Es sey die Differentialgleichung von der ersten Ordnung $\frac{dy}{dx} = \frac{2y}{x} - \frac{y^2}{bx^2}$ gegeben, wovon $y = bx$ ein besonderer Werth ist, den wir mit p bezeichnen. Hier wird nun $v = \frac{2p}{x} - \frac{p^2}{bx^2}$ daher $\frac{dv}{dp} = \frac{2}{x} - \frac{2p}{xbx} = \frac{2}{x} - \frac{2}{x} = 0$, $\frac{d^2v}{dp^2} = - \frac{2}{bx^2}$, $\frac{d^3v}{dp^3} = 0$ und so die übrigen. Man erhält also $\frac{dq}{dx} = 0$ folglich $q = C$ wofür man die Einheit nehmen kann. Ferner $\frac{dr}{dx} = - \frac{2}{bx^2}$ folglich $r = \frac{1}{bx}$, $\frac{ds}{dx} = - \frac{2}{bx^3}$ folglich $s = \frac{1}{b^2x^2}$ u. s. w. Es wird also das vollständige Integral

$$y = bx + a + \frac{a^2}{bx} + \frac{a^3}{b^2x^2} + \frac{a^4}{b^3x^3} \dots\dots$$

$$= bx + \frac{a}{1 - \frac{a}{bx}} = \frac{bx^2}{x - \frac{a}{b}}$$

wovon man sich leicht durch Differenziiren überzeugen kann und worin a die willkührliche Constante ist welche am besondern Werthe $y = bx$ fehlte. Wenn man nicht wie in diesem Beyspiel einen endlichen Ausdruck für die Reihe findet, so kommt es natürlich auf die Convergenz derselben an.

Man hätte die gegebene Gleichung auch auf folgende Art behandeln können. Substituirt man für y, $u + bx$ so verwandelt sie sich in $\frac{du}{dx} = -\frac{u^2}{bx^2}$ wo die Variabeln leicht getrennt werden können. Man erhält dann $\frac{du}{u^2} = -\frac{dx}{bx^2}$ folglich $-\frac{1}{u} = \frac{1}{bx^2} + a$. Restitnirt man für u seinen Werth $y - bx$ so erhält man $y = \frac{ab^2x^2}{abx-1}$ welches ebenfalls das vollständige Integral ist. Man siehet hieraus, daß man für eine und eben dieselbe Differenzialgleichung anscheinend verschiedene Integralformen erhalten könne, welches von der Willkührlichkeit der Constanten herrührt.

§. 34.

Umstände unter welchen die allgemeinen Entwickelungsreihen §. 7. ihre Brauchbarkeit verlieren oder eine Abänderung in den Exponenten erleiden.

Diese Methode aus einem besondern Integral das vollständige zu finden, ist unter der Voraussetzung anwendbar, daß die Reihenausdrücke für die Entwickelung der Functionen f (x, a), und V nach den Potenzen von a und von b, ihre Brauchbarkeit für besondere Werthe von a und von p behalten. Wenn aber z. B. in der Function f (x, a) in einem Gliede derselben die Constante auf irgend eine Potenz mit gebrochenem oder negativem Exponenten vorkommt, so können einige der ersten Coefficienten der Reihe $p + qa + ra^2 + sa^3$, zu Null und die übrigen unendlich groß, oder auch allesammt unendlich groß werden, in welchem Falle die Reihe aufhört brauchbar zu seyn. Alsdann sind aber die mit einer solchen Potenz von a verbundenen Glieder als schon nach a entwickelt anzusehen und nur in Ansehung ihrer Folge zu ordnen. Es sey z. B. die Function $\frac{xa^{\frac{3}{2}}+x^2a^{\frac{1}{2}}}{\sqrt{a+x}}$ nach a zu entwickeln so wird nach der Formel II §. 7. das erste Glied der Entwickelung Null alle übrigen Coefficienten derselben aber werden unendlich, folglich ist die gedachte Formel nicht anwenbar. Man siehet aber sogleich, daß der Zähler der obigen Function keiner Entwickelung, sondern nur einer Ordnung nach den Potenzen von a bedarf. Es ist also nur nöthig den Bruch $\frac{1}{\sqrt{a+x}}$ nach den Potenzen von a zu entwickeln und diese Entwickelung durch $x^2a^{\frac{1}{2}}+xa^{\frac{3}{2}}$ zu multipliciren. Eben so würde die Entwickelung der Function $\frac{x}{a+a^3x}$ nach den Potenzen von a vermöge derselben Formel lauter unendlich große Glieder erhalten. Da sie aber $=\frac{xa^{-1}}{1+a^2x}$ so siehet man, daß sie schon zum Theil nach a entwickelt ist. Man darf also nur noch den Factor $(1+a^2x)^{-1}$ entwickeln und diese Entwickelung mit xa^{-1} multipliciren, um die wahre Entwickelung zu erhalten. Die wahre Entwickelung wird also in allen Fällen folgende allgemeinste Form haben $y=p+qa^m+ra^n+sa^t\ldots$ wo m, n, t ꝛc. c positive und negative ganze und gebrochene Zahlen seyn können. Da aber a in dem gegenwärtigen Falle völlig willkührlich ist, so kann man diese Form, wenn man für a, $a^{\frac{1}{m}}$ setzt, allezeit auf folgende bringen

$$y=p+qa+ra^{\frac{n}{m}}+sa^{\frac{t}{m}} — —$$

wo $\frac{n}{m}>1$, $\frac{t}{m}>\frac{n}{m}$ u. s. w. ist.

Eben so kann die Reihe für die Entwickelung der Function V nach den Potenzen von b dadurch unbrauchbar werden, wenn für p ein solcher Werth gesetzt wird, wodurch die Coefficienten v, $\frac{dv}{dp}$, $\frac{d^2v}{dp^2}$ rc. Null oder unendlich werden. Dieses geschiehet z. B. wenn in der Function V ein Glied von der Form $(y - fx)^{\frac{m}{n}}$ enthalten und der besondere Werth von y oder $p = fx$ wird. Alsdann werden alle Glieder der Entwickelung worin der Exponent $< \frac{m}{n}$ ist $= 0$ und alle übrigen Glieder ∞. Um in diesem Falle die wahre Entwickelung zu erhalten, darf man nur bedenken, daß wenn man in dem Factor $(y - fx)^{\frac{m}{n}}$ für y, $p + b$ setzt, man dafür $b^{\frac{m}{n}}$ erhält welches keiner weitern Entwickelung fähig ist. Man darf also nur nachdem man für y, p substituirt hat, alle die Glieder ordnen welche dadurch in Potenzen von b multiplicirt erscheinen und die übrig bleibenden Glieder nach b wie gewöhnlich entwickeln. Die Verbindung beyder Operationen wird die wahre Entwickelung seyn. Es sey z. B. die Function $x^3 \sqrt{y - cx} + \frac{y^2 + c^2x^2}{\sqrt{y - cx}}$ zu entwickeln wenn man für y, $p + b$ und für p den besondern Werth cx setzt. Hier erhält man also durch das angezeigte Verfahren $2c^2x^2 . b^{-\frac{1}{2}} + (x^3 + 2bx) . b^{\frac{1}{2}} + b^{\frac{3}{2}}$ für die wahre Entwickelung, worin das erste Glied verschwunden. Solchergestalt wird in jedem Fall die Entwickelung einer Function V, wenn für y, $p + b$ gesetzt wird, folgende Form erhalten $v + Pb^{\mu} + Qb^{\gamma} +$ rc worin P und Q Funktionen von x sind, μ von der Einheit verschieden $\gamma > \mu$ rc. ist. Da nun in dem gegenwärtigen Falle

$Pb^{\mu} + Qb^{\nu} + ꝛc. = \frac{dq}{dx} a + \frac{dr}{dx} a^{\frac{n}{m}} + ꝛc.$ seyn soll, so muß man zuvor für b seinen Werth $qa + ra^{\frac{n}{m}} + sa^{\frac{t}{m}} \ldots$ restituiren. Hierdurch erhält der erste Theil der letzten Gleichung folgende Form, $P'a^{\mu}\ Q'a^{\nu} \ldots\ldots$ Ist nun $\mu > 1$ und positiv, so ist eine Vergleichung zwischen den Gliedern der obigen Gleichung und folglich die Gleichung selbst möglich, man darf nehmlich nur $\frac{dq}{dx} = 0$ also $q = 1$, $\frac{dr}{dx} = P'$ u. $\frac{n}{m} = \mu$, ferner $\frac{ds}{dx} = Q'$ und $\frac{t}{m} = \nu$ u. s w. setzen, wodurch dann auch die Größen r, s ꝛc. können bestimmt werden. Wenn aber $\mu < 1$ oder negativ ist, so kann der obigen Bedingungsgleichung auf keine Weise Genüge geschehen, folglich können auch nicht die Größen q, r, s ꝛc. gefunden und also kann auch nicht der besondere Werth von y auf diese Art vervollständigt werden, woraus man schließen kann, daß derselbe alsdann gar nicht in dem vollständigen Werth von y enthalten ist. In dem Fall aber da $\mu < 1$ oder negativ ist, wird nach dem Vorhergehenden, wegen des Factors $(y - fx)^{\mu} = 0$, die Funktion $\frac{dV}{dy} = \infty$ oder $\frac{1}{\frac{dV}{dy}} = 0$. Umgekehrt wird also diese Function durch die Auflösung alle diejenigen besondern Werthe von y in x geben, die der gegebenen Differentialgleichung Genüge thun ohne in dem vollständigen Integral derselben enthalten zu seyn und die man daher a b g e s o n d e r t e W e r t h e nennen könnte um sie von den übrigen besondern Werthen zu unterscheiden.

Von den Abgesonderten Integralen.

Es sey z. B. die Gleichung $y = \frac{a^2 + c^2 - x^2}{a^2}$ gegeben, woraus man die Differentialgleichung $\frac{dy}{dx} = -$

$\frac{x}{a}$ erhält. Wenn man aus diesen beyden Gleichungen a eliminirt so erhält man die Differentialgleichung $\frac{dy}{dx} = \frac{-x}{y+\sqrt{y^2+x^2-c^2}}$ von der ersten Ordnung, wovon $p = \sqrt{c^2-x^2}$ ein besonderes Integral ist. Hier wäre nun die Function $V = \frac{-x}{y+\sqrt{y^2+x^2-c^2}}$ nachdem man für y, p+b gesetzt hat nach den Potenzen von b zu entwickeln. Man siehet aber sogleich, daß dieses nach der allgemeinen Entwickelungsreihe II. §. 7. nicht möglich ist, indem das erste Glied der Entwickelung $= -\frac{x}{p}$, alle übrigen Glieder unendlich groß werden. Es ist aber in diesem Fall die wahre Entwickelung von

$$\frac{-x}{p+\sqrt{b+b}} = -xp^{-1} + xp^{-2} . b^{\frac{1}{2}} - x(p^{-3} p^{-2}) b \ldots$$

Da nun b allemahl von der Form $qa + ra^{\frac{n}{m}} +$ rc. wo $\frac{n}{m} > 1$ seyn muß, so werden die beyden ersten Glieder dieser Entwickelung $-xp^{-1} + xp^{-2} q^{\frac{1}{2}} a^{\frac{1}{2}} \ldots$ Nun muß $xp^{-2} q^{\frac{1}{2}} a^{\frac{1}{2}} \ldots$ mit der Reihe $\frac{dq}{dx} a + \frac{dr}{dx} a^{\frac{n}{m}} + \ldots$ einerley seyn können, man siehet aber daß dieses nicht möglich ist, und es ist folglich $\sqrt{c^2-x^2}$ ein abgesonderter Werth von y, und man findet ihn auf die vorhin angezeigte Art aus der Function $1 : \frac{dV}{dy} = 0$. Denn es ist hier $\frac{dV}{dy} = \frac{x\left(1+\frac{y}{\sqrt{x^2+x^2-c^2}}\right)}{y+(\sqrt{y^2+x^2-c^2})^2} =$

$\frac{x}{\sqrt{y^2+x^2-c^2} \times (y+\sqrt{y^2+x^2-c^2})}$. Setzt man diese Funktion $= \infty$ oder $\sqrt{y^2+x^2-c^2} \times (y+\sqrt{y^2+x^2-c^2}) = 0$ so muß $\sqrt{y^2+x^2-c^2} = 0$ folglich $y^2 = c^2 - x^2$ seyn, welches dann den besondern Werth p von y gibt.

Diese Gleichung welche der gegebenen Differentialgleichung Genüge thut ohne in der vollständigen Integralgleichung als ein besonderer Fall enthalten zu seyn, kann man eine abgesonderte Integralgleichung nennen. Lagrange nennt sie Equation primitive singulière, Lacroix aber Solution particulière und unterscheidet sie von der Intégrale particulière durch die Bemerkung, daß sie nicht allen abgeleiteten Gleichungen Genüge thut. Sie kann auch nicht der vollständigen Integralgleichung Genüge thun, eben darum weil sie nicht darin enthalten ist, daß heißt es können die Werthe von y der abgesonderten Integralgleichung $y = \sqrt{c^2 - x^2}$ nicht durch die vollständige Integralgleichung hervorgebracht werden, was man auch der willkührlichen Constanten a für einen unveränderlichen Werth geben mag.

§. 34.

Solche abgesonderten Integralgleichungen entstehen dann, wenn man die Constante a als irgend eine Funktion von x betrachtet. Hat man z. B. die beyden Gleichungen $Fxya = 0$ und $d\,Fxya = 0$, so wird das Resultat der Elimination von a eine Differenzialgleichung der ersten Ordnung seyn, und dieses Resultat wird dasselbe seyn es mag a als beständig oder als eine Funktion von x angesehen werden, wenn nur im letzten Falle ebenfalls $d\,Fxya = 0$ ist. Man bezeichne die beyden obigen Gleichungen mit $z = 0$ und $dz = 0$, so ist in dem Fall da a beständig ist $dz = \frac{dz}{dx}\,dx + \frac{dz}{dy}\,dy$

und in dem Fall, daß a Funktion von x ist $dz = \frac{dz}{dx} dx + \frac{dz}{dy} dy + \frac{dz}{da} da$, wenn also $\frac{dz}{da} = 0$ ist, so bekommt dz in beyden Fällen einerley Werth, und wenn man den aus $\frac{dz}{da} = 0$ hervorgehenden Werth von a statt a in $z = 0$ substitnirt, so wird $z = 0$ ein abgesondertes Integral der durch Elimination von a gefundenen Differentialgleichung seyn. Um sich davon zu überzeugen stelle man sich die gedachte Differentialgleichung von der ersten Ordnung in der Form $\frac{dy}{dx} = Fxy$ aufgelöst vor und eben so ihre vollständige Integralgleichung unter der aufgelösten Form $y = fxa$. Wenn nun $\frac{dy}{da} = 0$ irgend einen Werth für a in x gibt so sey dieser $= X$, alsdann muß wenn sich die Funktion $\frac{dy}{da} = 0$ für diesen Werth verificiren soll, sie einen Factor von der Form $(X - a)^m$ enthalten, so daß $m > 0$ ist. Es sey also $\frac{dy}{da} = V\,(X - a)^m$ wo V eine Funktion von x ist die weder 0 noch ∞ wird. Nimmt man nun auf beyden Seiten das Differential in Bezug auf x, so erhält man $\frac{d^2y}{dx\,da} = \frac{dV}{dx}(X - a)^m + mV\,(X - a)^{m-1} \frac{dX}{dx}$. Differenzlirt man nun auch die Gleichung $\frac{dy}{dx} = Fxy$ in Bezug auf a so erhält man $\frac{d^2y}{da\,dx} = \frac{d.Fxy}{dy} \frac{dy}{da} = \frac{dV}{dx}(X - a)^m + mV\,(X - a)^{m-1} \frac{dX}{dx}$ folglich $\frac{dFxy}{dy} = \frac{dV}{dx} : V + m\frac{dX}{dx} : (X - a)$ und diese Funktion wird unendlich, wenn der für a gefundene Werth

X statt a gesetzt wird, folglich gibt der aus der Gleichung $\frac{dy}{dx} = 0$ gezogene Wert von a, in $y = fxa$ für a gesetzt, ein abgesondertes Integral. Da nun $\frac{dz}{da}$ in Ansehung der unaufgelösten Funktion y von x eben das ist, was $\frac{dy}{da}$ in Absicht der aufgelösten, so wird der aus der Gleichung $\frac{dz}{da} = 0$ gezogene Werth von a, in $z = 0$ gesetzt, ebenfalls eine abgesonderte Integralgleichung geben. Hierbey ist zu merken, daß weder $\frac{dz}{da} = 0$ noch $\frac{dy}{da} = 0$ einen Werth von a geben können, wenn in z und y, a blos als ein einfacher Coefficient oder Parameter vorkommt. In dem vorhin gewählten Beyspiel wird $\frac{dy}{da} = \frac{a - y}{a}$. Dieses $= 0$ gesetzt gibt $a = y$ folglich $y^2 = c^2 - x^2$ als das abgesonderte Integral von $\frac{dy}{dx} = \frac{-x}{y + \sqrt{y^2 + x^2 - c^2}}$ dem es allezeit Genüge thut.

Um gegentheils zu prüfen ob der einer Differentialgleichung $\frac{dy}{dx} = Fxy$ genügende Werth von y ein abgesonderter oder nur ein besonderer Werth ist, darf man nur in der Funktion $\frac{d \,.\, Fxy}{dy}$ den gefundenen Werth setzen. Wird sie dadurch unendlich so ist er ein abgesonderter, wo nicht so ist er ein besonderer Werth.

Da also die abgesonderten Integrale entstehen, wenn die willkührliche Constante durch irgend eine Function von x bestimmt wird, so sind sie in gewissem Betracht noch von größerm Umfange als die vollständigen Integrale.

Die vorhin gezeigte Methode die besondern Integrale zu vervollständigen, wird bey der Theorie der Planeten und Sateliten angewendet, wobey die Excentricität als eine der willkührlichen Constanten betrachtet wird. Da die Excentricität gewöhnlich sehr geringe ist, so gibt der Kreis ein besonders Integral welches dann nach den Potenzen der Excentricität vervollständigt werden kann.

Diese Methode welche hier nur auf eine Differentialgleichung von der ersten Ordnung angewendet worden, kann zwar auch auf höhere Differentialgleichungen ausgedehnt werden, allein die Bestimmung der Grössen q, r, s, ꝛc. ist alsdann nur in dem §. 32. angegebenen Falle möglich.

§. 36.

Abgesonderte Integrale höherer Differentialgleichungen.

Die abgesonderten Integrale können auch bey Differentialgleichungen von höheren Ordnungen statt finden, wenn man die in den ursprünglichen Gleichungen befindlichen Constanten veränderlich betrachtet. Es sey z. B. $U = o$ das vollständige Integral der Gleichung $V = o$ von der zweyten Ordnung, so muß U zwey Constanten c, c' enthalten, welche aus den dreyen Gleichungen $U = o$, $dU = o$ und $d^2U = o$ eliminirt, die Gleichung $V = o$ hervorbringen. Betrachtet man nun c und c' als veränderlich so erhält man

$$dU = \frac{dU}{dx}dx + \frac{dU}{dy}dy + \frac{dU}{dc}dc + \frac{dU}{dc'}dc' = o$$

welches wenn $\frac{dU}{dc}dc + \frac{dU}{dc'}dc' = o$ wird, daß nehmliche Differential von U wie in dem Fall gibt da c und c' beständig bleiben. Bezeichnet man nun $\frac{dU}{dx}dx + \frac{dU}{dy}dy$ mit U' und das Differential davon in Bezug auf x und y mit U'' so erhält man $d^2 U = U'' + \frac{dU'}{dc} dc + \frac{dU'}{dc'} dc' = o$, welches wenn auch $\frac{dU'}{dc} dc + \frac{dU'}{dc'} dc' = o$ wird, für $d^2 U$ den nehmlichen Werth gibt wie in dem Fall da c, c' beständig genommen werden. Wenn man nun die aus diesen Gleichungen für c und c' hervorgehenden Funktionen in $U = o$, $U' = o$ $U'' = o$ setzt, werden sie noch der Gleichung $V = o$ Genüge thun, und es wird die Elimination dieser beyden Größen aus diesen drey Gleichungen ebenfalls die Gleichung $V = o$ hervorbringen. Eliminirt man nun die Größen c, c', $\frac{dc'}{dc}$ aus den vier Gleichungen

$$U = o, U' = o, \frac{dU}{dc} + \frac{dU}{dc'} \frac{dc'}{dc} = o \text{ u. } \frac{dU'}{dc} + \frac{dU'}{dc'} \frac{dc'}{dc} = o$$

so erhält man eine Differentialgleichung der ersten Ordnung welche der Gleichung $V = o$ Genüge thun muß, weil durch die Differentiation derselben eine Gleichnng entstehet welche mit den Gleichungen $U = o$ $U' = o$ $U'' = o$ woraus $V = o$ abgeleitet worden, zugleich bestehen muß. Diese Gleichung von der ersten Ordnung so wie ihre Integralgleichung welche nur eine einzige Constante enthalten wird, werden also als abgesonderte Integralgleichungen der Gleichung $V = o$ angesehen werden können.

Die beyden Gleichungen $\frac{dU}{dc} + \frac{dU}{dc'} \frac{dc'}{dc} = o$ und $\frac{dU'}{dc} + \frac{dU'}{dc'} \frac{dc'}{dc} = o$ welche man zur Bestimmung von c und c' erhält, geben durch die Elimination von $\frac{dc'}{dc}$ eine Gleichung worin c und c' zugleich enthalten sind, folglich kann die eine z. B. c' als eine willkührliche Funktion der andern c angesehen werden, dann wird c

durch diese Gleichung bestimmt. Nimmt man aber für c' irgend eine Funktion von x so wird die andere c ebenfalls bestimmt. Es ist also eine der beyden Constanten jederzeit als eine willkührliche Funktion zu betrachten.

§. 37.

Variation der Parameter.

Wenn die Constanten c, c' in U und U' als bloße Parameter vorkommen, so kann keine derselben als Funktion von x bestimmt, folglich auch nicht als veränderlich betrachtet werden. In diesem Fall wird also die Gleichung $V = o$ keine eigentliche abgesonderte Integrale haben. Enthält aber die Gleichung $U = o$ außer den Parametern c, c', c'', c''' ꝛc. eine oder mehrere Funktionen von x z. B. p, q ꝛc. so können die Parameter als Funktionen von x und zwar so bestimmt werden, daß die auf einander folgenden Differentiale von U dieselben sind, es mögen die Parameter und die Funktionen p, q beständig oder veränderlich angenommen werden. Es ist nehmlich im letzten Fall, wenn man die auf einander folgenden Differentiale im ersten Fall mit U', U'', U''' ꝛc. bezeichnet

$$dU = U' + \frac{dU}{dc} dc + \frac{dU}{dc'} dc' + \text{ꝛc.} + \frac{dU}{dp} dp + \text{ꝛc.} = o.$$

Wenn man nun $\frac{dU}{dc} dc + \frac{dU}{dc'} dc' + \text{ꝛc.} + \frac{dU}{dp} dp + \text{ꝛc.} = o$ setzt, so sind in beyden Fällen die Differentiale die nehmlichen. Da ferner

$$d^2U = U'' + \frac{dU'}{dc} dc + \frac{dU'}{dc'} dc' + \text{ꝛc.} + \frac{dU'}{dp} dp + \text{ꝛc.} = o$$

so wird, wenn man $\frac{dU'}{dc} dc + \frac{dU'}{dc'} dc' \text{ꝛc.} + \frac{dU'}{dp'} dp + \text{ꝛc.} = o$ setzt, ebenfalls $d^2U = U'' = o$ u. s. w.

Ist nun die Zahl der Parameter n so ist die letzte dieser Gleichungen

$$d^n U = U^{(n)} + \frac{dU^{(n-1)}}{dc} dc + \frac{dU^{(n-1)}}{dc'} dc' + \text{ꝛc.}$$
$$\frac{dU^{(n-1)}}{dp} dp + \text{ꝛc.} = 0$$

und folglich die letzte der Bedingungsgleichungen zur Bestimmung der Parameter $\frac{dU^{(n-1)}}{dc} dc + \frac{dU^{(n-1)}}{dc'} dc'$ ꝛc. $+ \frac{dU^{(n-1)}}{dp} dp +$ ꝛc. $= 0$. Da die Anzahl dieser Gleichungen $= n$, so ist sie zur Bestimmung der Größen dc, dc', dc'' ꝛc. c hinreichend, woraus nun durch die Integration die Größen $c\ c'\ c''$ selbst gefunden werden können. Das Resultat der Elimination der n Parameter aus den $n + 1$ Gleichungen $U = 0$, $dU = 0$, $d^2U = 0, \ldots.. d^nU = 0$, ist eine Gleichung von der nten Ordnung die man unter der Form $\frac{d^ny}{dx^n} + P = 0$ setzen kann wo in P, die Größen $x, y, \frac{dy}{dx} \ldots.. \frac{d^{n-1}y}{dx^{n-1}}, p, q$ enthalten sind und wovon $U = 0$ die Integralgleichung von der Ordnung o ist. Da nun die nehmlichen Differentialgleichungen auch noch dann statt haben wenn man die Parameter und die Funktionen p, q ꝛc. veränderlich nimmt, so wird durch die Elimination der veränderlichen Parameter die nehmliche Gleichung $\frac{d^ny}{dx^n} + P = 0$ entstehen, wovon $U = 0$ die vollständige Integralgleichung seyn wird, weil durch die Bestimmung der Parameter n neue willkührliche Constanten eingeführt werden.

§. 38.

Dieses Verfahren verschafft zuerst den Vortheil, daß wenn man das Integral einer Gleichung $\frac{d^ny}{dx^n} + P = 0$

unter der Voraussetzung angeben kann, daß die in P enthaltene Funktionen p, q ꝛc. von x beständig sind, man öfters auch das vollständige Integral unter der Voraussetzung, daß p und q veränderlich sind, bestimmen kann; wovon das Verfahren §. 33. Seite 66. als ein Beyspiel anzusehen ist *). Zweytens da die Bestimmung der Größen c, c', c'' ꝛc. von Integrationen abhängt, so können diese Integrationen in dem Fall, da p und q solche Funktionen von x sind die sich nur sehr langsam ändern, gemeiniglich sehr erleichtert und die Größen c, c', c'' ꝛc. durch succeßive Näherungen bestimmt werden.

Es sey z. B. die Gleichung $\frac{dy}{dx} = x \lg x$ gegeben wovon man das Integral $y = \int x\,dx \lg x$ verlangt. Betrachtet man zuerst die Funktion $\lg x$ als beständig und integrirt so erhält man $y = \frac{1}{2}x^2 \lg x + c$. Differenzirt man diese Gleichung indem man alles veränderlich betrachtet, so erhält man $\frac{dy}{dx} = x \lg x + \frac{1}{2}x + \frac{dc}{dx}$ folglich muß $\frac{1}{2}x + \frac{dc}{dx} = 0$ und demnach $c = c' - \frac{1}{4}x^2$ seyn wo c' die neue Constante ist, folglich wird das vollständige Integral $y = \frac{1}{2}x^2 (\lg x - \frac{1}{2}) + c'$. Hier wurde die Integration dadurch sehr erleichtert, daß die Funktion $\lg x$ weggefallen. Da die Bestimmung von c von einen Integral abhängt, indem $c = -\int \frac{1}{2}x\,dx + c'$ so kann man dabey das nehmliche Verfahren anwenden, falls diese Gleichung nicht so wie hier von selbst integrabel ist. Es sey z. B. $y = \int X\,dx$ wo X eine Funktion von x ist. Nimmt man nun zuerst X als beständig an, so erhält man $y = Xx + c$ und zur Bestimmung von c die Gleichung $c = -\int x \frac{dX}{dx} dx + c'$. Nun

*) Wenn man nehmlich zuerst ϕx, ψx beständig oder auch $\psi x = 0$ nimmt.

siehet man in dem Integral $\int \frac{dX}{dy} x\,dx$ die Funktion $\frac{dX}{dx}$ als beständig an, so erhält man $\int \frac{dX}{dx} x\,dx = \frac{1}{2} x^2 \frac{dX}{dx} + c''$. Nun erhält man zur Bestimmung von c'' die Gleichung $c'' = - \int \frac{1}{2} x^2 \frac{d^2X}{dx^2} dx + c'''$, es wird also $y = Xx - \frac{1}{2} x^2 \frac{dX}{dx} + \int \frac{1}{2} x^2 \frac{d^2X}{dx^2} dx - c'''$ Setzt man dieses Verfahren fort, so erhält man die bekannte Bernoullische Integrationsreihe

$$y = Xx - \frac{1}{2} x^2 \frac{dX}{dx} + \frac{1}{2.3} x^3 \frac{d^2X}{dx^2} - \frac{1}{2.3.4} x^4 \frac{d^3X}{dx^3} + c$$

welche solchergestalt nur ein besonderer Fall eines allgemeineren Verfahrens ist, und auf welche man also durch successive Integrationen verfällt. Sie ist von häufiger Anwendung in der Analysis, bey Verwandlungen und bey Näherungen und als eine weitere Entwickelung des theilweisen Integrirens §. 28. anzusehn. Bernoullische Integrationsreihe.

Es sey z. B. ferner $y = \int \sin x\, dx\, (x + e \cos x)$ welches sich nur durch eine unendliche Reihe integriren läßt welche wenn $x > 1$ nicht convergirt. Nimmt man aber die Funktion $(x + e \cos x)$ bey der ersten Integration als beständig an, so erhält man $y = - \cos x\, (x + e \cos x) + c$ und zur Bestimmung von c, $\frac{dc}{dx} = \cos x\, (1 - e \sin x)$. Hiervon erhält man das Integral $c = \sin x + \frac{1}{4} e \cos 2x + c'$ wobey die Integration dadurch sehr erleichtert wird, daß die Größe x außer den Zeichen von sin und cos weggefallen und man erhält $y = \sin x - x \cos x - \frac{1}{4} e \cos 2x$

$-\frac{1}{2}e + c'$. Wenn e sehr klein ist, so bleibt die Größe $1 - e \sin x$ sehr nahe beständig, bei dieser Voraussetzung wird die Integration von $c = \int \cos x (1 - e \sin x) dx$ noch mehr erleichtert und man erhält $c = \sin x - e \sin^2 x + c'$ folglich $y = \sin x - x \cos x - e + c'$ welches man als einen ersten genäherten Werth betrachten könnte.

Diese Methode, die Parameter veränderlich zu betrachten ist in der Astronomie bey der Lehre von den Perturbationen von großem Nutzen. Sie ist ein hoher Schwung der Analysis, wodurch es möglich ward, bey der Theorie der Planeten mit dem Calcul verflossene und zukünftige Jahrhunderte zu umfassen.

Aus dem bisher Gesagten wird man zur Genüge erkennen, daß es bey der Integration der Differentialgleichungen zweyer veränderlichen Größen zuerst darauf ankomme, durch die Inversion der Differentialoperationen oder durch die Elimination der Differentialcoefficienten $\frac{dy}{dx}, \frac{d^2y}{dx^2}$ ꝛc. eine Gleichung zu finden, woraus die gegebene Gleichung abgeleitet werden könne, hiernächst aber auch darauf, dieser Gleichung durch die Einführung der erforderlichen Constanten, diejenige Ausdehnung zu geben, vermöge welcher sie zur Auflösung des vorliegenden Problems brauchbar seyn kann.

Sechstes Kapitel.

Integration solcher Differentialgleichungen worin mehr als zwey veränderliche Größen vorkommen.

§. 39.

Wenn eine Funktion z von x und y gegeben ist, so sind auch alle ihre Differentialcoefficienten $\frac{dz}{dx}$, $\frac{dz}{dy}$, $\frac{d^2z}{dx^2}$, $\frac{d^2z}{dy^2}$ rc. gegeben und es können aus diesen und aus der gegebenen Funktion $z = f(x,y)$ durch beliebige Combinationen z. B. durch die Elimination von Constanten rc. mehrere Differentialgleichungen gebildet werden. Wenn man nun umgekehrt für irgend eine unbekannte Funktion z. B. z von x und y so viel Gleichungen zwischen partiellen Differentialcoefficienten hat als nöthig sind um die zu einer Dimension in der Entwickelung von z nach Potenzen und Produkten von dx und dy gehörige Differentialcoefficienten zu bestimmen, so kommt es zuförderst darauf an ob diese Coefficienten die §. 10. gefundene Eigenschaft haben, vermöge welcher sie von einer einzigen Funktion z abgeleitet seyn können. Widrigenfalls wäre es vergebliche Mühe diese Funktion bestimmen zu wollen. Es seyen z. B. die drey Gleichungen

$$\frac{d^2z}{dx^2} + \frac{d^2z}{dy^2} + z = 0,$$

$$\frac{d^2z}{dx^2} - \frac{d^2z}{dy^2} + xy = 0 \text{ und}$$

$$\frac{d^2z}{dx\,dy} + a\frac{dz}{dx} + b\frac{dz}{dy} = 0.$$

Aus den beyden ersten kann man die Differentialcoefficienten $\frac{d^2z}{dx^2}$ und $\frac{d^2z}{dy^2}$ durch x, y und z bestimmen, und in der dritten ist der Coefficient $\frac{d^2z}{dx\,dy}$ durch $\frac{dz}{dx}$ und $\frac{dz}{dy}$ gegeben, welches die drey Differentialcoefficienten sind, die in der Entwickelung von z zu dx^2, $dx\,dy$ und dy^2 gehören. Da aber $\frac{d^4z}{dx^2\,dy^2} = \frac{z-xy}{4}$ und $\frac{d^4z}{dy^2\,dx}$ $= \frac{z+xy}{4}$ und folglich $\frac{d^4z}{dx^2\,dy^2}$ nicht $= \frac{d^4z}{dy^2\,dx^2}$ so sind die gegebenen Differentialgleichungen nicht von einer und derselben Funktion abgeleitet, sondern nur fingirt oder aus verschiedenen Funktionen von x, y entnommen.

Allgemeine Methode die ursprüngliche Funktion zu finden, wovon ein System von Differentialcoefficienten abgeleitet worden.

Wenn aber die aus den gegebenen Differentialgleichungen bestimmten Differentialcoefficienten zu einer Dimension der Entwickelungsreihe hinlänglich sind und dabey die eben erwähnte Relation haben, alsdann ist die Bestimmung der Funktion z wenigstens durch eine nach den Potenzen und Produkten von x und y aufsteigende Reihe vermittelst der Formel IV. §. 13. zu bestimmen. Es seyn z. B. die drey Gleichungen

$$\frac{d^2z}{dx^2} + \frac{d^2z}{dy^2} = 2\,(a+b),\ \frac{d^2z}{dy^2} - \frac{d^2z}{dx^2} = 2\,(a-b)$$

$$\text{und } \frac{d^2z}{dy^2} = c,$$

so hat man die drey zur zweiten Dimension gehörigen Differentialcoefficienten

$$\frac{d^2z}{dx^2} = 2\,a,\ \frac{d^2z}{dy^2} = 2\,b \text{ und } \frac{d^2z}{dx\,dy} = c,$$

welche die erforderlichen Relationen haben, alle folgende Differentialcoifficienten werden nun $= 0$. Es kommt also nur darauf an die beyden Coefficienten $\frac{dz}{dx}$, $\frac{dz}{dy}$ zu bestimmen, für den Fall da x und y jedes $= 0$ wird s. §. 13. In diesem Fall aber werden sie beständige

Größen, die man mit g und e bezeichnen kann und man erhält sogleich die Funktion $z = C + gx + ey + ax^2 + cxy + by^2$, worin C denjenigen beständigen Werth von z bedeutet, welchen es erhält, wenn x und $y = o$ werden, und welche den gegebenen Differentialgleichungen als vollständige Integralgleichung Genüge thut.

§. 40.

Wenn daher die gegebenen Differentialgleichungen nicht hinlänglich sind um daraus die zu einer Dimension gehörigen Differentialcoefficienten durch die Variabeln und die Differentialcoefficienten niedrigerer Ordnungen zu bestimmen, so kann die ursprüngliche Funktion z nicht vollständig dargestellt werden. Denn aus der Natur der Differentialoperationen folgt, daß wenn man z. B. eine Funktion u von x, y, z hat und also irgend ein Differentialcoefficient z. B. $\frac{du}{dx}$ ebenfalls eine Funktion von x, y und z seyn kann, und man differenziiret diesen Coefficienten aufs Neue nach irgend einer der Variabeln, so fallen bei dieser Operation nicht allein alle isolirte Constanten, sondern auch alle einzelne Glieder weg, welche Funktionen der beyden übrigen Variabeln allein sind. Wenn man daher umgekehrt für den Differentialcoefficienten $\frac{du}{dx} = f(x, y, z)$ eine Funktion u von x, y und z gefunden hätte woraus derselbe abgeleitet werden kann, so müßte man dieser Funktion u noch eine Funktion von y und z zusetzen, welche bey der Differentiation hat wegfallen können und welche ganz und gar willkührlich ist. Da diese Funktion also auch eine beliebige Menge Constanten enthalten kann, so fällt bey der Integration solcher Differentialgleichungen die Bestimmung der Zahl der Constanten welche die Integralfunktion haben kann, von selbst weg und es kommt nur auf die Beyfügung willkührlicher Funktionen an, deren nähere Bestimmung von besondern Umständen des vorliegenden Problems abhängt. Wenn z. B. für eine Funktion u von mehrern veränderlichen Grössen die Gleichung $\frac{du}{dx} = 0$ gegeben ist, so kann man weiter nichts daraus schließen als das u eine Funktion aller übrigen Variabeln ohne x seyn kann. Hat man z. B. $\frac{d^2u}{dx^2} = 0$ so ist u eine solche Funktion von x und allen übrigen Variabeln, daß $\frac{du}{dx}$ eine Funktion aller übrigen außer x ist, und es kann daher $u = x\varphi(y, z \ldots.)$ seyn. Hat man $\frac{d^2u}{dx\,dy} = 0$ so kann u weder eine Funktion von x noch von y, sondern nur von den übrigen Variabeln seyn. Da also hier die ursprünglichen Funktionen solcher einzelnen Differentialgleichungen wegen der willkührlichen Funktionen welche sie enthalten können, eine weit grössere Ausdehnung bekommen als die vollständigen Integrale, so nennt man sie zum Unterschied von jenen generelle oder allgemeine Integrale. Man erhält sie allemahl wenn die gegebenen Differentialgleichungen nicht hinlänglich sind, die zu einer Dimension gehörigen Differentialcoefficienten zu bestimmen. Diese Fälle pflegt man unter dem Calcül der partiellen Differenzen oder eigentlich partiellen Differentialen zu begreifen.

Unterschied der generellen und der vollständigen Integrale.

§. 41.

Bestimmung der vollständige Integrale aus den Differentialcoefficienten der ersten Ordnung.

Wenn die beyden zur ersten Dimension gehörigen Differentialcoefficienten einer Funktion z von x und y gegeben sind z. B.

$$\frac{dz}{dx} = 2axy + by^3 \text{ u. } \frac{dz}{dy} = ax^2 + 3bxy^2 + 2xy,$$

so läßt sich die Integration, wie die Integration eines durch eine bloße Funktion von x oder y gegebenen Differentialcoefficienten bewerkstelligen. Da hier $\frac{d^2 z}{dx\,dy}$ $= 2ax + 3by^2 = \frac{d^2 z}{dy\,dx}$ so ist $z = \int (2axy + by^3)$ $dx + Y$ worin das Integral also blos nach x zu nehmen und y als beständig anzusehen ist, und Y eine willkührliche Funktion von y bedeutet, welche bey der Differentiation der Funktion z nach x hat wegfallen können, Verrichtet man die durch das Zeichen $\int$ angedeutete Operation wirklich, so erhält man $z = ax^2 y + bxy^3$ $+ Y$ worin Y weiter nicht bestimmt werden könnte, wenn nicht auch der Differentialcoefficient $\frac{dz}{dy}$ gegeben wäre, da alsdann der gefundene Werth von z ein generelles Integral seyn würde. Differenzlirt man aber dieses nach y so erhält man $\frac{dz}{dy} = ax^2 + 3bxy^2 + \frac{dY}{dy}$, $= ax^2 + bxy^2 + 2cy$ folglich ist $\frac{dY}{dy} = 2cy$ und daher $Y = cy^2 + d$ und demnach das vollständige Integral $z = ax^2 y + bxy^3 + cy^2 + d$ wo d eine willkührliche Constante ist.

Eben dies würde Statt finden wenn man $dz =$ $p\,dx + q\,dy$ hätte worin p und q solche Funktionen von x und y sind, daß $\frac{dp}{dy} = \frac{dq}{dx}$ alsdann ist nehmlich $p = \frac{dz}{dx}$ und $q = \frac{dz}{dy}$.

§. 42.

Wenn ferner für eine Funktion u von x, y und z die Gleichung gegeben:

$$du = p\,dx + q\,dy + r\,dz$$

wo p, q, r Funktionen der unabhängigen Variabeln x, y, z sind, so kommt es auf die Beschaffenheit dieser Funktionen an, ob der zweite Theil der gegebenen Gleichung als die zur ersten Dimension gehörigen Glieder in der Entwickelung von u nach den Zunahmen der Variabeln, zu betrachten sind. Dieß ist nehmlich der Fall wenn man $p = \frac{du}{dx}$, $q = \frac{du}{dy}$, $r = \frac{du}{dz}$ setzen kann. Dieses erfordert nach §. 10., daß man

$$\frac{dp}{dy} = \frac{dq}{dx}, \frac{dp}{dz} = \frac{dr}{dx} \text{ und } \frac{dq}{dr} = \frac{dr}{dy}$$

habe, weil man alsdann $\frac{d^2u}{dx\,dy} = \frac{d^2u}{dy\,dx}$, $\frac{d^2u}{dx\,dz} = \frac{d^2u}{dx\,dz}$ und $\frac{d^2u}{dy\,dr} = \frac{d^2u}{dr\,dy}$ hat, ohne welche Bedingungen die Coefficienten p, q, r nicht aus einer einzigen Funktion u entstanden seyn können. Wenn nun die Coefficienten p, q, r diese Eigenschaften haben, so kann man aus der Gleichung $du = p\,dx$ durch die Integration nach x eine Integralfunktion U von x, y, z finden, oder doch als bestimmbar betrachten, welcher, um die wirkliche ursprüngliche Funktion u zu seyn woraus die gegebene Gleichung abgeleitet worden, noch eine Funktion V von y und z allein hinzugefügt werden muß, weil bey der Differentiation von u nach x alle Glieder derselben welche blos y und z enthalten, verschwunden sind. Es wird also $u = \int p\,dx + V = U + V$ seyn und wenn man differenzlirt $du = \frac{dU}{dx}\,dx + \frac{dU}{dx}\,dy + \frac{dU}{dz}\,dz + \frac{dV}{dy}\,dy + \frac{dV}{dz}\,dz$ oder $du = p\,dx + \left(\frac{dU}{dy} + \frac{dV}{dy}\right) dy + \left(\frac{dU}{dz} + \frac{dV}{dz}\right) dz$. Da diese Gleichung nun mit der gegebenen einerley seyn muß, so muß man $q = \frac{dU}{dy} + \frac{dV}{dy}$ und $r = \frac{dU}{dz} + \frac{dV}{dz}$ haben woraus man $\frac{dV}{dy} = q - \frac{dU}{dy}$ und $\frac{dV}{dz} = r - \frac{dU}{dz}$. Da nun $\frac{dU}{dy}$ und $\frac{dU}{dz}$ durch das Integral $\int p\,dx$ als bekannt angenommen werden können, so erhält man die beyden Differentialcoefficienten $\frac{dV}{dy}$ und $\frac{dV}{dz}$ einer Funktion V von y, z und man kann folglich diese Funktion nach dem vorigen § bestimmen.

§. 43.

In dem Fall da man entweder eine hinlängliche Anzahl Gleichungen hat um die zur ersten Dimension gehörigen Differentialcoefficienten $\frac{du}{dx}$, $\frac{du}{dy}$, $\frac{du}{dz}$ einer Funktion u, von x, y, z zu bestimmen, oder da diese Differentialcoefficienten selbst gegeben sind, ist wohl zu unterscheiden ob sie durch die unabhängigen Variabeln allein, wie bisher angenommen worden, oder auch noch durch die relative Variable gegeben sind. Ist das letztere, so ist die ursprüngliche Funktion als durch eine unaufgelösete Gleichung gegeben anzusehn, denn wenn z. B. z eine Funktion von x und y ist, welche durch die unaufgelöste Gleichung u = o gegeben, so wird $du = \frac{du}{dx} dx + \frac{du}{dy} dy + \frac{du}{dz} dz = o$ worin die Differentialcoefficienten x, y und z zugleich enthalten können. Hat man also umgekehrt zur Bestimmung von z eine Differentialgleichung von der Form $P\,dx + Q\,dy + R\,dz = o$ wo P, Q, R Funktionen von x, y und z sind, so müssen diese Funktionen um die gegebene Gleichung als das Differential einer Gleichung u = o ansehen zu können, die im vorigen §. bemerkte Eigenschaft haben, es muß nehmlich

$$\frac{dP}{dy} = \frac{dQ}{dx},\ \frac{dP}{dz} = \frac{dR}{dx},\ \frac{dQ}{dz} = \frac{dR}{dy}$$

seyn. Finden diese Gleichungen Statt so wird die gegebene Gleichung nach dem vorigen § behandelt werden können.

§. 44.

Es kann aber die Gleichung $P\,dx + Q\,dy + R\,dz = o$ der Quotient einer wirklichen Differentialgleichung durch irgend eine Funktion μ von x, y und z seyn, wodurch die Gleichung aufhören würde ein wirkliches Differential zu seyn und also auch den Gleichungen $\frac{dP}{dy} = \frac{dQ}{dx}$, $\frac{dP}{dz} = \frac{dR}{dx}$ und $\frac{dQ}{dz} = \frac{dR}{dy}$ Genüge zu thun. Alsdann wird sie durch die Multiplication mit μ wieder zu einem wirklichen Differential werden und dann müßte sie den Gleichungen $\frac{dP\mu}{dy} = \frac{d.Q\mu}{dx}$, $\frac{dP\mu}{dz} = \frac{dR\mu}{dx}$ und $\frac{dQ\mu}{dz} = \frac{dR\mu}{dy}$ Genüge thun. Diese Gleichungen reduciren sich auf folgende

Bedingungsgleichung welche Statt finden muß um eine uneigentliche Differentialgleichung zwischen dreyen Variabeln, als von einer einzigen Funktion abgeleitet zu betrachten.

$$\left.\begin{aligned} \mu\left(\frac{dP}{dy} - \frac{dQ}{dx}\right) + P\frac{d\mu}{dy} - Q\frac{d\mu}{dx} &= o \\ \mu\left(\frac{dP}{dz} - \frac{dR}{dx}\right) + P\frac{d\mu}{dz} - R\frac{d\mu}{dx} &= o \\ \mu\left(\frac{dQ}{dz} - \frac{dR}{dy}\right) + Q\frac{d\mu}{dz} - R\frac{d\mu}{dy} &= o \end{aligned}\right\} A$$

Multiplicirt man die erste mit R, die zweite mit $-$ Q und die dritte mit P, addirt die Producte und dividirt die Summe durch μ so erhält man

$$R\frac{dP}{dy} - R\frac{dQ}{dx} - Q\frac{dP}{dz} + Q\frac{dR}{dx} + P\frac{dQ}{dz} - P\frac{dR}{dy} = 0.$$

Dieses ist die Bedingungsgleichung welche Statt finden muß, wenn die gegebene Gleichung ohne ein wirkliches Differential zu seyn, von einer einzigen Gleichung zwischen den drey Variabeln x y und z soll abgeleitet werden können, woraus folgt, daß eine Differentialgleichung von der Form $P\,dx + Q\,dy + R\,dz = 0$ nicht immer durch eine einzige Funktion z von x nnd y hervorgebracht werden kann.

Findet aber diese Bedingungsgleichung Statt so würde es auf die Bestimmung des Multiplicators μ vermittelst der Gleichungen A ankommen, um alsdann die Methode des § 42. anwenden zu können. Da aber die Bestimmung von μ öfters schwierig ist, so kann man die Integration vortheilhafter verrichten, wenn man zuerst eine der Variabeln als beständig ansiehet und dadurch die Integration auf die einer Gleichung mit zweyen veränderlichen Größen zurückführt.

§. 45.

Entstehung der partiellen Differentialgleichungen durch die Elimination. Ihre generellen und abgesonderten Integrale.

In Ansehung der Elimination der Constanten und der Bestimmung derselben in Funktionen der Variabeln, findet bey Funktionen von mehrern Variabeln das nehmliche Statt was bey den Funktionen einer veränderlichen Größe in §. 21, 35 und 36. ist gezeigt worden. Es sey $F(x, y, z, a, b) = 0$ eine Gleichung welche eine unaufgelöste Funktion z von x und y enthält und welche man der Kürze wegen mit $u = 0$ bezeichnen kann. Alsdann werden auch die beyden ersten partiellen Differentialgleichungen $\frac{d(u)}{dx} = 0$ und $\frac{d(u)}{dy} = 0$ Statt finden. Ist nun die Gleichung $u = o$ so beschaffen, daß die beyden Constanten a und b in den beyden ersten Differentialgleichungen verbleiben, so lassen sie sich vermittelst der drey obigen Gleichungen eliminiren und das Resultat wird eine Differentialgleichung von der ersten Ordnung $V = o$ seyn, worin die Differentialcoefficienten $\frac{dz}{dx}$ und $\frac{dz}{dy}$ enthalten seyn werden, und wodurch also diese beyden Coefficienten nicht besonders gegeben wären. Wenn man nun a und b als Funktionen von x und y betrachtet so wird der Werth von $\frac{d(u)}{dx}$ noch die beyden Glieder $\frac{du}{da}\frac{da}{dx} + \frac{du}{db}\frac{db}{dx}$ und der Werth von $\frac{d(u)}{dy}$ noch die beyden Glieder $\frac{du}{da}\frac{da}{dy} + \frac{du}{db}\frac{db}{dy}$ erhalten. Wenn also a und b so bestimmt werden, daß man $\frac{du}{da}\frac{da}{dx} + \frac{du}{db}\frac{db}{dx} = o$ und $\frac{du}{da}\frac{da}{dy} + \frac{du}{db}\frac{db}{dy} = o$ hat, so werden die beyden ersten partiellen Differentialgleichungen dieselben seyn wie für den Fall da a und b beständig sind, und wenn man die veränderlichen Werthe von a und b aus den Gleichungen $u = o$, $\frac{d(u)}{dx} = o$ und $\frac{d(u)}{dy} = o$ eliminirt, wird man die nehmliche Gleichung von der ersten Ordnung $V = o$ erhalten. Multiplicirt man die erste der obigen Gleichungen durch dx und die zweyte durch dy, so erhält man die einzige Gleichung $\frac{du}{da}da + \frac{du}{db}db = o$ welcher man Genüge thun kann indem man eine der beyden Größen a und b als eine beliebige Funktion der andern annimmt. Setzt man z. B. $b = \varphi a$ so erhält man $\frac{db}{da} = \varphi' a$ und dann gibt die Gleichung $\frac{du}{da} + \frac{du}{db} \varphi' a = o$ den Werth von a in x, y und z, wodurch also auch b eine Funktion von x, y, z wird. Setzt man also diese Werthe für a und b in u = o so wird u = o noch die primitive Gleichung der Gleichung V = o seyn und dieser letzten wird also sowohl durch die primitive Gleichung F (x, y, z, a, b) = o mit den beyden beständigen Größen a und b als auch durch die Gleichung F (x, y, z, p, φ p) = o Genüge geschehen können in welcher letztern p = a eine bestimmte Funktion von x, y und φ' p eine willkührliche Funktion von p ist. Man kann auch der Gleichung $\frac{du}{da} da + \frac{du}{db} db = o$ Genüge thun, indem man $\frac{du}{da} = o$ und $\frac{du}{db} = o$ setzt und aus diesen beyden Gleichungen die Constanten a und b bestimmt. Setzt man diese Werthe in die Gleichung F (x, y, z, a, b) = o so wird sie die abgesonderte Integralgleichung der Gleichung V = o seyn.

§. 46.

Diese Bemerkung, worauf der schon §. 40. erklärte Unterschied der generellen und vollständigen Integrale beruhet, ist bey der Integration der partiellen Differentialgleichungen, welche nicht die Differentialcoefficienten besonders geben, um daraus die vollständigen Integrale nach den vorhergehenden Methoden zu bestimmen, von Wichtigkeit; indem die partiellen Differentialgleichungen sowohl durch die Elimination gewisser in der primitiven Funktion enthaltenen Particularfunktionen, als auch der darin enthaltenen Constanten gebildet werden können. Es sey z. B. z = φp wo p eine bestimmte Funktion von x und y, φp aber eine willkührliche Funktion von p ist. Man erhält alsdann die beyden Differentialgleichungen $\frac{dz}{dx} = \frac{d \cdot \varphi p}{dp} \frac{dp}{dx}$ und $\frac{dz}{dy} = \frac{d \cdot \varphi p}{dp} \frac{dp}{dy}$. Eliminirt man aus diesen beyden Gleichungen die Funktion $\frac{d \cdot \varphi p}{dp}$, so erhält man die Gleichuug zwischen partiellen Differentialen $\frac{dz}{dx} \cdot \frac{dp}{dy} - \frac{dz}{dy} \cdot \frac{dp}{dx} = 0$ worin $\frac{dp}{dy}$, $\frac{dp}{dx}$ Funktionen von x und y sind, die man mit φxy und ψxy bezeichnen kann. Man würde also anf diese Gleichung allemahl verfallen was auch φp für eine Funktion von p seyn mag, woraus folgt, daß wenn man umgekehrt eine Differentialgleichung $\varphi xy \cdot \frac{dz}{dx} - \psi xy. \frac{dz}{dy} = 0$ hat, dieselbe von einer aufgelösten Funktion z von x und y abstammen kann, so daß z eine ganz willkührliche Funktion einer bestimmten Funktion p von x und y seyn kann, wenn nur die Funktionen φxy und ψxy so beschaffen sind, daß sie von einer einzigen Funktion p von x und y abgeleitet seyn können. Wenn man daher einen Werth p in x und y findet welcher der gegebenen Differentialgleichung $\varphi xy. \frac{dz}{dx} - \psi xy. \frac{dz}{dy} = 0$ Genüge thut, so hat man $z = \varphi p$ wo φp eine völlig beliebige Funktion von p ist.

§. 47.

Integration partieller Differentialgleichung von der ersten Ordnung zwischen dreyen Variabeln.

Auf die Bestimmung von p beruht nun die Integration der partiellen Differentialgleichungen von obiger Form. Es sey z. B. $(x - y) \frac{dz}{dx} - y \frac{dz}{dy} = 0$. Um $x - y = \frac{dp}{dy}$ und $y = \frac{dp}{dx}$

setzen zu können, muß $\frac{d^2 p}{dy\,dx} = \frac{d^2 p}{dx\,dy}$ seyn, welches hier auch wirklich Statt findet. Nun giebt $\frac{dp}{dy} = x - y$ durch die Integration nach y, $p = xy - \frac{1}{2} y^2 + X$ wo X eine Funktion von x ist. Differenzirt man nach x so erhält man hieraus $\frac{dp}{dx} = y + \frac{dX}{dx} = y$ folglich $\frac{dX}{dx} = 0$ und $X =$ const., daher $p = (x - \frac{1}{2} y)$ $y +$ const und $z = \varphi\,[(x - \frac{1}{2} y)\, y + \text{const.}]$ Es ist also nicht allein die Funktion z von x und y nehmlich $z = (x - \frac{1}{2} y)\, y + c$ bestimmt, welche der gegebenen partiellen Differentialgleichung thut, sondern jede beliebige Funktion von $(x - \frac{1}{2} y)\, y + c$ die man für z nehmen kann wird das nehmliche thun.

Wenn die gegebene Differentialgleichung zwar die obige Form aber nicht die Eigenschaft hat, daß $\frac{d^2 p}{dy\,dx} = \frac{d^2 p}{dx\,dy}$ ist, so kann man derselben durch einen schicklichen Multiplicator diese Eigenschaft geben und alsdann die obige Integrirungsmethode anwenden. Es sey z. B. $x\frac{dz}{dx} + y\frac{dz}{dy} = 0$ gegeben. Um $x = \frac{dp}{dy}$ und $-y = \frac{dp}{dx}$ zu setzen, müßte die Gleichung $+1 = -1$ Statt finden können. Multiplicirt man aber die Gleichung mit $\frac{1}{x^2}$ so erhält man $\frac{d^2 p}{dy\,dx} = -\frac{1}{x^2} = \frac{d^2 p}{dx\,dy}$ und dann giebt $\frac{dp}{dy} = \frac{1}{x}$, $p = \frac{y}{x} + X$ woraus $\frac{dp}{dx} = -\frac{y}{x^2} + \frac{dX}{dx} = -\frac{y}{x^2}$ folglich $\frac{dX}{dx} = 0$ und daher $X =$ const. Man erhält also $z =$

$\varphi\left(\frac{y}{x} + \text{conts}\right)$. Dies Verfahren läuft auf das am Ende des 30. §. hinaus.

§. 48.

Wenn man eine unaufgelöste Funktion z von x und y mit u = o bezeichnet so erhält man nach § 18. ihre beyden Differentialgleichungen

$$\frac{du}{dx} + \frac{du}{dz} \cdot \frac{dz}{dx} = o \text{ und } \frac{du}{dy} + \frac{du}{dz} \cdot \frac{dz}{dy} = o$$

Jede Combination dieser drey Gleichungen wird eine Differentialgleichung von der ersten Ordnung seyn und auf die Form

$$P\frac{dz}{dx} + Q\frac{dz}{dy} + R = o \text{ oder } \frac{dz}{dx} + M\frac{dz}{dy} + N = o$$

gebracht werden können, worin P, Q, R, M, N Funktionen von x, y und z seyn können, woraus umgekehrt gefolgert werden kann, daß wenn man eine Differentialgleichung von obiger Form erhält, derselben allemahl durch eine Integralgleichung zwischen x, y und z Genüge geschehen kann. Es sey nun $\frac{dz}{dx} + M\frac{dz}{dy} + N = o$ und u = o die damit zusammen gehörige Integralgleichung, so hat man $\frac{dz}{dx} = -\frac{du}{dx} : \frac{du}{dx}$ und $\frac{dz}{dy} = -\frac{du}{dy} : \frac{du}{dz}$. Substituirt man diese Werthe in die gegebene Differentialgleichung, so erhält man, nachdem man mit $\frac{du}{dz}$ multiplicirt hat, $\frac{du}{dx} + M\frac{du}{dy} - N\frac{du}{dz} = o$ woraus $\frac{du}{dx} = -M\frac{du}{dy} + N\frac{du}{dz}$. Nun ist aber auch $du = \frac{du}{dx}dx + \frac{du}{dy}dy + \frac{du}{dz}dz$ und wenn man hierin für $\frac{du}{dx}$ den gefundenen Werth substituirt

du =

$$du = (dy - M\,dx)\frac{du}{dy} + (dz + N\,dx)\frac{du}{dz} = 0$$

Es müssen also die beyden Gleichungen $dy - M\,dx = 0$ und $dz + N\,dx = 0$ jede besonders Statt finden.

Auf die besondere Beschaffenheit dieser beyden Gleichungen beruht nun die Bestimmung der Funktion u oder die Integration der gegebenen Differentialgleichung.

1) Wenn M und N beständige Größen, so erhält man $z + N\,x = a$ und $y - M\,x = b$ und dann ist $z + N\,x = \varphi\,(y - M\,x)$ die gesuchte Integralfunktion u worin φ das Zeichen einer beliebigen Funktion ist. Denn wenn man die Differentiale in Bezug auf x und dann in Bezug auf y nimmt so erhält man $\frac{dz}{dx} + N = -\varphi'\,(y - M\,x)\,M$ und $\frac{dz}{dy} = \varphi'\,(y - M\,x)$ woraus $\frac{dz}{dx} + M\,\frac{dz}{dy} + N = 0$ durch die Elimination von $\varphi'\,(y - M\,x)$ als die gegebene Differentialgleichung entstehet.

2) Wenn M und N entweder blos Funktionen von x sind, oder M blos x u. y, u. N blos x u. z enthält, so kommt es auf die Integration der beyden Gleichungen $dy - M\,dx = 0$ u. $dz + N\,dx = 0$ an. Es seyn nun $T = b$ und $S = a$ ein Paar Gleichungen, worin T blos von y und x und S blos von z und x Funktionen seyn können und wovon die beyden obigen Differentialgleichungen entweder die unmittelbaren Differentiale sind oder doch von ihnen abgeleitet werden können, so ist $S = \varphi\,T$ die gesuchte Integralfunktion u. Denn die Funktionen S und T müssen die nehmlichen Differentialcoefficienten $\frac{dz}{dx}$ und $\frac{dy}{dx}$ geben wie die Differentialgleichungen $\frac{dz}{dx}$

$= - N$ und $\frac{dy}{dx} = M$; weil sie ihnen sonst nicht Genüge thun könnten. Nun ist aber $\frac{dS}{dx} dx + \frac{dS}{dz} dz = o$ und eben so $\frac{dT}{dx} dx + \frac{dT}{dy} dy = o$ folgl. $\frac{dz}{dx} = - \frac{dS}{dx} : \frac{dS}{dz} = - N$ und $\frac{dy}{dx} = - \frac{dT}{dx} : \frac{dT}{dy} = M$. Nimmt man nun von der Gleichung $S = \varphi T$ die Differentiale in Bezug auf x und auf y so erhält man

$$\frac{dS}{dz} \cdot \frac{dz}{dx} + \frac{dS}{dx} = \varphi' T \frac{dT}{dx} \text{ und } \frac{dS}{dz} \cdot \frac{dz}{dy} = \varphi' T \frac{dT}{dy} \text{ worin } \varphi' T = \frac{d \cdot \varphi T}{dT} \text{ ist.}$$

folglich $\frac{dS}{dz} \cdot \frac{dz}{dx} + \frac{dS}{dx} = \frac{dS}{dz} \cdot \frac{dz}{dy} \cdot \frac{dT}{dx} : \frac{dT}{dy}$

und wenn man auf beyden Seiten mit $\frac{dS}{dz}$ dividirt, so erhält man $\frac{dz}{dx} + \frac{dS}{dx} : \frac{dS}{dz} = \frac{dz}{dy} \cdot \frac{dT}{dx} : \frac{dT}{dy}$ woraus die gegebene Gleichung $\frac{dz}{dx} + M \frac{dz}{dy} + N = o$ entsteht.

3) Wenn M und N beydes Funktionen von x, y und z sind, und $S = a$, $T = b$ ein Paar Gleichungen sind, worin S und T Funktionen von x, y und z, welche den Differentialgleichungen $dz + N dx = o$ und $dy - M dx = o$ Genüge thun, so ist nach La Grange ebenfalls $S = \varphi T$ die Integralfunktion, wovon man sich die deutliche Ueberzeugung durch eine ähnliche Analyse verschaffen kann.

Es sey als Beyspiel von n 2) die Gleichung $x \frac{dz}{dx} + y \frac{dz}{dy} = z$ gegeben. Wenn man sie auf die Form

$\frac{dz}{dx} + \frac{y}{x}\frac{dz}{dy} - \frac{z}{x} = o$ bringt, so wird $M = \frac{y}{x}$ und $N = -\frac{z}{x}$ folglich muß man haben $dz - \frac{z}{x} dx = o$ und $dy - \frac{y}{x} dx = o$. Diesen beyden Gleichungen entsprechen die Gleichungen $z = ax$ und $y = bx$. Setzt man sie auf die Form $\frac{z}{x} = a$ und $\frac{y}{x} = b$ so erhält man die Integralfunktion $\frac{z}{x} = \varphi \frac{y}{x}$ oder $z = x \varphi \frac{y}{x}$.

Hätte man im Anfange dieses §. aus den beyden Gleichungen $\frac{du}{dx} + M \frac{du}{dy} - N \frac{du}{dz} = o$ und $\frac{du}{dx} dx + \frac{du}{dy} dy + \frac{du}{dz} dz = o$ anstatt $\frac{du}{dx}, \frac{du}{dy}$ eliminirt, so hätte man die beyden Gleichungen $dy - M dx = o$ und $M dz + N dy = o$ gefunden, wovon die erste, mit der ersten von den beyden vorigen Gleichungen überein kommt. Es kommt also überhaupt auf die Integration von zweyen der drey folgenden Gleichungen an

$dy - Mdx = o$, $dz + Ndx = o$ und $Mdz + Ndy = o$

wodurch die Bestimmung der Integralfunktion sehr erleichtert werden kann.

§. 49.

Man kann dies Verfahren auch bey partiellen Differentialgleichungen zwischen mehr als drey Variabeln anwenden. Hat man z. B. $P \frac{du}{dx} + Q \frac{du}{dy} + R \frac{du}{dz} + S = o$ so ist die allgemeinste Form des Integrals $S = \varphi\, T . U$ wo S, T und U Funktionen von x, y, z und u seyn können, deren Bestimmung von der Integration eben solcher Gleichungen abhängt wie die woraus im vorigen §. die Werthe von S und T gefunden.

§. 50.

Wenn $U = \varphi p$ und p eine Funktion von x, y, z und u bedeutet so hat man zur Elimination der Funktion $\varphi' p$ nur zwey der Differentialcoefficienten $\frac{dU}{dx}$, $\frac{dU}{dy}$ ꝛc. nöthig. Es ist z. B. $\frac{dU}{du} = \varphi' p \frac{dp}{du}$ und $\frac{dU}{dz} = \varphi' p \frac{dp}{dz}$ folglich wenn man hieraus $\varphi' p$ eliminirt, so erhält man die Gleichung $\frac{dU}{dz} \cdot \frac{dp}{du} - \frac{dU}{du} \cdot \frac{dp}{dz} = 0$. Wenn nun umgekehrt eine Differentialgleichung von dieser Form z. B. $\frac{dU}{dz} x + \frac{dU}{du} y = 0$ gegeben, so kann man U als eine willkührliche Funktion von p welches selbst eine Funktiou von x, y, z u ist, betrachten und es kömmt zuförderst darauf an ob man $x = \frac{dp}{du}$ und $-y = \frac{dp}{dz}$ setzen könne. Zu dem Ende muß $\frac{d^2p}{du\,dz} = \frac{d^2p}{dz\,du}$ seyn, welches im gegenwärtigen Beyspiel zutrifft. Nun giebt $\frac{dp}{du} = x$, $p = xu + f(x, y, z)$ u. $\frac{dp}{dz} = -y$, $p = -zy + \varphi(x, y, u)$ differenzirt man beyde Werthe von p nach z so erhält man $\frac{df(x, y, z)}{dz} = -y$ folglich $f(x, y, z) = -yz + \psi x, y$ demnach $p = xu - yz + \psi x, y$ und $U = \varphi[(xu - yz) + \psi xy]$ wo das Funktionszeichen ψ überflüssig wird und man also $U = \varphi[(xu - yz), x, y]$ setzen kann.

§. 51.

Integration partieller Differentialgleichungen von der zweyten Ordnung.

Dies Verfahren die primitiven Funktionen zu finden welche partiellen Differentialgleichungen Genüge thun, wird bey den Differentialgleichungen höherer Ordnungen sehr weitläufig, so daß man in den mehrsten Fällen durch besondere den Umständen angemessene Verfahrungsarten kürzer zum Zweck kommt, besonders wenn die Funktion deren Form man sucht aufgelöst dargestellt werden kann. Es sey $z = \varphi p + \psi q$ wo p und q Funktionen von x und y sind, so muß man um eine Gleichung zu erhalten worin keine Funktionen von p und q mehr vorkommen, die fünf Differentialcoefficienten $\frac{dz}{dx}, \frac{dz}{dy}, \frac{d^2z}{dx^2}, \frac{d^2z}{dx\,dy}, \frac{d^2z}{dy^2}$ nehmen. In den hieraus entstehenden fünf Gleichungen befinden sich die vier Funktionen $\frac{d\varphi p}{dp}, \frac{d\psi q}{dq}, \frac{d^2\varphi p}{dp^2}$ und $\frac{d^2\psi q}{dq^2}$ welche man mit $\varphi' p, \psi' q, \varphi'' p, \psi'' q$ bezeichnen und sämmtlich eliminiren kann. Das Resultat wird eine partielle Differentialgleichung von der zweyten Ordnung seyn, welche außer den obigen fünf Differentialcoefficienten blos Funktionen von x und y enthalten wird. Wenn man nun umgekehrt eine solche Gleichung hat und man findet ein Paar Werthe p und q in x und y welche für z gesetzt derselben Genüge thun, so wird $z = \varphi p + \psi q$ das generelle Integral derselben. Es ist übrigens gleichgültig was für Voraussetzungen man macht um die Werthe p und q zu erhalten.

Es sey z. B. $x^2 \frac{d^2z}{dx^2} + \frac{d^2z}{dy^2} + x \frac{dz}{dy} = 0.$

Diese Gleichung verwandelt sich in $-\frac{x\,d.x\frac{dz}{dx}}{dx} = \frac{d^2z}{dy^2}.$

Setzt man nun $z = xZ$ so daß Z blos Funktion von

y ist, so findet man $\frac{d^2 Z}{dy^2} = -Z$ woraus $Z = e^{\pm y\sqrt{-1}}$ und also $z = xe^{\pm y\sqrt{-1}}$ Es sind also $xe^{+y\sqrt{-1}}$ und $xe^{-y\sqrt{-1}}$ ein Paar Werthe welche der gegebenen Gleichung Genüge thun und daher

$$z = \varphi xe^{+y\sqrt{-1}} + \psi xe^{-y\sqrt{-1}}$$

Uebrigens findet bey den partiellen Differentialgleichungen jeder Ordnung wenn sie wie in diesem Beyspiele in Bezug auf die Differentialcoefficienten lineär sind auch der Satz §. 27. Statt, daß nehmlich wenn man mehrere Werthe p, q ꝛc. in x und y findet, welche für z gesetzt der gegebenen partiellen Differentialgleichung Genüge thun, derselben auch allemahl der Werth $ap + bq +$ ꝛc. Genüge thun wird, welcher aber in diesem Fall nicht als das allgemeine Integral angesehen werden kann.

§. 52.

Die Elimination der Funktionen wie φp, ψq, $\varphi' p$, $\psi' q$ ꝛc. c gehet nicht immer so leicht von Statten wie im vorigen §. und es ereignen sich dabey, und bey der Bestimmung der Integrale partieller Differentialgleichungen mehrere Schwierigkeiten *) und Sonderbarkeiten, und es ist überhaupt die Theorie dieser Gleichungen noch unvollkommen.

Problem des Hrn. Lagrange. Die Anwendung der partiellen Differentiale um irgend eine Funktion aus einer gegebenen Gleichung wegzuschaffen, ist in vielen Fällen von Nutzen, besonders bey

*) Von einer derselben sagt Lagrange in den Leçons sur le Calcul des fonctions: Cette difficulté, je l'avoue, m'a long tems tourmenté.

der Entwickelung in Reihen. Es sey z. B. aus der Gleichung $z = x + y\,fz$, der Werth von z in eine Reihe nach den Potenzen von y zu entwickeln, worin das bekannte und bey der Umkehrung der Reihen so nützliche Problem des Hrn. Lagrange bestehet. Eliminirt man fz und f'z vermittelst der gegebenen Gleichung und ihren beyden ersten partiellen Differentialen so erhält man die Gleichung $\frac{dz}{dx}$ $(z - x) - y \frac{dz}{dy} = 0$. Da das erste Glied der gesuchten Reihe offenbar x ist, so kann man

$$z = x + Ay + By^2 + Cy^3 + \text{ꝛc.}$$

setzen, wo A, B, C ꝛc. blos Funktionen von x sind, auf deren Bestimmung die Auflösung des Problems beruht.

Wir wollen aber mehrerer Einfachheit wegen, die gegebene Gleichung vermöge der Formel II. im §. 7. grade zu, nach den Potenzen von y entwickeln, so erhält man $(z) = x$, $\frac{dz}{dy} = fz + y \cdot \frac{dfz}{dz} \frac{dz}{dy}$ folglich das für $y = 0$, $z = x$, $\left(\frac{dz}{dy}\right) = fx$. Ferner $\frac{d^2z}{dy^2}$ $= 2 \frac{dfz}{dz} \cdot \frac{dz}{dy} + y \frac{d^2fz}{dz^2} \cdot \frac{dz^2}{dy^2} + y \cdot \frac{dfz}{dz} \cdot \frac{dz^2}{dy^2}$ folglich $\left(\frac{d^2z}{dy^2}\right) = 2 \frac{d \,.\, fx}{dx} . fx = \frac{d(fx)^2}{dx}$. Weiter wird $\frac{d^3z}{dy^3} = 3 \frac{d^2fz}{dz^2} \cdot \frac{dz^2}{dy^2} + 3 \frac{dfz}{dz} \cdot \frac{d^2z}{dy^2}$ + den mit y multiplicirten Gliedern. Substituirt man für y, o und für z, $\frac{dz}{dy}$, $\frac{d^2z}{dy^2}$ die Werthe welche sie alsdann erlangen so erhält man $\left(\frac{d^3z}{dy^3}\right) = 3 \frac{d^2fx}{dx^2} (fx)^2 + 6 \left(\frac{dfx}{dx}\right)^2 = \frac{d^2(fx)^3}{dx^2}$. Man siehet aber, daß es sehr umständlich wird die übrigen Differentialcoefficienten in der Entwickelung von z zu bestimmen, und daß man nicht von dem Gesetz des Fortganges versichert seyn kann. Man kann aber auf folgende Art den Coefficienten im allgemeinen Glied dieser Reihe bestimmen. Man hat $\frac{dz}{dy} = \frac{fz}{1 - y\frac{dfz}{dz}}$ und $\frac{dz}{dx} = \frac{1}{1 - y\frac{dfz}{dz}}$ folglich $\frac{dz}{dy} = fz \cdot \frac{dz}{dx}$. Nun setze man $\int fz\, dz = \varphi z$ folglich $\frac{d\varphi z}{dz} = fz$ so wird $\frac{d\int fz\, dz}{dx} = \frac{d\varphi z}{dx}$. Da nun $\frac{d\varphi z}{dx} = \frac{d\varphi z}{dz} \cdot \frac{dz}{dx} = fz\frac{dz}{dx}$ so wird

$$\frac{dz}{dy} = \frac{d\int fz\, dz}{dx} \quad \ldots\ldots \text{A}$$

Es versteht sich von selbst, daß bey dem Integral keine Constante nöthig ist, weil sie unmittelbar darauf durch die Differentiation nach x wieder wegfällt. Differenzirt man nun auf beyden Seiten nach y so erhält man $\frac{d^2 z}{dy^2} = \frac{d^2\int fz\, dz}{dx\, dy}$. Multiplicirt man die Gleichung $\frac{dz}{dy} = fz \cdot \frac{dz}{dx}$ mit fz und wendet man darauf die nehmlichen Schlüsse an, so erhält man $fz\frac{dz}{dy} = \frac{d\int (fz)^2 dz}{dx}$ und vermöge eben derselben Schlüsse findet man auch $fz\frac{dz}{dy} = \frac{d\int fz\, dz}{dy}$. Es ist also

$$\frac{d\int fz\, dz}{dy} = \frac{d\int (fz)^2\, dz}{dx} \text{ folglich } \frac{d^2\int fz\, dz}{dy\, dx} = \frac{d^2\int (fz)^2\, dz}{dx^2} \text{ und daher}$$

$$\frac{d^2 z}{dy^2} = \frac{d^2 \int (fz)^2 dz}{dx^2} = \frac{d\,(fz)^2 \frac{dz}{dx}}{dx} \ldots\ldots B$$

Weiter ist $\frac{d^3 z}{dy^3} = \frac{d^3 \int (fx)^2 dz}{dx^2\, dy}$. Multiplicirt man die Gleichung $\frac{dz}{dy} = fz \frac{dz}{dx}$ mit $(fx)^2$ so findet man bey Anwendung der vorigen Schlüsse $(fz)^2 \frac{dz}{dy} = \frac{d \int (fz)^3 dz}{dx}$ $= \frac{d \int (fz)^2 dz}{dy}$ folglich $\frac{d^3 \int (fz)^3 dz}{dx^3} = \frac{d^3 \int (fz)^2 dz}{dy\, dx^2}$ $= \frac{d^3 z}{dy^3}$ und daher

$$\frac{d^3 z}{dy^3} = \frac{d^3 \int (fz)^3 dz}{dx^3} = \frac{d^2\,(fz)^3 \frac{dz}{dx}}{dx^2} \ldots\ldots C$$

Auf diese Weise findet man allgemein

$$\frac{d^n z}{dy^n} = \frac{d^n \int (fz)^n dz}{dx^n} = \frac{d^{n-1} (fz)^n \frac{dz}{dx}}{dx^{n-1}}$$

Setzt man nun o für y, und also x für z, so wird

$$\left(\frac{d^n z}{dy^n}\right) = \frac{d^{n-1} (fx)^n}{dx^{n-1}}$$

die Reihe selbst wenn man $fx = X$ setzt

$$z = x + Xy + \tfrac{1}{2} \frac{dX^2}{dx} y^2 + \frac{1}{2.3} \frac{d^2 X^3}{dx^2} y^3 + \frac{1}{2\cdot 3\cdot 4} \frac{d^3 X^4}{dx^3} y^4 + \text{ꝛc.} \quad \text{I.}$$

Die nehmliche Analyse findet Statt wenn auch z was immer für eine Funktion von $(x + y\, fz)$ ist. Es sey nehmlich $z = \varphi\,(x + y\, fz) = \varphi\, u$ so ist $\frac{dz}{dx} = \frac{dz}{du} \cdot \frac{du}{dx} = \frac{dz}{du} \left(1 + y \frac{dfz}{dz} \cdot \frac{dz}{dx}\right)$ und eben so $\frac{dz}{dy} = \frac{dz}{du} \left(fz + y \cdot \frac{dfz}{dz} \cdot \frac{dz}{dy}\right)$ woraus wie vorher $\frac{dz}{dy} = fz \frac{dz}{dx}$ folglich wird die allgemeine

Form der Differentialcoefficienten ganz die nehmliche. Setzt man nun in jedem derselben $y = 0$ so wird $z = \varphi x$ wofür man der Kürze wegen X setzen kann, ferner $fz = f\varphi x = fX$, $\frac{dz}{dx} = \frac{dX}{dx}$ folglich wird die Entwickelung

$$z = X + \frac{dX}{dx}(fX)\,y + \tfrac{1}{2}\,\frac{dX}{dx}\,\frac{d\,(fX)^2}{dx}\,y^2 + \frac{1}{2.3}\,\frac{dX}{dx}\,\frac{d^2\,(fX)^3}{dx^2}\,y^3 + \text{ꝛc.} \quad \text{II.}$$

Will man aber nicht z selbst, sondern eine beliebige Funktion von z nach den Potenzen von y entwickeln, so hat man $\varphi z = \varphi(x + y\,fz) = \varphi u$ folglich $\frac{d\varphi z}{dz}\,.\,\frac{dz}{dx} = \frac{d\,.\,\varphi u}{du}\left(1 + y\,\frac{d\,.\,fz}{dz}\,.\,\frac{dz}{dy}\right)$ und $\frac{d\varphi z}{dz}\,.\,\frac{dz}{dy} = \frac{d\,.\,\varphi u}{du}\left(fz + y\,\frac{dfz}{dz}\,\frac{dz}{dy}\right)$ also auch hier $\frac{dz}{dy} = fz\,\frac{dz}{dx}$. Multiplicirt man auf beyden Seiten mit $\frac{d\varphi z}{dz}$ so erhält man $\frac{d\,.\,\varphi z}{dy} = fz\,\frac{d\varphi z}{dx}$. Man wird also hier die Differentialcoefficienten $\frac{d^2\varphi z}{dy^2}$ ꝛc. eben so finden wie für die Reihe I. die Differentialcoefficienten $\frac{d^2 z}{dy^2}$ ꝛc. und man darf nur $\frac{d\varphi z}{dx}$ Statt $\frac{dz}{dx}$, u. s. w. setzen. Wird nun $y = 0$ gesetzt, so wird $z = x$ und folglich $fz = fx$ und $\varphi z = \varphi x$ und man erhält wenn man $\frac{d\varphi x}{dx}$ mit $\varphi' x$ bezeichnet

$$\varphi z = \varphi x + fx\,.\,\varphi' x\,.\,y + \tfrac{1}{2}\,\frac{d(fx)^2\,\varphi' x}{dx}\,y^2 + \frac{1}{2\cdot 3}\,\frac{d^2(fx)^3\,.\,\varphi' x}{dx^2}\,y^3 + \text{ꝛc.} \quad \text{III.}$$

Es sey z. B. der Werth von z aus der Gleichung $z = (x + y z^n)^m$ nach den Potenzen von y zu entwickeln, wozu man die Formel II. gebrauchen kann. Alsdann hat man $X = x^m$, $\frac{dX}{dx} = m x^{m-1}$ $fz = x^n$ folglich $fX = x^{mn}$ und

$$z = x^m + y \,.\, m\, x^{m(n+1)-1} + \frac{y^2}{2} \,.\, m$$

$$(m(2n+1) - 1)\, x^{m(2n+1)-2} + \text{ꝛc.}$$

Diese Formeln besonders I und III sind von einem vielfältigen Gebrauch in der Analysis, insbesondere bey der Umkehrung der Reihen und in der Astronomie bey der Theorie der Planeten.

§. 53.

Bestimmung der willkührlichen Funktionen.

Die willkührlichen Funktionen, welche bey der Integration partieller Differentialgleichungen eingeführt werden, können auf eine ähnliche Art wie die willkührlichen Constanten bestimmt werden, wenn gewisse zusammengehörige Werthe der Variabeln bekannt sind. Wenn z. B. in der Gleichung §. 47. $z = \varphi\,[(x - \tfrac{1}{2} y)\, y + c]$ für $x = 0$ und $y = 0$, $z = c^n$ wird, so muß $z = [(x - \tfrac{1}{2} y)\, y + c]^n$ seyn.

Es sey ferner $M = \varphi V$ wo M u. V bestimmte Funktionen von x, y und z sind. Will man nun die Funktion φV so bestimmen, daß man sowohl $F(x, y, z) = 0$ als $f(x, y, z) = 0$ habe, wo F und f bestimmte Funktion anzeigen welche mit der Gleichung $M = \varphi V$ zugleich bestehn sollen, so setze man $V = t$ und verbinde die drey Gleichungen $V = t$, $F(x, y, z) = 0$ u. $f(x, y, z) = 0$ um daraus die Werthe von x, y und z jeden durch t allein zu bestimmen. Setzt man nun diese Werthe in M so wird es eine Funktion von t allein die man durch T bezeichnen kann und man erhält $T = \varphi t$ wodurch also φt und also auch φV bestimmt ist.

Siebentes Kapitel.

Von den Bedingungen der Integrabilität.

§. 54.

Man verstehet unter den Bedingungen der Integrabilität diejenigen welche Statt finden müssen wenn eine Differentialgleichung als ein unmittelbares Differential angesehen werden kann. Wenn man $\frac{du}{dt} = f\,(t, x, \frac{dx}{dt}, \frac{d^2x}{dt^2} \ldots)$ so kann diese Gleichung allemahl als ein wirkliches Differential betrachtet werden sobald die Funktion x von t gegeben ist, weil dann u blos Funktion von t wird. Wenn aber die Funktion x von t unbestimmt bleibt, so bekommt die Differentialgleichung $\frac{du}{dt} = f\,(t, x, \frac{dx}{dt}, \frac{d^2x}{dt^2} \ldots .)$ allemahl eine gewisse Form und wenn daher umgekehrt eine solche Funktion gegeben ist, so entstehet die Frage ob sie so beschaffen sey, daß sie ein Integral haben könne wovon sie das unmittelbare Differential ist und worin die Funktion x von t ebenfalls unbestimmt bleibt? Wir wollen diese Untersuchung zu vereinfachen, annehmen, daß $\frac{du}{dt}$ nur in so fern Funktion von t sey als $x, \frac{dx}{dt}, \frac{d^2x}{dt^2}$ rc. es sind und wir bezeichnen die Differentialcoefficienten von x mit x', x'', x''' rc.

Ist nun u eine Funktion von $x, x', x'', x''' \ldots . x^{n-1}$ worin x eine unbestimmte Funktion von t ist, so hat man

$$\frac{d(u)}{dt} = \frac{du}{dx}\,x' + \frac{du}{dx'}\,x'' + \frac{du}{dx''}\,x''' \ldots\ldots \frac{du}{dx^{n-1}}\,x^n$$

bezeichnet man $\frac{d(u)}{dt}$ mit u' und differenzirt aufs Neue nach x und dividirt durch dx so erhält man

$$\frac{du'}{dx} = \frac{d^2u}{dx^2}x' + \frac{d^2u}{dx'\,dx}x'' + \frac{d^2u}{dx''\,dx}x''' \ldots\ldots\ldots \frac{d^2u}{dx^{n-1}dx}x^n$$

Da aber $\frac{du}{dx}$ ebenfalls eine Funktion von x, x', x'' u. s. w. ist, so ist dessen Differential die nur genannte Grössen als unabhängige Variabeln betrachtet:

oder $d\frac{du}{dx} = \frac{d^2u}{dx^2}dx + \frac{d^2u}{dx\,dx'}dx' + \frac{d^2u}{dx\,dx''}dx'' + \ldots$

und wenn man mit $d\,t$ dividirt so erhält man

$$\frac{1}{dt}\,d\,\frac{du}{dx} = \frac{d^2u}{dx^2}dx' + \frac{d^2u}{dx\,dx'}dx'' + \frac{d^2u}{dx\,dx''}x''' \ldots \frac{d^2u}{dx\,dx^{n-1}}x^n$$

welches einerley mit $\frac{du'}{dx}$ ist. Man hat also

$$\frac{du'}{dx} = \frac{1}{dt}\,d\,.\,\frac{du}{dx}$$

Ferner erhält man

$$\frac{du'}{dx'} = \frac{du}{dx} + \frac{d^2u}{dx\,dx'}x' + \frac{d^2u}{dx'^2}x'' + \frac{d^2u}{dx''\,dx'}x''' \ldots\ldots\ldots \frac{d^2u}{dx^{n-1}dx'}x^n$$

Man siehet sogleich, daß hier der zweyte Theil nichts anders ist als $\frac{du}{dx} + \frac{1}{dt}\,d\,\frac{du}{dx'}$. Setzt man diese Schlüsse fort, so erhält man die erste der beyden folgenden Columnen:

$$\frac{du'}{dx} = \frac{1}{dt}\,d.\,\frac{du}{dx}$$

$$\frac{du'}{dx'} = \frac{du}{dx} + \frac{1}{dt}\,d.\,\frac{du}{dx'}$$

$$\frac{du'}{dx''} = \frac{du}{dx'} + \frac{1}{dt}\,d.\,\frac{du}{dx''}$$

. . . . . .

$$\frac{du'}{dx^{n-1}} = \frac{du}{dx^{n-2}} + \frac{1}{dt}\,d.\,\frac{du}{dx^{n-1}}$$

$$\frac{du'}{dx^{n}} = \frac{du}{dx^{n-1}}$$

$$\frac{du'}{dx} = \frac{1}{dt}\,d.\,\frac{du}{dx}$$

$$\frac{1}{dt}\,d.\,\frac{du'}{dx'} = \frac{1}{dt}\,d.\,\frac{du}{dx} + \frac{1}{dt^2}\,d.^2\,\frac{du}{dx'}$$

$$\frac{1}{dt^2}\,d^2\,\frac{du'}{dx''} = \frac{1}{dt^2}\,d^2\,\frac{du}{dx'} + \frac{1}{dt^3}\,d.^3\,\frac{du}{dx''}$$

. . . . . .

$$\frac{1}{dt^{n-1}}\,d.^{n-1}\,\frac{du'}{dx^{n-1}} = \frac{1}{dt^{n-1}}\,d.^{n-1}\,\frac{du}{dx^{n-2}} + \frac{1}{dt^{n}}\,d.^{n}\,\frac{du}{dx^{n-1}}$$

$$\frac{1}{dt^{n}}\,d^{n}\,\frac{du'}{dx^{n}} = \frac{1}{dt^{n}}\,d.^{n}\,\frac{du}{dx^{n-1}}$$

Die zweyte Columne bestehet aus den Differenzialen der Gleichungen in der ersten, dividirt durch Potenzen von dt, und man übersiehet sogleich, daß man durch wechselweises Addiren und Subtrahiren der in der zweyten Columne enthaltene Gleichungen folgende Gleichung erhält

Bedingungsgleichung welche von selbst Statt finden muß wenn eine Gleichung von selbst ein Differential seyn soll.

$$\frac{du'}{dx} - \frac{1}{dt} d. \frac{du'}{dx'} + \frac{1}{dt^2} d^2 \frac{du'}{dx''} - \frac{1}{dt^3} d^3 \frac{du'}{dx'''} \ldots\ldots \mp \frac{1}{dt^n} d^n. \frac{du'}{dx^n} = 0$$

Diese Gleichung muß also von selbst $= 0$ seyn, wenn u' ein wirkliches Differential seyn soll, x eine unbestimmte Funktion von t bleibend.

Man wird sich leicht überzeugen, daß man die nehmliche Gleichung gefunden haben würde, wenn auch die Funktion $\frac{d(u)}{dt}$ oder u' die Größe t noch besonders enthielte. Es ist ferner leicht einzusehen, daß wenn u' zugleich noch eine andere Funktion y von t mit ihren Differentialen $\frac{dy}{dt}, \frac{d^2y}{dt^2}$ rc. enthielte, man für diese eine völlig ähnliche Bedingungsgleichung finden würde.

In diesen Gleichungen sind die in §. 41 — 43 schon angeführten Bedingungsgleichungen mit enthalten. Es sey z. B. $du = P\,dx + Q\,dy$, so kann man y als eine Funktion von x betrachten wodurch man $\frac{d(u)}{dx} = P + Q \frac{dy}{dx}$ erhält. Soll nun diese Gleichung von selbst ein Differential seyn indem zugleich y eine beliebige Funktion von x bleibt so muß

$$\frac{du'}{dy} - \frac{1}{dx} d. \frac{du'}{dy'} = 0$$

seyn. Nun ist $\frac{du'}{dx} = \frac{dP}{dy} + \frac{dQ}{dy} \frac{dy}{dx}$ und $\frac{du'}{dy'} = Q$

und $\frac{dQ}{dx} = \frac{dQ}{dy}\,\frac{dy}{dx} + \frac{dQ}{dx}$ folglich erhält man $\frac{dP}{dy} - \frac{dQ}{dx} = 0$ welche Gleichung wie man weiß Statt finden muß wenn $du = P\,dx + Q\,dy$ von selbst ein Differential seyn soll, y von x völlig unabhängig bleibend.

§. 55.

Es sey z. B. zu untersuchen ob die Gleichung $u' = \left(\frac{dx}{dt}\right)^3 + 2\,x\,\frac{d^2x}{dt^2}\,\frac{dx}{dt} + a\,\frac{d^3x}{dt^3}$ von selbst ein Differential seyn könne. Hier erhält man

$$+ \frac{du'}{dx} = + 2\,\frac{d^2x}{dt^2}\,\frac{dx}{dt}$$

$$- \frac{1}{dt}\,d.\,\frac{du'}{dx'} = - 8\,\frac{d^2x}{dt^2}\,\frac{dx}{dt} - 2\,x\,\frac{d^3x}{dt^3}$$

$$+ \frac{1}{dt^2}\,d.^2\,\frac{du'}{dx''} = + 6\,\frac{d^2x}{dt^2}\,\frac{dx}{dt} + 2\,x\,\frac{d^3x}{dt^3}$$

$$- \frac{1}{dt^3}\,d.^3\,\frac{du'}{dx'''} = 0$$

die Bedingungsgleichung wird also von selbst $= 0$, es ist also die gegebene Gleichung von selbst ein Differential, und wirklich hat sie zu ihrem Integral die Gleichung $u = x\left(\frac{dx}{dt}\right)^2 + a\,\frac{d^2x}{dt^2}$ worin x jede beliebige Funktion von t bedeuten kann.

Wenn die obige Bedingungsgleichung nicht von selbst $= 0$ wird, so kann auch die gegebene Gleichung kein Integral haben worin x eine unbestimmte Funktion von t seyn könnte, es wird dagegen eine gewisse bestimmte Funktion x von t die gedachte Gleichung zu Null machen können die sich also dadurch von allen übrigen möglichen Relationen zwischen x und t unterscheiden würde, indem letztere das Integral von u' oder $\frac{d(u)}{dt}$ in

t,

t, jene Funktion aber das nehmliche Integral durch x und seine Differentialcoefficienten ausgedrückt geben würde. Es sey z. B. $u' = x^2 - \left(\frac{dx}{dt}\right)^2$ so erhält man $\frac{du'}{dx}$ $= 2x$, $\frac{du'}{dx'} = -2\frac{dx}{dt}$, $-\frac{1}{dt}d.\frac{du'}{dx'} = 2\frac{d^2x}{dt^2}$ folglich muß $2x + 2\frac{d^2x}{dt^2} = 0$ oder $x + \frac{d^2x}{dt^2} = 0$ seyn. Da diese Gleichung nicht von selbst $= 0$ wird, so kann man die Funktion x von t bestimmen welche dieses bewirkt. Dieses ist nach §. 27. $x = a \sin t + b \cos t$, und das Integral von u' ist $u = c - x.\frac{dx}{dt}$

§. 56.

Wenn die gegebene Gleichung in x, x', x'' ꝛc. lineär ist z. B. $u' = Ax + Bx' + Cx''$ ꝛc. und die Coefficienten sind beständige Größen, so kann sie nicht von selbst ein Differential seyn, denn man müßte $A = 0$ haben. Wenn dagegen $A = 0$ ist, wird eine solche Gleichung allemahl von selbst ein Differential seyn, wie an sich klar ist. Enthalten aber die Coefficienten A, B, C ꝛc. noch eine andere unbestimmte Funktion y von t und ihre Differentialcoefficienten $\frac{dy}{dt}$, $\frac{d^2y}{dt^2}$ die man mit y', y'' bezeichnen kann, so kann diese Funktion y von t so bestimmt werden, daß der Bedingungsgleichung im §. 54. Genüge geschiehet, und daß folglich die gegebene Gleichung ein wirkliches Differential ist, worin die Funktion x von t völlig unbestimmt oder willkührlich bleibt. Es sey z. B. wieder $u' = yx - y'x'$ so wird $\frac{du'}{dx}$ $= y$, $\frac{du'}{dx'} = -y'$, $-\frac{1}{dt}d\frac{du'}{dx'} = +y''$ folglich y''

$+ y = 0$ oder $\frac{d^2 y}{dt^2} + y = 0$, woraus $y = a \sin t + b \cos t$ und nun wird $u = c - x y'$ allemahl das Integral von $u' = y x - y' x'$ seyn, was man auch für eine Funktion vou t für x setzen mag, so daß in diesem Falle nur x allein als eine unabhängige Variable angesehen werden kann. Sollte die Bedingungsgleichung von selbst $= 0$ werden, so wird auch y eine unbestimmte Funktion von t seyn. Es sey z. B. $u' = -\frac{y'}{y^2} x + \frac{1}{y} x'$ so erhält man $\frac{du'}{dx} = -\frac{y'}{y^2}$, $\frac{du'}{dx'} = \frac{1}{y}$, $-\frac{1}{dt}$ d. $\frac{du'}{dx'} = + \frac{y'}{y^2}$ folglich da $-\frac{y'}{y^2} + \frac{y'}{y^2} = 0$, so wird die Bedingungsgleichung von selbst $= 0$ und man weiß, daß in diesem Falle $u = \frac{x}{y} + c$ das Integral von u' ist, worin y und x ganz willkührliche Funktionen von t bedeuten, oder welches gleich viel ist, worin y und x die unabhängige Variabeln seyn können. Es wird aber auch in diesem Falle die Bedingungsgleichung in Bezug auf y ebenfalls von selbst $= 0$, denn ist es $\frac{du'}{dy} = \frac{2xy'}{y^3} - \frac{x'}{y^2}$ und $\frac{du'}{dy'} = \frac{x}{y^2}$ u. daher $-\frac{1}{dt}$ d. $\frac{du'}{dy'} = + \frac{x'}{y^2} - \frac{2xy'}{y^3}$ folglich

$$\frac{2xy'}{y^3} - \frac{x'}{y^2} + \frac{x'}{y^2} - \frac{2xy'}{y^3} = 0$$

Diese Analyse ist eine von den Hauptangeln um welch sich die Lehre von den Variationen dreht, wodurch dergleichen Integrale wie $u = C - x \cdot \frac{dx}{dt}$ im 55 und 56 §. gefunden werden.

§. 57.

Wenn eine Gleichung wie $P\,dx + Q\,dy + R\,dz = 0$ der Bedingungsgleichung des §. 44. nicht Genüge thut, so kann sie auch nicht einmahl durch die Wiederherstellung eines etwa ausgefallenen Factors zu einer unmittelbaren Differentialgleichung gemacht werden. Euler im dritten Theil der Integralrechnung erklärt solche Gleichungen für absurd, vermuthlich in so fern es absurd seyn würde eine Gleichung zu suchen wovon sie abgeleitet seyn können. Man sehe §. 44. Monge hat aber gezeigt, daß solchen Gleichungen durch ein System mehrerer primitiven Gleichungen Genüge geschehen kann, welche ins Unendliche modificirt werden können.

Es sey nun die obige Gleichung von vorgedachter Art, so kann man, allemahl eine der Variabeln z. B. y als eine willkührliche Funktion der beyden übrigen x und z oder auch einer derselben betrachten, so wird man nach dem man diese Funktion für y gesetzt hat eine Gleichung zwischen x und z übrig behalten. Es sey nun $u = c$ das Integral dieser Gleichung, so wird der gegebenen Differentialgleichung durch das System der beyden Gleichungen $u = c$ und $y = \varphi\, x\, z$ oder $y = \varphi\, x$ Genüge geschehn.

Es sey z. B. die Gleichung $x\,dx + x\,dy + yz\,dz = 0$ welche die Bedingung §. 44. nicht erfüllt und welche daher keine Integralgleichung haben kann, worin zwey der Variabeln x, y und z völlig unabhängig bleiben, das heißt wenn man z. B. für y irgend eine Funktion von x oder von x und z nimmt, wodurch z eine Funktion von x allein wird, so kann z nicht dieselbe Funktion bleiben wenn die Funktion y geändert wird *).

Wäre aber die gegebene Gleichung $x + x \frac{dy}{dx} + yz \frac{dz}{dx} = \frac{du}{dx}$ welche ebenfalls nicht als eine wirkliche Differentialgleichung angesehen werden kann, so kann man sie, da sie liniär in y ist nach der Methode des vorigen §. behandeln. Setzt man u′ für $\frac{du}{dx}$, so erhält man $\frac{du'}{dy} = z \frac{dz}{dx}$, $\frac{du'}{dy'} = x$, $\frac{1}{dx}$ d. $\frac{du'}{dy'} = 1$, folglich muß $z \frac{dz}{dx} - 1 = 0$ oder $z \frac{dz}{dx} = 1$ folglich $z = \sqrt{2x - c}$ seyn. Durch diese Funktion wird die gegebene Gleichung zu einem wirklichen Differential werden, wovon das Integral $u = \frac{1}{2} x^2 + \frac{1}{2} (z^2 + c) y$ ist und worin y eine völlig willkührliche Funktion von x ist, so daß der Gleichung $u' = x + x \frac{dy}{dx} + yz \frac{dz}{dx}$ durch das System der beyden Gleichungen $u = \frac{1}{2} x^2 + \frac{1}{2} (z^2 + c) y$ und $z = \sqrt{2x - c}$ Genüge geschiehet.

§. 58.

Relation worin die homogenen Funktionen mit ihren Differentialgleichungen stehn.

Es ist hier der merkwürdigen Relation zu gedenken, worin die homogenen Funktionen mit ihren Differentialgleichungen stehn. Es sey Z eine homogene Funktion von x, y ꝛc. so wird, wenn man tx statt x, ty statt y, ꝛc. setzt, dadurch die Funktion Z mit t^m multiplicirt

*) Die gegebene Differentialgleichung kann daher keiner krummen Oberfläche, sondern nur verschiedenen Curven doppelter Krümmung zukommen, welche durch ein System zweyer Gleichungen ausgedrückt werden.

wo m die Summe der Exponenten in jedem Gliede der Funktion Z ist und eine jede Zahl bedeuten kann. Man lasse nun t um g zu nehmen und setze hierauf t = 1 so wird sich die Funktion Z in $(1+g)^m Z$ verwandeln. Wenn aber tx für x gesetzt wird, hierauf t um g vermehrt, und so dann = 1 gesetzt wird, so ist dies eben so viel als wenn man für x, x + gx, für y, y + gy gesetzt hätte. Entwickelt man unter dieser Voraussetzung die Funktion Z nach gx, gy ꝛc. so erhält man

$$Z + \frac{dZ}{dx} gx + \frac{dZ}{dy} gy \ldots\ldots + \tfrac{1}{2} \frac{d^2 Z}{dx^2} g^2 x^2 + 2 \frac{d^2 z}{dx\, dy} g^2 xy + \frac{d^2 z}{dy^2} g^2 y^2 \ldots\ldots = (1+g)^m Z$$

Entwickelt man den zweyten Theil dieser Gleichung nach den Potenzen von g und vergleicht diejenigen Glieder die mit gleichen Potenzen von g multiplicirt sind, so erhält man

$$\frac{dZ}{dx} x + \frac{dZ}{dy} y \ldots = m Z, \quad \frac{d^2 Z}{dx^2} x^2 + 2 \frac{d^2 Z}{dx\, dy} xy + \frac{d^2 Z}{dy^2} y^2 = m(m-1) Z \text{ ꝛc.}$$

wovon vorzüglich die erste Gleichung zu merken ist.

Achtes Kapitel.

Von den größten und kleinsten Werthen der Funktionen. De maximis et minimis.

§. 59.

Da die Werthe einer Funktion y von x für eine Folge der Werthe von x bis auf einen gewissen Punkt wachsen, von da an aber wieder abnehmen können, so wird y für einen gewissen Werth von x einen Werth erlangen, der größer als die vorhergehenden und die nachfolgenden ist und den man ein Größtes (maximum) nennt. Eben so können die Werthe der Funktion y für eine Folge von Werthen von x bis auf einen gewissen Punkt abnehmen und von da an wieder zunehmen, so daß es einen gewissen Werth von x giebt für welchen der Werth von y kleiner als die vorhergehenden und nachfolgenden Werthe ist, welchen man ein Kleinstes (minimum) nennt. Man siehet leicht, daß es bey einer und derselben Funktion mehrere solcher Folgen der Werthe von x geben könne für welche y ein Größtes oder ein Kleinstes werden kann, so daß mehrere größte und kleinste Werthe Statt finden können welche mit einander abwechseln. Es kann nehmlich der Werth von y zuerst bis auf einen gewissen Punkt zunehmen, dann wieder bis auf einen gewissen Punkt abnehmen, hiernächst wieder bis auf einen gewissen Punkt zunehmen, von welchen an er wieder abnehmen kann, wodurch zwey größte Werthe und ein kleinster Werth entstehen würden. Jeder der beyden größten Werthe ist in Vergleich mit den vorhergehenden und nachfolgenden Werthen ein Größtes, und es kann einer von beyden größten Werthen der größere seyn, welches man ein absolutes Maximum nennt, so wie jeder für sich ein relatives Maximum genannt wird. Wenn man die relativen Maxima kennt, so ist es leicht, das absolute Maximum wenn es eins giebt zu bestimmen, es kommt also bey dieser Untersuchung nur auf die relativen Maxima an, weshalb, wenn man von größten Werthen spricht nur allemahl diese gemeint sind. Ein Gleiches gilt von den kleinsten Werthen.

Man wird den Begriff von den größten und kleinsten Werthen einer Funktion leicht auf Funktionen mehrerer veränderlichen Größen ausdehnen können.

§. 60.

Zu der Bestimmung solcher Werthe der unabhängigen veränderlichen Größe einer Funktion für welche bey der relativen Variabeln ein Größtes oder ein Kleinstes Statt finden kann, ist der Taylorsche Lehrsatz und dessen Ausdehnung auf Funktionen mehrerer veränderlichen Größen das einfachste Mittel. Es sey z. B. y eine Funktion von x, ist nun x′ derjenige Werth welcher ein Größtes oder ein Kleinstes für y giebt, und man bezeichnet diesen Werth von y mit y′ so muß es, wenn man für x′, x′ + h und x′ — h setzt, ein Paar Werthe y, und ,y geben, welche im Fall des Maximums beyde kleiner und im Fall des Minimums beyde größer sind als der Werth y′ den x′ giebt. Nun hat man

Bestimmung der größten und kleinsten Werthe einer Funktion einer veränderlichen Größe.

$$y_{,} = y' + \frac{dy'}{dx'}h + \frac{d^2y'}{dx'^2}\frac{h^2}{2} + \frac{d^3y'}{dy'^3}\frac{h^3}{1.2.3} + \text{x} \ldots \text{A}$$

$$_{,}y = y' - \frac{dy'}{dx'}h + \frac{d^2y'}{dx'^2}\frac{h}{2} - \frac{d^3y'}{dx'^3}\frac{h^3}{1.2.3} + \text{ꝛc.} \ldots \text{B}$$ *)

*) Da die Gültigkeit der Taylorschen Reihe nur für die wirkliche Zunahme von x also für ein positives h erwiesen worden, so könnte man Bedenken tragen sie so grade zu auf ein negatives h anzuwenden. Um dieses zu erörtern seyn $_{,}y, y', y_{,}$ drey auf einander folgende Werthe der Funktion y die zu den Werthen $_{,}x, x', x_{,}$ von x gehören, so daß $x' = {}_{,}x + h$ oder $_{,}x = x' - h$ und $x_{,} = x' + h$, so hat man

$$y_{,} = y' + \frac{dy'}{dx'}h + \frac{d^2y'}{dx'^2}\frac{h^2}{2} + \frac{d^3y'}{dx'^3}\frac{h^3}{1.2.3} + \text{ꝛc. und}$$

$$y' = {}_{,}y + \frac{d_{,}y}{d_{,}x}h + \frac{d^2{}_{,}y}{d_{,}x^2}\frac{h^2}{2} + \frac{d^3{}_{,}y}{d_{,}x^3}\frac{h^3}{1.2.3} + \text{ꝛc.}$$

die letzte Reihe giebt also eigentlich

und da man h jederzeit so klein machen kann, daß jedes der Glieder in der Entwickelung die Summe aller folgenden übertrifft so ist klar, daß y' nicht größer als $,y$ und $y,$ und nicht kleiner als $,y$ und $y,$ werden kann, wenn nicht $\frac{dy'}{dx'} = 0$ wird. Ist aber dieses so wird

---

$${}_{,}y = y' - \frac{d_{,}y}{d_{,}x}h - \frac{d^2{}_{,}y}{d_{,}x^2}\frac{h^2}{2} - \frac{d^3{}_{,}y}{d_{,}x^3}\frac{h^3}{1.2.3} - \text{ꝛc.}$$

Nun muß wenn man in die Funktion $\frac{d_{,}y}{d_{,}x}$ für x, ${}_{,}x + h$ setzt daraus die Funktion $\frac{dy'}{dx'}$ werden. Es giebt aber diese Substitution nach der Taylorschen Reihe für ein positives h

$$\frac{dy'}{dx'} = \frac{d_{,}y}{d_{,}x} + \frac{d^2{}_{,}y}{d_{,}x^2}h + \frac{d^3{}_{,}y}{d_{,}x^3}\frac{h^2}{2} + \text{ꝛc. folglich}$$

$$\frac{d_{,}y}{d_{,}x} = \frac{dy'}{dx'} - \frac{d^2{}_{,}y}{d_{,}x^2}h - \frac{d^3{}_{,}y}{d_{,}x^3}\frac{h^2}{2} - \text{ꝛc. und daher}$$

$$-\frac{d_{,}y}{d_{,}x} = -\frac{dy'}{dx'} + \frac{d^2{}_{,}y}{d_{,}x^2}h + \frac{d^3{}_{,}y}{d_{,}x^3}\frac{h^2}{2} +$$

Eben so erhält man

$$-\frac{d^2{}_{,}y}{d_{,}x^2} = -\frac{d^2y'}{dx'^2} + \frac{d^3{}_{,}y}{d_{,}x^3}h + \text{ꝛc.}$$

$$-\frac{d^3{}_{,}y}{d_{,}x^3} = -\frac{d^3y'}{dx'^3} + \text{ꝛc.}$$

Substituirt man nun gehörig so erhält man

$$\begin{aligned}
y' &= y' \\
-\frac{d'y}{d_{,}x}h &= -\frac{dy'}{dx'}h + \frac{d^2y'}{dx'^2}h^2 - \frac{d^3y'}{dx'^3}\frac{h^3}{2} + \frac{d^4y'}{dx'^4}\frac{h^4}{2.3}\ \text{ꝛc.} \\
-\frac{d^2{}_{,}y}{d_{,}x^2}\frac{h^2}{2} &= \qquad -\frac{d^2y'}{dx'^2}\frac{h^2}{2} + \frac{d^3y'}{dx'^3}\frac{h^3}{2} - \frac{d^4y'}{dx'^4}\frac{h^4}{4} \ldots \\
-\frac{d^3{}_{,}y}{d'x^2}\frac{h^3}{2.3} &= \qquad\qquad -\frac{d^3y'}{dx'^3}\frac{h^3}{2.3} + \frac{d^4y'}{dx'^4}\frac{h^4}{2.3} \ldots \\
-\frac{d_{,}{}^4y}{d'x^4}\frac{h^4}{2.3.4} &= \qquad\qquad\qquad -\frac{d^4y'}{dx'^4}\frac{h^4}{2.3.4}\ \text{ꝛc.}
\end{aligned}$$

Addirt man diese Gleichungen so erhält man

$${}_{,}y = y' - \frac{dy'}{dx'}h + \frac{d\,y'}{dx'}\frac{h^2}{2} - \frac{d^3y'}{dx^3}\frac{h^3}{2.3} + \frac{d^4y'}{dx'^4}\frac{h^4}{2.3.4} \ldots$$

$$y_{,} = y' + \frac{d^2y'}{dx'^2}\frac{h^2}{1.2} + \frac{d^3y'}{dx'^3}\frac{h^3}{1.2.3} + \text{ꝛc. und}$$

$$_{,}y = y' + \frac{d^2y'}{dx'^2}\frac{h^2}{1.2} - \frac{d^3y'}{dx'^3}\frac{h^3}{1.2.3} + \text{ꝛc.}$$

und nun wird $y' > {}_{,}y$ und $y' > y_{,}$ wenn $\frac{d^2y'}{dx'^2}$ negativ und $y' < {}_{,}y$ und $y' < y_{,}$ wenn $\frac{d^2y'}{dx'^2}$ positiv ist, im ersten Fall ist es also ein Maximum im zweyten ein Minimum. Wenn man also eine Funktion y von x hat, so wird die Gleichung $\frac{dy}{dx} = 0$ solche Werthe von x geben, für welche y ein Maximum oder ein Minimum seyn kann. Setzt man jeden dieser Werthe in den Coefficienten $\frac{d^2y}{dx^2}$ so wird jeder derselben wodurch dieser Coefficient negativ wird, ein Maximum, und jeder derselben wofür dieser Coefficient positiv wird, ein Minimum seyn. Wird aber für einen dieser Werthe der Coefficient $\frac{d^2y'}{dx^2}$ $= 0$ so erhält man in diesem Fall

$$y_{,} = y' + \frac{d^3y'}{dx'^3}\frac{h^3}{1.2.3} + \frac{d^4y'}{dx'^4}\frac{h^4}{1.2.3.4} + \text{ꝛc. und}$$

$$_{,}y = y' - \frac{d^3y'}{dx'^3}\frac{h^3}{1.2.3} + \frac{d^4y'}{dx'^4}\frac{h^4}{1.2.3.4} +$$

---

und man kann sich so überzeugen, daß die Taylorsche Reihe ebenfalls für ein negatives h gültig ist und daß also beym Zurückgehen dieselben Differentialcoefficienten gebraucht werden können als beym Vorwärtsgehen.

Da übrigens der Fall möglich ist, daß für die beyden Werthe $x' - h$ und $x' + h$, , $_{,}y$ und $y_{,}$ einander gleich werden, so scheint auf den ersten Anblick für diesen Fall die Reihe A mit der Reihe B auch in den einzelnen Gliedern übereinstimmen zu müssen, welches gleichwohl darum nicht möglich ist, weil sie auch den Fall da für gleiche aber entgegengesetzte Werthe von h, $_{,}y \gtrless y_{,}$ umfassen muß.

und es wird also wenn für diesen Werth nicht der Coefficient $\frac{d^3y'}{dx'^3} = 0$ wird, y' weder ein Maximum noch ein Minimum seyn können. Wird aber derselbe ebenfalls $= 0$ so muß man den nehmlichen Werth von x noch in den Coefficienten $\frac{d^4y'}{dx'^4}$ setzen und es wird y ein Maximum oder Minimum seyn, je nachdem derselbe dadurch negativ oder positiv wird.

Man siehet hieraus, daß für einen Werth von x, y ein Maximum oder ein Minimum werden kann, wenn der erste von den durch diese Substitution nicht verschwindenden Differentialcoefficienten eine grade Ordnungszahl hat, oder wenn die Zahl aller verschwindenden ungrade ist.

§. 61.

Bestimmung der Maxima u. Minima für solche Werthe von x für welche die Taylorsche Reihe ihre Brauchbarkeit verliert.

Da die bisherigen Untersuchungen nur für diejenigen Werthe von x gültig seyn können für welche die Taylorsche Entwickelungsreihe ihre Brauchbarkeit behält, so erfordern diejenigen Werthe von x für welche diese Reihe mangelhaft wird eine besondere Erörterung in wie fern auch für diese noch Maxima oder Minima Statt finden können. Nun weiß man schon nach §. 34. daß dieser Fall eintritt wenn einige der ersten Differentialcoefficienten $= 0$ und die übrigen $= \infty$, oder auch wenn allesammt $= \infty$ werden: Alsdann läßt sich also auch nicht daraus bestimmen ob $y' \gtrless y$, oder $y' \gtrless y$ sey. Dieses wird sich aber allemahl ergeben sobald man die wahre Entwickelung nach den Potenzen von h deren Exponenten alsdann gebrochene und negative Zahlen werden können gesucht hat, und alsdann wird die Beurtheilung ob für einen solchen Werth von x, y ein Maximum oder ein Minimum seyn könne, nicht schwer seyn.

Um nun von dem bisher Gesagten einige Beyspiele zu geben, so sey zuerst $y = +\sqrt{2rx - x^2}$ welches bekanntlich die Gleichung eines Halbkreises von dem Halbmesser r ist. Nun ist $\frac{dy}{dx} = \frac{r - x}{+\sqrt{2rx - x^2}}$, $\frac{d^2y}{dx^2} = -\frac{1}{+\sqrt{2rx - x^2}} - \frac{(r-x)^2}{(\sqrt{2rx - x^2})^3}$. Setzt man $x = r$ so wird $\frac{dy}{dx} = 0$ und $\frac{d^2y}{dx^2} = -\frac{1}{r}$ folglich giebt der Werth $x = r$ ein Maximum für y nehmlich $y = r$. Es ist leicht einzusehen, daß dieser Werth von x der einzige ist, der ein Maximum giebt von allen denen für welche die Taylersche Reihe brauchbar bleibt. Nun findet man aber leicht, daß es noch zwey Werthe von x giebt, für welche der Coefficient $\frac{dy}{dx} = \infty$ wird, und für welche daher auch jeder der folgenden Differentialcoefficienten $= \infty$ wird, so daß also die Taylorsche Reihe für diese Werthe nicht zur Entwickelung zu gebrauchen ist. Diese beyden Werthe sind $x = 0$ und $x = 2r$ und beyde geben $y = 0$. Um nun zu sehen ob $y = 0$ ein Minimum sey, suche man in beyden Fällen die wahre Entwickelung y um dadurch die Werthe $,y$ und $y,$ bestimmen zu können. Setzt man nun zuerst für x, $x + h$ und dann $x = 0$ so erhält man $y, = \sqrt{2rh - h^2} = \sqrt{h}\sqrt{2r - h}$ welches weiter zu entwickeln überflüssig ist. Setzt man ferner für x, $(x - h)$ und dann $x = 0$ so wird $,y = \sqrt{-2rh - h^2}$ folglich unmöglich, woraus man siehet, daß es gar keine rückwärts von $y = 0$ liegende Werthe giebt, unter allen denen aber welche vorwärts liegen nehmlich unter allen $y,$, ist $y = 0$ offenbar der kleinste, folglich ist

$y = 0$ ein Minimum. Herr Professor Busse nennt diese Art Minima in seiner Neuen Methode des Größten und Kleinsten Freyberg 1808. einseitige Minima.

Ob der Werth $y = 0$ den $x = 2r$ giebt, ein Minimum sey, prüft man auf dieselbe Art. Setzt man für x, $x + h$ und dann wieder $x = 2r$ so erhält man $y_{,} = \sqrt{-2rh - h^2}$ oder unmöglich, woraus man siehet, daß es gar keine vorwärts gelegene Werthe von dem zu $x = 2r$ gehörigen $y = 0$ mehr giebt. Setzt man aber für x, $x - h$ und dann $x = 2r$, so wird ${}_{,}y = \sqrt{h}\,\sqrt{2r-h}$ und man siehet, daß $y = 0$ kleiner als alle rückwärts liegende ${}_{,}y$ und folglich auch ein einseitiges Minimum ist. Es sind aber in dem hier gewählten Beyspiel die beyden einseitigen Minima sogleich aus der gegebenen Gleichung selbst zu erkennen. Denn man siehet sogleich, daß für negative x keine Werthe von y Statt finden, daß für $x = 0$, $y = 0$ wird und daß von hier an y mit x zunimmt, bis es für $x = r$ das oben gefundene zweyseitige Maximum erreicht, und da es von hier an wieder bis auf Null abnimmt, so findet für $x = 2r$ das Minimum $y = 0$ Statt, desgleichen werden die Werthe von y für $x > 2r$ ebenfalls unmöglich.

Es sey ferner $y = b + (x - a)^{\frac{5}{2}}$ so wird $\frac{dy}{dx} = \frac{5}{2}(x - a)^{\frac{3}{2}}$, $\frac{d^2y}{dx^2} = \frac{15}{4}(x - a)^{\frac{1}{2}}$, $\frac{d^3y}{dx^3} = \frac{15}{8}\,\frac{1}{(x-a)^{\frac{1}{2}}}$, setzt man nun $\frac{dy}{dx} = 0$ so erhält man $x = a$ und dieser Werth für x in $\frac{d^2y}{dx^2}$ gesetzt, giebt $\frac{d^2y}{dx^2} = 0$ und in $\frac{d^3y}{dx^3}$ gesetzt, giebt er $\frac{d^3y}{dx^3} = \infty$, und daher werden alle folgende Differentialcoefficienten $= \infty$. Es ist daher $x = a$ einer von denen Werthen wofür der Taylorsche Satz mangelhaft wird. Um daher zu beurtheilen ob der dießfällige Werth $y = b$ ein Maximum oder ein Minimum sey, muß man die wahren Entwickelungen für $,y$ und $y,$ suchen. Nun wird $y, = b + h^{\frac{5}{2}}$ und $,y = b + (-h)^{\frac{5}{2}}$ also imaginär, $y,$ aber wird für jeden noch so kleinen Werth von h größer als y folglich ist $y = b$ ein einseitiges Minimum.

Es sey ferner $y = b - (x - a)^{\frac{3}{5}}$ so wird $\frac{dy}{dx} = -\frac{3}{5} \frac{1}{(x-a)^{\frac{2}{5}}}$ hier wird für $x = a$, sowohl $\frac{dy}{dx}$ als jeder der folgenden Differentialcoefficienten $= \infty$. Nun wird in diesem Falle $y, = b - h^{\frac{3}{5}}$ und $,y = b + h^{\frac{3}{5}}$ folglich wird der Werth $y = b$ den $x = a$ giebt allemahl größer als $,y$ und kleiner als $y,$ so klein man auch $+ h$ nehmen möge, folglich ist $y = b$ weder ein Maximum noch ein Minimum.

§. 62.

Bestimmung der größten und kleinsten Werthe einer Funktion zweyer veränderlichen Größen.

Wenn u eine Funktion zweyer veränderlichen Größen x und y ist, so wird die Aufsuchung derjenigen Werthe von x und y für welche u ein Maximum oder ein Minimum seyn kann, weit verwickelter, da für jeden angenommenen Werth einer der beyden absoluten Variabeln die andere noch eine unendliche Menge von Werthen erhalten kann. Wir wollen zuerst irgend einen Werth für y annehmen, so wird alsdann u nur noch als eine Funktion von x zu betrachten seyn und folglich würde die Gleichung $\frac{du}{dx} = 0$ diejenigen Werthe von x geben die bey dem angenommenen y ein Maximum oder ein Minimum für u geben können. Setzt man nun einen der gefundenen Werthe von x in die Funktion u, den angenommenen Werth von y beybehaltend, so würde man prüfen können ob der Werth von u auch für das angenommene y ein Maximum oder ein Minimum seyn könne. Wenn er nehmlich in die Funktion $\frac{du}{dy}$ gesetzt dieselbe bey dem gefundenen x zu Null macht, so wird die Funktion u auch in Bezug auf das angenommene y ein Maximum oder ein Minimum seyn können. Hieraus kann man folgern, daß je zwey Werthe x′, y′ wodurch die beyden Funktionen $\frac{du}{dx}$ und $\frac{du}{dy}$ zu Null werden, für u ein Maximum oder ein Minimum liefern können, und daß also umgekehrt solche zusammengehörige Werthe von x und y aus den beyden Gleichungen $\frac{du}{dx} = 0$ und $\frac{du}{dy} = 0$ zu suchen sind. Dehnt man diese Schlüsse auf eine Funktion mehrerer Variabeln aus, so wird man finden, daß die ersten Differentialcoefficienten in Bezug auf jede der Variabeln, jeder besonders $= 0$ gesetzt, solche zusammengehörge Werthe der Variabeln geben, für welche die Funktion selbst ein Maximum oder ein Minimum werden kann.

Jeder Werth von x aus der Gleichung $\frac{du}{dx} = 0$ wird von y abhangen und daher für jedes y ein Maximum oder ein Minimum von u in Bezug auf x allein seyn können. Denkt man sich nun einen dieser Werthe von x an die Stelle von x in der Gleichung $u = f(x,y)$ so wird sie dadurch eine bloße Funktion von y und sie wird für jedes y einen Werth von u liefern der schon in Bezug auf x allein ein Maximum oder ein Minimum seyn, und den man mit (u) bezeichnen kann. Es ist also nur noch übrig die Werthe von y zu bestimmen für welche (u) ein Maximum oder ein Minimum seyn kann. Alsdann aber muß man auch das vorhin substituirte x als Funktion von y betrachten und man erhält jetzt $\frac{d(u)}{dy} = \frac{du}{dy} + \frac{du}{dx} \cdot \frac{dx}{dy} = 0$, folglich da man schon $\frac{du}{dx} = 0$ hat, $\frac{du}{dy} = 0$. Um nun zu untersuchen, ob einer, der sich aus dieser Gleichung für y ergebenden mit dem vorigen x zusammengehörigen Werthe ein Maximum oder ein Minimum seyn kann, muß man ihn in die Funktion $\frac{d^2(u)}{dy^2}$ setzen und wenn diese dadurch positiv wird so giebt er ein Minimum, wenn sie aber negativ wird, ein Maximum. Nun ist aber

$$\frac{d^2(u)}{dy^2} = \frac{d^2u}{dy^2} + 2\frac{d^2u}{dx\,dy} \cdot \frac{dx}{dy} + \frac{d^2u}{dx^2}\left(\frac{dx}{dy}\right)^2 + \frac{du}{dx}\frac{d^2x}{dy^2},$$

aber wegen $\frac{du}{dx} = 0$ ist

$$\frac{d^2(u)}{dy^2} = \frac{d^2u}{dy^2} + 2\frac{d^2u}{dx\,dy}\frac{dx}{dy} + \frac{d^2u}{dx^2}\left(\frac{dx}{dy}\right)^2.$$

Da aber x aus der Gleichung $\frac{du}{dx} = 0$ gezogen worden, so wird

$$\frac{d^2u}{dx\,dy} + \frac{d^2u}{dx^2}\frac{dx}{dy} = 0 \text{ und folglich } \frac{dx}{dy} = -\frac{d^2u}{dx\,dy} : \frac{d^2u}{dx^2}$$

Substituirt man diesen Werth so erhält man

$$\frac{d^2(u)}{dy^2} = \frac{d^2u}{dy^2} - \left(\frac{d^2u}{dx\,dy}\right)^2 : \frac{d^2u}{dx^2}$$

welches für das Maximum negativ oder < 0 und für das Minimum positiv oder > 0 werden muß. Da nun im ersten Fall auch $\frac{d^2u}{dx^2} < 0$ im zweyten aber > 0

seyn muß, und dieses ebenfalls von $\frac{d^2u}{dy^2}$ gilt, so muß in beyden Fällen $\frac{d^2u}{dy^2} \cdot \frac{d^2u}{dx^2} - \left(\frac{d^2u}{dx\,dy}\right)^2 > 0$ seyn. Demnach wird für zwey zusammengehörige Werthe von x und y, u ein Maximum seyn, wenn $\frac{d^2u}{dy^2} < 0$ und $\frac{d^2u}{dx^2} < 0$, und ein Minimum wenn $\frac{d^2u}{dy^2} > 0$ und $\frac{d^2u}{dx^2} > 0$ und in beyden Fällen zugleich $\frac{d^2u}{dy^2} \cdot \frac{d^2y}{dx^2} - \left(\frac{d^2u}{dx\,dy}\right)^2 > 0$ ist. Diese letztere Ungleichheit ist die von Eulern nach der Bemerkung des Hrn. Lagrange übergangene Bedingung.

§. 63.

Bestimmung der größten und kleinsten Werthe einer Funktion dreyer und mehrerer veränderlichen Größen.

Man kann diese Bedingungen auch unmittelbar aus der Entwickelung einer Funktion mehrerer veränderlicher Größen ableiten. Es sey z. B. u eine Funktion von x, y, z ... und U der Werth den diese Funktion erhält wenn man Statt x, y, z; $x + \lambda h$, $y + \lambda i$, $z + \lambda k$ setzt, so wird

$$U = u + \frac{du}{dx}\lambda h + \frac{du}{dy}\lambda i + \frac{du}{dz}\lambda k \ldots + \frac{d^2u}{2dy^2}\lambda^2 h^2 + \frac{d^2u}{dx\,dx}\lambda^2 hi + \frac{d^2u}{2dy^2}\lambda^2 i^2 + \frac{d^2u}{dx\,dz}\lambda^2 hk + \frac{d^2u}{dy\,dz} + \lambda^2 ik + \frac{d^2u}{2dz^2}\lambda^2 k^2 + \text{etc.}$$

worin man λ jallzeit so klein nehmen kann, daß die Summe der zu einer Dimension gehörigen Glieder größer ist als die Summe aller Glieder aller folgenden Dimensionen. Soll nun u für die Werthe von x, y, z ein Maximum oder ein Minimum seyn, so muß im ersten Fall allemahl u größer als jedes der U, im zweyten Fall allemahl u kleiner als

als jedes der U seyn, welche aus allen möglichen Substitutionen der Größen $x \pm \lambda h$, $y \pm \lambda i$, $z \pm \lambda k$ entstehen können, wie klein auch die Größen λh, λi, λk genommen werden. Dieses ist nun nicht anders möglich als wenn man erstens $\frac{du}{dx}$, $\frac{du}{dy}$ und $\frac{du}{dz}$ jedes besonders $= 0$ hat. Hiernächst muß die Größe

$$\frac{d^2u}{2dx^2}\lambda^2 h^2 + \frac{d^2u}{dx\,dy}\lambda^2 hi + \frac{d^2u}{2dy^2}\lambda^2 i^2 + \frac{d^2u}{dx\,dz}\lambda^2 hk + \frac{d^2u}{dy\,dz}\lambda^2 ik + \frac{d^2u}{2dz^2}\lambda^2 k^2$$

für diese Werthe von x, y, z im Fall des Maximums allezeit negativ und im Fall des Minimums allezeit positiv seyn was für Werthe und wie klein sie auch für λh, λi, λk genommen werden.

Da die Differentialcoefficienten in diesem Ausdruck durch die Substitution von x, y, z einen bestimmten Werth erhalten, so kömmt es darauf an die Umstände zu bestimmen unter denen die Größe

$$Ah^2 + 2Bhi + Ci^2 + 2Dhk + 2Eik + Fk^2 \ldots P$$

niemahls ihr Zeichen verändern kann, wie auch die beliebigen Größen h, i, k beschaffen seyn mögen, selbst wenn auch alle bis auf eine $= 0$ gesetzt werden.

Wir wollen nun der Einfachheit wegen annehmen, daß u nur die beyden veränderlichen Größen x und y enthält, in welchem Fall die der Kürze wegen mit P bezeichnete Größe sich in

$$Ah^2 + 2Bhi + Ci^2$$

verwandelt. Wir wollen zuerst die Bedingungen suchen, unter denen diese Größe beständig positiv oder > 0 seyn muß, weil die für den entgegengesetzten Fall nöthigen Bedingungen daraus leicht folgen werden. Setzt man nun zuerst $i = 0$ so muß A positiv oder > 0 seyn und eben dieses gilt auch von dem Coefficienten C wenn man $h = 0$ setzt, denn wäre z. B. $A = 0$, so würde wenn man auch für i Null setzte, die Größe durch jeden Werth von h ebenfalls Null werden, und folglich wäre es zweifelhaft ob u für die Werthe von x und y allemahl größer oder kleiner als sein Werth u für $x + h$ und y seyn würde. Da man nun ferner das Verhältniß von h und i wie man will nehmen kann, so setze man $h = \pm pi$. Substituirt man diesen Werth für h und dividirt durch i^2, so erhält man $Ap^2 \pm 2Bp + C$ welche also > 0 seyn soll und deshalb nicht $= 0$ werden darf. Setzt man daher umgekehrt $Ap^2 \pm 2Bp + C = 0$ so muß man aus dieser Gleichung für p einen unmöglichen Werth erhalten. Nun wird aber

$$p = \mp \frac{B}{A} \pm \frac{\sqrt{B^2 - AC}}{A}$$ welches unmöglich wird

wenn $AC > B^2$ oder $AC - B^2 > 0$ ist, alsdann wird kein möglicher Werth von p die Größe P zu Null machen können, sondern sie wird allezeit positiv oder negativ seyn je nachdem A und C es sind. Es sind also die Bedingungen des Minimums $A > 0$, $C > 0$, und die des Maximums $A < 0$ $C < 0$ wenn für beyde zugleich $AC - B^2 > 0$ ist. Man siehet leicht, daß diese Bedingungen mit denen im vorhergehenden §. gefundenen einerley sind.

Um die Bedingungen zu finden welche Statt finden müssen wenn die Größe P aus sechs und mehr Gliedern bestehet und sie beständig positiv bleiben soll, würde die Fortsetzung der vorher gebrauchten Schlüsse nicht hinreichen. Man kann aber folgenden Schluß anwenden: Sie muß in diesem Fall nur positive Minima haben. Sucht man also zuerst das Minimum in Bezug auf h so muß $\frac{dP}{dh} = 2Ah + 2Bi + 2Dk +$ rc. $= o$ und $\frac{d^2P}{dh^2} = 2A$ positiv oder $A > o$ seyn. Setzt man nun den Werth von h welcher sich aus der Gleichung $\frac{dP}{dh} = o$ ergiebt in P so wird diese Größe folgende Form erhalten

$$Li^2 + 2Mik + Nk^2 + \text{rc.}$$

worin $L = C - \frac{B^2}{A}$, $M = E - \frac{BD}{A}$ und $N = F - \frac{D^2}{A}$ rc.

Sucht man nun von dieser so verwandelten Größe das Minimum in Bezug auf i, so erhält man den Werth von i aus der Gleichung $Li + Mk +$ rc. $= o$ welcher ein Minimum giebt wenn $L > o$. Dieser so gefundene Werth von i in die obige verwandelte Größe P gesetzt, giebt eine neue Verwandelung worin die Anzahl der willkührlichen Größen wieder um eine vermindert und welche von folgender Form seyn wird

$$Tk^2 + 2Vks + \text{rc.}$$

Verfährt man nun mit dieser in Bezug auf k wie vorher in Ansehung der Größen h und i so erhält man zur Bestimmung von k die Gleichung $2Tk + 2Vs +$ rc. $= o$ und für das Minimum die Bedingung $T > o$. Auf diese Weise fährt man fort bis von den Größen h, i, k, s rc. nur noch eine z. B. s übrig ist, wodurch die Größe P zuletzt in Zs^2 verwandelt wird. Nun wäre noch das positive Minimum in Bezug auf s zu suchen, welches aber augenscheinlich für $s = o$ Statt findet wenn noch $Z > o$ ist. Die Bedingungen eines positiven Minimums sind also $A > o$, $L = C - \frac{B^2}{A} > o$, $T = L - \frac{M^2}{N} > o \ldots$ und $Z > o$ und da die Gleichungen woraus die Größen h, i, k, s bestimmt werden, sämmtlich lineär sind, so ist es das einzige welches Statt finden kann, und es muß also dann die Größe P beständig positiv seyn.

Wenn die Coefficienten A, B, C ꝛc. sämmtlich einzeln = o werden, so müssen auch alle Coefficienten der dritten Divension einzeln = o werden, falls ein Maximum oder ein Minimum soll Statt finden können, und es kommt dann auf die Summe der Glieder von der vierten Divension an, welches von beyden wirklich Statt findet.

Durch die Lehre vom Größten und Kleinsten können eine Menge der schönsten Probleme, besonders von den isoperimetrischen Figuren aufgelöset werden. Beyspiele von dem hier gezeigten Verfahren findet man im §. 106 und 117.

Zweyter Abschnitt.

Anwendung der Analysis auf die höhere Geometrie.

Erstes Kapitel.

Von den Curven und Flächen überhaupt.

§. 64.

Die Anwendung der Funktionen auf geometrische Größen, ist sehr geschickt die Natur derselben in ein grösseres Licht zu setzen, so wie umgekehrt wieder die geometrischen Untersuchungen durch die Theorie der Funktionen aufgeklärt werden.

Bekanntlich kann jede Gleichung zwischen zweyen veränderlichen Größen durch eine Linie in einer Ebene dargestellt werden. Die Eigenschaften dieser Linien welche unter den gemeinschaftlichen Nahmen der Curven begriffen werden, bieten ein unabsehbares Feld von Betrachtungen dar. Sie zerfallen nach Verschiedenheit der höchsten Dimension der Gleichungen welche sie darstellen in eben so viele Ordnungen wovon jede in gewissen Eigenschaften übereinstimmt.

Eben so wird jede Gleichung zwischen dreyen Variabeln durch eine Fläche dargestellt welche wiederum die nemlichen Verschiedenheiten darbieten und worunter so wohl die Ebenen, als die verschiedenen krummen Oberflächen gehören, sie seyn nun in sich selbst zurücklaufend so daß sie einen körperlichen Raum begrenzen, oder sie strecken sich nach allen Seiten ins Unendliche.

Gewöhnlich werden in solchen Gleichungen die Variabeln durch grade einander rechtwinklichte Linien vorgestellt die man Coordinaten nennt und welche von einem gemeinschaftlichen Anfangspunkt angerechnet werden.

Wenn man sich durch den Anfangspunkt der Coordinaten grade Linien mit ihnen parallel vorstellt, so sind dieses die Axen, deren Lage allezeit bekannt ist. Bildet man sich durch je zwey dieser Axen eine Ebene ein, so enstehen bey drey Axen eben so viel auf einander senkrechte Ebenen und die Coordinate eines jeden Punktes der Fläche sind die Abstände dieses Punktes von jeder der drey vorgedachten Ebenen.

Im Allgemeinen ist eine Curve als der Durchschnitt zweyer Flächen anzusehn. Die für jede dieser Flächen besonders Statt findende Gleichungen müssen also für die Curve zu gleicher Zeit Statt finden und daher kann im Allgemeinen eine Curve durch ein System zweyer Gleichungen zwischen dreyen Variabeln ausgedrückt werden. Ist eine dieser Flächen eine Ebene, so ist die Curve von einfacher, wo nicht, so ist sie von doppelter Krümmung.

Wenn ein System zweyer Gleichungen zwischen x, y und z für eine Curve gegeben ist, so kann im Allgemeinen ein System von den drey folgenden Gleichungen darans abgeleitet werden: $z = \varphi x$, $z = \varphi y$ und $y = \varphi x$, wovon aber zwey zur Bestimmung der

Curve schon hinreichend sind. Diese Gleichungen drücken alsdann die Projection der Curve auf die Ebenen der z und x, der z und y und der y und x aus *).

§. 65.

Veränderung der Coordinaten.

Ist eine Gleichung für eine krumme Fläche zwischen den drey Coordinaten x, y und z gegeben, so läßt sie sich durch die gewöhnlichen algebraischen Operationen mit Hülfe der Trigonometrie in eine andere Gleichung zwischen den Coordinaten x', x', z' verwandeln, deren Lage nnd Anfangspunkt von denen der vorhergehenden verschieden ist, so daß dadurch die nehmliche krumme Fläche ausgedrückt wird. Durch den neuen Anfangspunkt dessen Coordinaten in Bezug auf das erste System von Coordinaten gegeben seyn müssen, werden drey neue beständige Größen, durch die Aenderung der Lage der Coordinaten werden drey neue beständige Winkel eingeführt, und es ist leicht enzusehen, daß durch die Einführung dieser sechs beständigen Größen, die Form der Gleichung unverändert bleibt. Man kann also diese sechs beständigen Größen so bestimmen, daß sechs Glieder in der neuen Gleichung verschwinden, wodurch große Vereinfachungen entstehen.

---

*) Wenn man in einer Gleichung für eine krumme Fläche zwischen den Coordinaten z, y, x einer der unabhängigen Variabeln y und x z. B. x einen bestimmten Werth giebt, so kann man diesen Werth unverändert beybehalten und nunmehr dem y alle möglichen Werthe beylegen. Man erhält dann eine Gleichung zwischen z und y in der x nun als beständig angesehn wird. Diese wird alsdann eine Curve verstellen welche durch den Schritt der krummen Fläche mit einer der Ebene der z und y parallelen und durch den Endpunkt von x gehenden Ebene gebildet wird.

Durch das nehmliche Verfahren kann, wenn eine ebene Curve durch ein System zweyer Gleichungen dargestellt wird, wovon also eine eine Ebene vorstellt, eine einzige Gleichung für gedachte Curve gefunden werden. Bringt man nehmlich die Gleichung für die krumme Fläche durch deren Schnitt mit der Ebene die Curve entsteht, auf eine solche Gleichung zwischen rechtwinklichten Coordinanten, x', y', z' wovon zwey z. B. x', y' in der Ebene liegen die durch die zweyte Gleichung vorgestellt wird, so erhält man eine Gleichung in der man nur z' = o setzen darf, um eine Gleichung zwischen x' und y' zu haben, welche die plane Curve darstellt.

Eine Curve sowohl als eine krumme Fläche kann auch auf eben die Art entworfen werden, wenn jede ihrer Coordinaten x, y, z eine Funktion einer und derselben unabhängigen Variabeln t ist. Dieses ist besonders in der Mechanik bey Bewegung eines Punkts der Fall, wo jede der Ordinaten der von dem Punkt beschriebenen Linie eine Funktion der Zeit t ist.

§. 66.

Man kann auch eine ebene Curve durch Polarordinaten (Radii vectores) construiren, welche alle aus einem Punkte in der Ebene (Pol) gezogen werden und deren Länge als Funktion desjenigen Winkels den jede derselben mit einer der Lage nach unveränderlichen Linie (Axe) macht, vermittelst der gegebenen Gleichung bestimmt werden, und welcher Winkel (Polarwinkel) also durch die andere Variable bezeichnet wird.

Um eine krumme Fläche durch Polarordinaten auszudrücken, braucht man noch einen Winkel. Dieses ist der Neigungswinkel derjenigen Ebene welche durch die Ordinate und der festen Axe gehet, mit einer unveränderlichen ebenfalls durch die Axe gehenden Ebene. Die Ordinate ist alsdann Funktion dieses Winkels und desjenigen den sie selbst mit der Axe bildet.

Es ist leicht eine Gleichung zwischen rechtwinklichten Coordinaten in eine zu verwandeln worin die Ordinaten polarisch sind, und umgekehrt, wobey aber eine Veränderung der Form vorgeht.

Man kann auch statt der rechtwinklichten Ordinaten schiefwinklichte gebrauchen, welches aber nur zur Entdeckung gewisser Eigenschaften dient. Dies ist zum Theil auch der Zweck wenn man eine Gleichung zwischen rechtwinklichten Coordinaten in andere für gleichliegende C ordinaten verwandelt die sich auf einen andern Anfangspunkt beziehen.

Zur Aufsuchung vieler Eigenschaften und Auflösung einiger Aufgaben die Curven und krummen Flächen betreffend, sind die gewöhnlichen analytischen Operationen nnd selbst synthetische Methoden hinreichend, welche einen Theil desjenigen ausmachen was man die höhere Geometrie nennt. Die Erkenntniß anderer Eigenschaften aber und die Lösung mehrerer Aufgaben als die Bestimmung der Lage der Tangenten, der berührenden Flächen, der Krümmungshalbmesser, die Rectificationen, Quadraturen und Cubaturen stehn mit der Theorie der Differentialgleichungen in der genauesten Verbindung, und werden daher vorzüglich der Gegenstand der nachfolgenden Untersuchungen seyn.

Zweytes Kapitel.

Von den ebenen Curven.

§. 67.

Da die mehrsten Gleichungen dieser Curven zwischen rechtwinklichten Ordinaten theils von selbst unter der aufgelöseten Form $y = Fx$ erscheinen, theils aber durch Veränderung der Coordinaten oder auf andere Art auf diese Form gesetzt werden können, so wird am natürlichsten diese Form bey der Untersuchung ihrer Eigenschaften voraus gesetzt. Es sey also $y = Fx$ die Gleichung einer gewissen Curve worin x die Abscisse und y die Ordinate bedeutet, so kann y für jedes x mehrere, ja selbst eine Unendliche Zahl von Werthen erhalten, und es wird leicht seyn diejenigen Werthe von y zu entdecken welche für alle Werthe von x zusammen gehören und welche entweder eben so viele Zweige oder besondere von einander zu unterscheidende Theile der Curven bilden. Man kann zuförderst einen solchen Theil oder Zweig für sich besonders betrachten und diese Betrachtungen bey den übrigen wiederhohlen welches eben so viel ist als die Gleichung für die Curven als einförmig anzunehmen oder nur eine gewisse Klasse von Ordinaten derselben zuerst zu betrachten.

§. 68.

Dieses vorausgesetzt wird man leicht finden, daß wenn man eine andere Curve hat deren Gleichung $y = fx$ ist, diese mit der vorigen nicht anders einen Punkt gemeinschaftlich haben könne, als wenn man bey einerley Anfangspunkt der Abscissen, in beyden für eine gewisse Abscisse x' eine und dieselbe Ordinate y' erhält. Es muß also für diese Abscisse $fx' = Fx'$ seyn und es muß diese Gleichung entweder von selbst Statt finden oder man muß x' oder irgend eine der Constanten so bestimmen, daß derselben Genüge geschehe.

Diese beyden Curven können nun in Ansehung der übrigen ihrer Punkte sehr von einander verschieden seyn, und man wird diese Verschiedenheit auf der dem Anfangspunkt der Abscissen entgegengesetzten Seite der Ordinate y' erkennen, wenn man die beyden Funktionen Fx' und fx' nach der beliebigen Zunahme $\Delta x'$ von x' entwickelt. Man erhält alsdann für die Differenz der beyden zu der Abscisse $x' + \Delta x'$ gehörigen Ordinaten

$$F(x' + \Delta x') - f(x' + \Delta x') = (F'x' - f'x') \Delta x' + (F''x' - f''x') \frac{\Delta x'^2}{2} + (F''x' - f'''x') \frac{\Delta x'^3}{2 \cdot 3} + \text{etc.}$$

Wenn diese Ordinaten reel und nicht für jeden Werth von $\Delta x'$ einander gleich sind (in welchem Fall die Gleichung $Fx = fx$ identisch seyn und folglich beyde Curven zusammenfallen würden) kann ihre Differenz bloß zufällig $= 0$ seyn. In diesem Fall wird man durch Verkleinerung von $\Delta x'$ eine endliche Differenz finden. Eben dieses wird der Fall seyn wenn für irgend einen Werth von $\Delta x'$ die Ordinaten entweder beyde oder eine derselben unendlich würde. Man wird ferner $\Delta x'$ so klein nehmen können, daß jedes der Glieder, so lange es nicht $= 0$ wird, in der vorgefundenen Differenz größer ist als die Summe aller nachfolgenden Glieder, und es folgt daraus, daß in der Nähe des Durchschnittspunkts die Differenz der Ordinate desto kleiner seyn wird, je mehr von den ersten Gliedern derselben verschwinden, daß heißt je mehr von den Factoren $(F'x' - f'x')$, $(F''x' - f''x')$ etc. $= 0$ werden. Auch wird das

Zeichen des ersten, der übrigbleibenden Glieder zu erkennen geben, welche von beyden Curven mit ihren zunächst dem Durchschnittspunkt liegenden Punkten der Abscissen Axe näher liegt als die andere. Wenn man daher einigen der Gleichungen $F'x' - f'x' = 0$, $F''x' - f''x' = 0$ ꝛc. durch Bestimmung der Constauten Genüge thut, so kann man verschiedene Grade der Annäherung bey beyden Curven zu Wege bringen, so daß keine andere durch den nehmlichen Schnittpunkt gehende Curve zwischen beyden liegen kann, wenn sie nicht eben solchen Gleichungen Genüge thut. Es sey z. B. die Gleichung einer dritten Curve $s = \varphi x$, so muß man vermöge des gemeinschaftlichen Durchschnittpunkts $Fx' = fx' = \varphi x'$ haben. Ferner sey $D = F(x' + \Delta x') - f(x' + \Delta x')$ die absolute Differenz der zu $x + \Delta x'$ gehörigen Ordinaten in den beyden ersten Curven und $\mathfrak{D} = F(x' + \Delta x) - \varphi(x' + \Delta x')$ die absolute Differenz der zu eben der Absciffe gehörigen Ordinaten der ersten und letzten Curve, so ist klar, daß die letzte mit ihren zu nächst an dem Durchschnittspunkt liegenden Theilen nicht anders zwischen den beyden ersten Curven fallen kann, als wenn für eine gewisse Anzahl von Werthen von $\Delta x'$, von 0 angerechnet allemahl $D > \mathfrak{D}$ ist. Nun ist dieses nur so lange möglich als die Entwickelungen von D und von $\mathfrak{D}$ in den niedrigsten Potenzen von $\Delta x'$ übereinstimmen. Denn es sind diese Entwickelungen

$$D = (F'x' - f'x')\,\Delta x' + (F''x' - f''x')\,\frac{\Delta x'^2}{2} + (F'''x' - f'''x')\,\frac{\Delta x'^3}{2 \cdot 3} \text{ ꝛc.}$$

$$\mathfrak{D} = (F'x' - \varphi'x')\,\Delta x' + (F''x' - \varphi''x')\,\frac{\Delta x'^2}{2} + (F'''x' - \varphi'''x')\,\frac{\Delta x'^3}{2 \cdot 3} \text{ ꝛc.}$$

Wäre nun für die beyden ersten Curven der Coefficient von $\triangle x'$ oder $(F'x' - f'x') = o$, ohne daß der Coefficient von $\triangle x'$ in $\mathfrak{D}, = o$ würde, so würde man $\triangle x$ allezeit so klein nehmen können, daß $\mathfrak{D} > D$ wäre, und es würde dann für alle kleinere Werthe von $\triangle x'$ immer $\mathfrak{D} > D$ seyn. Die dritte Curve fiele also zunächst des Durchschnittspunktes ganz außerhalb der beyden andern. Soll sie also dazwischen fallen können, so muß auch $F'x' - \varphi'x' = o$ oder $F'x' = \varphi'x'$ seyn.

Die nehmlichen Schlüsse finden ihre Anwendung wenn die beyden ersten Curven so nahe zusammen fallen, daß auch $F''x' - f''x' = o$ wird, und man wird sich leicht überzeugen, daß auch alsdann, damit die dritte zwischen die beyden ersten fallen könne $F''x' - \varphi''x' = o$ seyn müsse.

§. 69.

Nimmt man für die zweyte Curve eine grade Linie deren Gleichung bekanntlich $y = fx = a + bx$ ist, so muß, wenn die Ordinate derselben welche zu eine gewissen Abscisse x' gehört mit derjenigen Ordinate übereinkommen soll, welche die Gleichung $y = Fx$ der Curve für $x = x'$ giebt, $Fx' = a + bx'$ seyn und man wird dieser Gleichung Genüge thun bönnen, indem man eine der Constanten a oder b dem gemäß bestimmt. Die andern dieser Constanten wird man willkührlich annehmen, und folglich eine unendliche Menge von graden Linien ziehen können, welche mit der Curve einen gemeinschaftlichen Durchschnittspunkt haben.

Man kann aber die zweyte Constante auch so bestimmen, daß man nicht allein $Fx' = a + bx'$ sondern auch $F'x' = f'x' = \frac{d \,.\, a + bx'}{dx'}$ hat. Dieses giebt $F'x'$

$= \frac{dFx'}{dx'} = b$. Setzt man diesen Werth in die erste Gleichung so bestimmt sich dadurch a und die Gleichung für die grade Linie ist völlig bestimmt, sie wird nehmlich $y = y' + \frac{dy'}{dx'}(x - x')$ und es ist daher nur eine einzige grade Linie möglich welche einen Punkt mit der Curve gemein hat und bey der zugleich das Differentialverhältniß $\frac{dy'}{dx'}$ mit dem bey der Curve einerley ist. Es kann auch keine andere grade Linie zwischen der erstern und der Curve durch den gemeinschaftlichen Durchschnittspunkt gezogen werden, denn für diese müßte man nach dem vorigen §. die nehmlichen Bestimmungsstücke haben wodurch man für sie die nehmliche Gleichung erhielte und sie also mit der erstern zusammenfiele.

§. 70.

Dieser Eigenschaft wegen, vermöge welcher diese grade Linie bey dem gemeinschaftlichen Durchschnittspunkt der Curve so nahe liegt daß keine andere grade Linie zwischen beyden gezogen werden kann, nennt man sie eine Berührungslinie (Tangens), deren Entstehung man sich auch so vorstellen kann, als hätte man eine grade Linie welche die Curve in zweyen oder mehrern Punkten schneidet um einen dieser Punkte, so gedrehet, daß der dem Drehepunkt zunächst gelegene Durchschnittspunkt mit ihm endlich zusammen gefallen wäre.

Da $\frac{dy'}{dx'} = \frac{dy'}{dx'} = b$ die trigonometrische Tangente desjenigen Winkels ist, den die bis zur Abscissaxe verlängerte Berührungslinie mit der Abscissenaxe macht, so wird man die Lage dieser Linie am einfachsten dadurch bestimmen können, wenn man den Abstand des vorgedachten Durchschnittspunkts von dem Fußpunkt der Ordinate bestimmt. Dieser Abstand ist das was man die Subtangente nennt und man findet dieselbe durch den Ausdruck $y' : \frac{dy'}{dx'} = y' \frac{dx'}{dy'}$. Auf diese Art ist die Lage der Tangente bey jeder Curve sehr leicht zu bestimmen.

Bestimmung der Tangenten und Normalen durch die Subtangente und Subnormale.

Eben so, um die Lage einer graden Linie zu bestimmen, welche durch den Berührungspunkt geht und winkelrecht auf die Tangente steht, hat man nur nöthig die Entfernung des Durchschnittspunkts derselben mit der Axe der Abscissen vom Fußpunkt der Ordinate zu wissen. Diese findet sich $= y' . \frac{dy'}{dx'}$ wobey zu merken, daß sie mit der Subtangente allemahl eine entgegengesetzte Lage haben muß. Man findet leicht die Gleichung für diese Normale in Bezug auf den nehmlichen Anfangspunkt. Nimmt man nehmlich für diese Gleichung $y = \alpha + \beta\ x$ so muß sie für $x = x'$, $y = y'$, und für $x = x' + y' \frac{dy'}{dx'}$, $y = 0$ geben, dieses giebt $\alpha = y' + \frac{x'}{\frac{dy'}{dx'}}$ und $\beta = - \frac{1}{\frac{dy'}{dx'}}$ folglich

$$y = y' + (x' - x) : \frac{dy'}{dx'}.$$

Wenn x keine unabhängige Variable ist, sondern so wohl x als y Funktionen einer dritten unabhängigen Variabeln t sind, so darf man nur das Differentialverhältniß $\frac{dy'}{dx'}$ dem gemäß abändern. Da nehmlich nun $\frac{dy'}{dt'} = \frac{dy'}{dx'} \frac{dx'}{dt'}$ so wird $\frac{dy'}{dx'} = \frac{dy'}{dt'} : \frac{dx'}{dt'}$.

§. 71.

Nimmt man zur zweyten Curve einen Kreis, dessen allgemeinste Gleichung $r^2 = (x - a)^2 + (y - b)^2$ oder $y = fx = b + \sqrt{r^2 - (x-a)^2}$ wo a und b die Coordinaten des Mittelpunkts vorstellen so muß man, wenn derselbe für die Abscisse x' mit der Curve welche die Gleichung $y = Fx$ darstellt einen gemeinschaftlichen Durchschnittspunkt haben soll $Fx' = fx' = b + \sqrt{r^2 - (x'-a)^2}$ haben. Soll überdem $F'x' = f'x'$ seyn, so muß man $F'x' = -\frac{x'-a}{y'-b} = -\frac{x'-a}{\sqrt{r^2-(x'-a)^2}}$ haben und man kann vermittelst dieser beyden Gleichungen die beyden Constanten a und b bestimmen und man findet

$$a = x' + \frac{r\frac{dy'}{dx'}}{\sqrt{\left(1+\left(\frac{dy'}{dx'}\right)^2\right)}} \text{ u. } b = y' - \frac{r}{\sqrt{1+\left(\frac{dy'}{dx'}\right)^2}} \quad A$$

Wenn der Halbmesser r gegeben ist, so ist also die Gleichung für den Kreis bis auf die Duplicität der Wurzelgröße völlig bestimmt, woraus man sieht, daß es zwey einandergleiche aber der Lage nach verschiedene Kreise giebt, welche mit der gegebenen Curve an einem Punkte ein y' und $\frac{dy'}{dx'}$ gemein haben. Sind a, b und a', b' die Coordinaten der Mittelpunkte dieser beyden Kreise so ist $x' - a : y' - b = a' - x' : b' - y'$ folglich $a' - a : b' - b = x' - a : y' - b$ woraus sich ergiebt, daß ihre Mittelpunkte in einer graden durch den gemeinschaftlichen Durchschnittspunkt gehenden Linie auf entgegengesetzten Seiten desselben liegen.

Es kann auch kein Kreis von demselben Halbmesser aber einer andern Lage die Eigenschaften der beyden vorgedachten

gedachten haben, weil man für ihn die nehmlichen Bedingungen, also auch die nehmliche Gleichungen und folglich dieselben Constanten a, a', b, b' finden würde. Dieserwegen nennt man die oben bestimmten Kreise **Berührungskreise**.

Ist der Halbmesser r nicht gegeben, so kann man denselben willkührlich annehmen, und man wird also eine unendliche Menge von Berührungskreisen erhalten. Da man r aus den beyden Gleichungen für a und b eliminiren kann, so wird man eine Gleichung erhalten welche für alle diese Berührungskreise gelten muß. Diese Gleichung ist $b = y' + (x' - a) : \frac{dy'}{dx}$ welches die Gleichung einer graden Linie ist, und man siehet, daß sie mit der Gleichung für die Normale im vorigen §. übereinkommt wenn man $y = b$ und $x = a$ setzt. Die Mittelpunkte aller Berührungskreise liegen daher in einer graden Linie und zwar in der Normalen. Alle Berührungskreise haben daher mit der gegebenen Curve in dem Durchschnittspunkt eine gemeinschaftliche Berührungslinie.

Es kann aber auch der Halbmesser r so bestimmt werden, daß die Gleichung für den Berührungskreis mit der Gleichung der Curve auch noch den zweyten Differentialcoefficienten $\frac{d^2y'}{dx'^2}$ gemein habe, so daß man also $F''x' = f''x' = \frac{-r^2}{[r^2-(x'-a)^2]^{\frac{3}{2}}}$ hat. Setzt man hierin für $(x'-a)^2$ seinen oben gefundenen Werth, so erhält man $\frac{d^2x'}{dx'^2} = \frac{\left(1+\left(\frac{dy'}{dx'}\right)^2\right)^{\frac{3}{2}}}{r}$ folglich $r =$

K

$\left(1+\left(\frac{dy'}{dx'}\right)^2\right)^{\frac{3}{2}} : \frac{d^2y'}{dx'^2}$ und wenn man diesen in a und b substituirt so erhält man

$$a = x' + \frac{\left(1+\left(\frac{dy'}{dx'}\right)^2\right)\frac{dy'}{dx'}}{\frac{d^2y'}{dx'^2}} \text{ u. } b = y' - \frac{1+\left(\frac{dy'}{dx'}\right)^2}{\frac{d^2y'}{dx'^2}} \ldots B$$

Nun ist also die Gleichung für den Berührungskreis völlig bestimmt, und wenn man für a, b und r die gefundenen Werthe setzt, so fällt die Duplicität von r weg und es giebt daher nur éinen einzigen Kreis welcher die gegebene Curve an einem Punkte so berührt, daß zugleich auch in beyden $\frac{d^2y'}{dx'^2}$ einerley ist. Es ist nun kein anderer Berührungskreis möglich welcher zwischen ihm und der gegebenen Curve gezogen werden könnte, denn man würde für diesen Kreis die nehmlichen Bestimmungen erhalten und er würde also mit dem vorigen zusammenfallen. Dieser Berührungskreis kommt also unter allen möglichen der Curve in der Nähe des Durchschnittspunktes am nächsten, er hat also in Ansehung dieser Kreise die nehmliche Eigenschaft als die Tangente unter allen graden Linien die durch den gemeinschaftlichen Durchschnittspunkt gehen können. Man nennt ihn **Krümmungskreis** (circulus osculator vel circulus osculi) *) und den Halbmesser desselben den **Krümmungshalbmesser** (radius osculi).

Wenn man in den Gleichungen B den constanten Grössen x', y', $\frac{dy'}{dx'}$, $\frac{d^2y'^2}{dx'^2}$ nach und nach alle mögliche

*) Diese in ihrer Art vielleicht einzige Benennung in der Mathematik, rührt wahrscheinlich von einem poetischen Mathematiker her.

Werthe giebt, welche sie bey der vorgegebenen Curve haben können, so erhält man dadurch eine Curve worin alle Mittelpunkte der Krümmungskreise befindlich sind und die man die **Curve der Krümmungsmittelpunkte** nennen kann. Diese Curve wird also durch zwey Gleichungen bestimmt, wovon die eine die Abscissen die andere die Ordinaten ausdrückt. Da aber a und b blos durch Funktionen von x folglich auch durch x selbst ausgedrückt sind, so kann im Allgemeinen durch die Elimination von x die Gleichung der Curve der Krümmungspunkte zwischen den Coordinaten a und b dargestellt werden.

Die Gleichung für die Normale $b = y' - (x' - a) : \frac{dy'}{dx'}$ welche ebenfalls aus den beyden Gleichungen B abgeleitet werden kann, indem man $\left(1 + \frac{dy'}{dx'}\right) : \frac{d^2y'}{dx'^2}$ eliminirt, wird, wenn man den Constanten x', y' und $\frac{dy'}{dx'}$ nach und nach alle Werthe giebt welche sie bey der vorgegebenen Curve haben können, die unendliche Menge von Normalen darstellen, welche bey der Curve Statt finden kann. Von diesen Normalen werden sich je zwey zunächst liegende schneiden, weil die Tangenten worauf sie senkrecht sind sich schneiden. Da der Halbmesser der Krümmung sich von einem Punkt der Curve zum andern nur durch unmerkliche Abstuffungen ändert, so muß der Mittelpunkt der Krümmung in dem Durchschnittspunkt von je zweyen zunächst liegenden Normalen befindlich seyn. Alle Durchschnitte welche man auf diese Art erhält, bilden dann die Curve der Krümmungsmittelpunkte.

Da man weiß, daß der Mittelpunkt des Krümmungskreises allemahl in die Normale fällt, so ist nur nöthig die Länge des Krümmungshalbmessers zu bestimmen, welches nach der Formel $r = \left(1 + \left(\frac{dy'}{dx'}\right)^2\right)^{\frac{3}{2}} : \frac{d^2y'}{dx'^2}$ geschiehet. Ist x nicht unabhängig sondern sowohl x als y Funktionen von t so setzt man nach §. 15. statt $\frac{dy'}{dx'}$, $\frac{dy'}{dt'} : \frac{dx'}{dt'}$, und statt $\frac{d^2y'}{dx'^2}$, $\left(\frac{d^2y'}{dt'^2} \cdot \frac{dx'}{dt'} - \frac{dy'}{dt'} \cdot \frac{d^2x'}{dt'^2}\right) \left(\frac{dx'}{dt'}\right)^3$ und es wird dann

$$r = \left(\left(\frac{dx'}{dt'}\right)^2 + \left(\frac{dy'}{dt'}\right)^2\right)^{\frac{3}{2}} : \left(\frac{d^2y'}{dt'^2} \cdot \frac{dx'}{dt'} - \frac{d'^2x}{d't^2} \cdot \frac{dx'}{dt'}\right)$$

oder indem man Dividend und Divisor durch dt^3 dividirt $r = \frac{(dx^2 + dy^2)^{\frac{3}{2}}}{d^2y\,dx - dy\,d^2x}$. Der Krümmungskreis oder dessen Halbmesser giebt uns eine Vorstellung von der größern oder kleinern Krümmung einer Curve. Der Krümmungshalbmesser einer graden Linie wird $= \pm \infty$

Ist die Gleichung für die Curve durch Polarcoordinaten gegeben, so muß man auch den Kreis durch solche Coordinaten ausdrücken. Zu dem Ende darf man nur für den Kreis die allgemeine Gleichung $v^2 - 2av \cos(\omega - \alpha) + a^2 = r^2$ nehmen, wo a die Entfernung des Mittelpunktes vom Pol und α der Winkel ist den diese Line mit der festen Axe macht.

§. 72.

Diese Methode die Constanten einer Gleichung für eine Curve so zu bestimmen, daß die Curve mit einer andern für einen gewissen gemeinschaftlichen Punkt die Differentialcoefficienten $\frac{dx'}{dx'}$, $\frac{d^2y'}{dx'^2}$ ꝛc. gemein habe, läßt sich allgemein so vorstellen. Es sey $u = o$ eine Gleichung für eine Curve deren Coordinaten x und y und $U = o$ die Gleichung einer andern Curve von den nehmlichen Coordinaten welche zugleich die Constanten a, b, c rc. enthält. Sollen beyde für eine gewisse Abscisse x' eine dazu gehörige Ordinate y' gemeinschaftlich haben, so darf man nur in $U = o$ für x, x' und für y den zu x' in der Gleichung $u = o$ gehörigen Werth y' setzen und eine der Constanten so bestimmen, daß dieser Gleichung Genüge geschehe. Soll nun ferner auch $\frac{dy'}{dx'}$ in der zweyten Curve mit dem in der ersten übereinstimmen, so setze man in $dU = o$, x', y' und $\frac{dy'}{dx'}$ für x, y, $\frac{dy}{dx}$ wo $\frac{dy'}{dx'}$ ebenfalls aus der Gleichung $u = o$ derivirt worden, und bestimme vermittelst der beyden Gleichungen $U = o$ und $dU = o$ zwey der Constanten z. B. a und b so daß ihnen Genüge geschehe. Sollen ferner beyde Curven auch das nehmliche $\frac{d^2y'}{dx'^2}$ haben, so setze man noch in $d^2U = o$, x', y', $\frac{dy'}{dx'}$, $\frac{d^2y'}{dx'^2}$ für x, y, $\frac{dy}{dx}$, $\frac{d^2y}{dx^2}$ wo auch $\frac{d^2y'}{dx'^2}$ aus der Gleichung $u = o$ dirivirt worden, und bestimme vermittelst der drey Gleichungen $U = o$ $dU = o$ und $d^2U = o$ drey der Constanten z. B. a, b, c u. s. w. Es ist klar, daß nur so viele von den Größen y', $\frac{dy'}{dx'}$, $\frac{d^2y'}{dx'^2}$ rc. für ein gewisses x' zur Uebereinstimmung in beyden Curven gebracht werden können, als in der Gleichung $U = o$, Constanten vorhanden sind, wenn anders diese Gleichungen eben so viel von den Größen y, $\frac{dy}{dx}$, $\frac{d^2y}{dx^2}$ rc. mit sich bringen.

Man kann die verschiedenen Grade der Annäherung beyder Curven welche durch die Uebereinstimmung der Größen $\frac{dy'}{dx'}$, $\frac{d^2x'}{dx'^2}$ ꝛc. entstehen, Berührungen der ersten, zweyten und dritten ꝛc. Ordnung, und die Constanten Elemente der Berührung nennen.

Eine grade Linie kann daher nur eine Berührung der ersten Ordnung mit einer Curve haben, ein Kreis hingegen eine Berührung der zweyten Ordnung.

§. 73.

Sucht man gegentheils eine Curve welche mit einer Gegebenen eine Berührung von einer gewissen Ordnung hat, so sind für die Gleichung dieser Curve die Größen x', y', $\frac{dy'}{dx'}$, $\frac{d^2y'}{dx'^2}$ als so viele beständige Größen gegeben. Nimmt man nun den Anfangspunkt der Abscissen im gegebenen Durchschnittspunkt und nennt p die Abscisse, q die Ordinate der gesuchten Curve so hat man

$$q = p\left[\frac{dq}{dp}\right] + \frac{p^2}{2}\left[\frac{d^2q}{dp^2}\right] + \frac{p^3}{2.3}\left[\frac{d^3q}{dp^3}\right] + \text{ꝛc.}$$

wo die eingeschlossenen Coefficienten diejenigen Werthe bedeuten welche sie erhalten wenn $p = 0$ wird. Diese Werthe sollen nun eben diejenigen seyn welche in der ersten Curve entstehen wenn man x', y' statt x, y setzt. Folglich hat man $q = p\frac{dy'}{dx'} + \frac{p^2}{2}\frac{d^2y'}{dx'^2} + \frac{p^3}{2.3}\frac{d^3y'}{dx'^3}$ für die Gleichung der gesuchten Curve, welche wenn man sie auf den vorhergehenden Anfangspunkt zurück führt und also $(x - x')$ für p, und $(y - y')$ für q setzt, sich in folgende verwandelt

$$y = y' + (x - x')\frac{dy'}{dx'} + \left(\frac{x - x'}{2}\right)^2 \frac{d^2y'}{dx'^2} \ldots$$

welche Curve zugleich die einfachste ist, weil die Gleichung durch die möglichst kleinste Zahl von Constanten ausgedrückt ist welche von der Ordnungszahl der Berührung abhängt. Man sieht auch, daß sie parabolisch ist.

§. 74.

Diese Folgerungen haben ihre Richtigkeit in der Voraussetzung, daß die gegebenen Gleichungen der Entwickelung in Reihen nach der allgemeinen Form §. 6. fähig sind. Da aber hier ein besonderer Werth für x nehmlich x′ gesetzt wird, so kann diese Form eine Abänderung erleiden. Man weiß aber aus den im §. 34. gemachten Bemerkungen daß alsdann die Funktion $F(x' + \triangle x)$ so lange sie einen reellen Werth hat in folgende allgemeine Form entwickelt werden kann $Fx' + A\triangle x^{\mu} + B\triangle x^{\nu} + C\triangle x^{\lambda} \ldots$ wo A, B, C rc. Funktionen von x und die Exponenten aufsteigend sind, so daß die größten negativen die ersten sind. Da man nun die Funktion fx, eben so entwickeln kann so wird man $f(x' + \triangle x) = fx' + a\triangle x^{m} + b\triangle x^{n} + c\triangle x^{\lambda}$ erhalten und man wird sich durch die nehmlichen Schlüsse überzeugen, daß man für eine gemeinschaftliche Ordinate $Fx' = fx'$, für eine Berührung der ersten Ordnung $A\triangle x^{\mu} = a\triangle x^{\mu}$, für eine Berührung der zweiten Ordnung noch überdem $B\triangle x^{\nu} = b\triangle x^{n}$ u. s. w. haben müsse. Die erste Bedingung kann allemahl durch die Bestimmung einer Constante in fx′ erhalten werden. Die zweyte Bedingung kann nicht anders erhalten werden als wenn man $m = \mu$ hat, welches von der Natur der Funktion fx′ abhängt. Wenn aber $m = \mu$ so kann $a = A$ durch Bestimmung einer zweiten Constanten erhalten werden, u. s. w. Man wird sich hierbei auf die nehmliche Art versichern, daß wenn z. B. die beyden ersten Bedingungen erfüllt sind, keine dritte Curve bey der $\varphi(x' + \Delta x') = \varphi x' + \alpha \Delta x^p + \beta \Delta x^q + \gamma \Delta x^r \ldots$ durch den nehmlichen Durchschnittspunkt zwischen den beyden andern gezogen werden könne, wenn man nicht außer $\varphi x' = F'x = f'z$, auch $\alpha \Delta x^p = A \Delta x^\mu$ daß ist $\alpha = A$ und $p = \mu$ hat. Denn es ist die Differenz der Ordinaten $F(x' + \Delta x) - f(x' + \Delta x)$ bey den beyden ersten Curven $D = B\Delta x^\nu - b\Delta x^n + C\Delta x^\lambda + c\Delta x^l \ldots\ldots$ u. die Differenz der Ordinaten $F(x' + \Delta x) - \varphi(x' + \Delta x)$ der ersten und dritten Curve wird $\mathfrak{D} = A\Delta x^\mu - \alpha\Delta x^p + B\Delta x^\nu - b\Delta x^q + C\Delta x^\lambda - \gamma\Delta x^r \ldots$ Nun muß $\mathfrak{D} < D$ und überdem beydes einerley Zeichen haben, wenn die dritte Curve zwischen den beyden durchgehen soll. Wenn aber auch die letzte Bedingung Statt findet so wird man doch Δx immer so klein nehmen können, daß $\mathfrak{D} > D$ so lange nicht $a\Delta x^p = A\Delta x^\mu$. Denn in der Reihe für $\mathfrak{D}$ muß entweder μ oder p der kleinste von allen den Exponenten seyn. Es sey μ dieser kleinste Exponent so wird, wenn man D und $\mathfrak{D}$ durch Δx^μ dividirt

$$D = \Delta x^\mu (B\Delta x^{\nu-\mu} - b\Delta x^{n-\mu} + C\Delta x^{\lambda-\mu} - c\Delta x^{l-\mu} \ldots\ldots) \text{ und}$$

$$\mathfrak{D} = \Delta x^\mu (A - \alpha\Delta x^{p-\mu} + B\Delta x^{\nu-\mu} - b\Delta x^{q-\mu} \ldots\ldots)$$

wodurch alle Exponenten außer μ positiv werden müssen. Nun ist der Coefficient von Δx^μ in D eine mit Δx ohne Ende abnehmende Größe, der von Δx^μ in $\mathfrak{D}$ aber ist wegen der Constanten A nicht ohne Ende abnehmend woraus erhellt, daß erstere kleiner als letztere werden kann und folglich kann auch $D < \mathfrak{D}$ werden.

§. 75.

Wenn man in der Gleichung $y = Fx$ einer Curve $\frac{1}{i}$ für x setzt und man findet für die Entwickelung dieser Gleichung nach den aufsteigenden Potenzen von i folgende Reihe

$$Fx = Ai^{\lambda} + Bi^{\lambda+\mu} + Ci^{\lambda+\mu-\nu} + \text{ꝛc.}$$

worin einige der ersten Exponenten negativ seyn können, so wird durch die Wiederherstellung von $\frac{1}{x}$ statt i die Reihe in eine absteigende verwandelt, nehmlich

$$Fx = Ax^{\alpha} + Bx^{\beta} + Cx^{\gamma} + Dx^{\delta} + \ldots$$

worin einige der ersten Exponenten positiv die übrigen aber negativ oder auch allesammt negativ seyn können. In beyden Fällen wird die Curve ins Unendliche fortlaufende Aeste haben. Wenn nun im ersten Fall α u. β die beyden positiven Exponenten sind und man construirt eine Curve deren Gleichung $y' = Ax^{\alpha} + Bx^{\beta}$ so wird die Differenz der zu gleichen Abscissen gehörigen Ordinaten dieser beyden Curven $y - y' = Cx^{-\gamma}$ $Dx^{-\delta} + \text{ꝛc.}$ welche daher immer kleiner wird, je größer x wird und folglich wird sich die erste Curve der letztern immer mehr nähern je größer x wird. Man nennt alsdann die zweyte Curve eine Asymtote und da diese parabolisch ist, so nennt man den unendlichen Ast der ersten Curve ebenfalls einen parabolischen Ast. Sind hingegen alle Exponenten negativ, so wird, wenn man eine Curve construirt deren Gleichung $y' = Ax^{-\alpha} + Bx^{-\beta}$, die also einige der ersten Glieder mit denen der ersten Gleichung gemein hat, die Differenz $y - y'$ ebenfalls ohne Ende abnehmen, und die letzte Curve wird ebenfalls eine Asymtote der ersten seyn. Da die letztere aber hyperbolisch ist, indem sie die Eigenschaft der gewöhnlichen Hyperbel hat sich einer graden Linie welche hier die Abscissenaxe selbst ist, ohne Ende zu nähern, so nennt man diesen Ast der Curve einen hyperbolischen Ast. Man wird sich leicht überzeugen können, daß keine andere Curve von derselben Natur zwischen beyde Curven durchgehen kann, wenn nicht etwa ihre Gleichung $y' = A x^{-\alpha} + B x^{-\beta} + C x^{-\gamma}$ und sie also in noch mehreren der ersten Glieder mit der Gleichung der ersten Curve übereinkommt.

§. 76.

So wie im §. 71. für eine gegebene Curve ein Paar Gleichungen gefunden worden, welche die Coordinaten einer krummen Linie bezeichnen, worin die Mittelpunkte aller Kreise von dem beständigen Halbmesser r enthalten sind welche die Curve berühren, die also sämmtlich wieder von der gegebenen Curve berührt und umschlossen werden, so kann umgekehrt, wenn eine Gleichung zwischen a und b z. B. $\varphi a, b = 0$ und also die Curve gegeben ist worin die Mittelpunkte aller Berührungskreise liegen sollen, diejenige Gleichung gefunden werden welche zu einer Curve gehört, die alle diese Kreise berührt und umschließt. Ohne uns aber auf den besondern Fall einzuschränken, daß die berührende Curve für die sich die beyden Elemente a und b beständig ändern ein Kreis seyn solle, wollen wir uns ihre Gleichung allgemein unter der Form $f(x, y, a, b) = 0$ vorstellen so daß a, b die zu bestimmenden beyden Elemente der Berührung sind. Da für diese Elemente die Gleichung $\varphi a, b = 0$ gegeben, so kann eins derselben z. B. b als Funktion des andern angesehen werden, man kann also $b = \psi a$ setzen. Nun müssen die Elemente a und b, wenn die Curve deren Gleichung $f(x, y, a, b) = o$ eine Berührung der ersten Ordnung mit der gegebenen Curve haben soll, durch die beyden Gleichungen $F(x, y) = o$ und $d.F(x, y) = o$ bestimmt werden, indem man aus ihnen für einen gewissen Werth von x als x′ die Werthe von y′ und $\frac{dy'}{dx'}$ nimmt solche in $f(x, y, a, b) = o$ und $d.f(x, y, a, b) = o$ substituirt und aus diesen a und b bestimmt, wodurch sie Funktionen von x werden. Da aber hier $F(x, y)$ gesucht wird, so muß man das umgekehrte Verfahren anwenden. Setzt man in den vorletzten Gleichungen für b, ψa so erhält man $f(x, y, a, \psi a) = o$, $d.f(x, y, a, \psi a) = o$. Die letzte muß nun das Differentialverhältniß $\frac{dy}{dx}$ eben so geben als wenn a und b beständig wären, folglich muß man wenn man der Kürze wegen $f(x, y, a, \psi a) = U$ setzt, $\frac{dU}{da} \cdot \frac{da}{dx} = o$ folglich nach §. 35. $\frac{dU}{da} = o$ haben. Die beyden Gleichungen $f(x, y, a, \psi a) = o$ und $\frac{dU}{da} = o$ müssen also für die gesuchte Curve zusammen bestehn, folglich muß auch diejenige Gleichung dafür Statt haben, welche entstehet, wenn man aus beyden a eliminirt wodurch $F(x, y)$ gefunden wird. Diese Gleichung ist nun nichts anders als die abgesonderte Integralgleichung derjenigen Differentialgleichung welche entstehet wenn man aus $f(x, y, a, \psi a) = o$ und aus $d.f(x, y, a, \psi a) = o$, a eliminirt s. §. 32., von welcher Gleichung $U = o$ die vollständige Integralgleichung ist. Die Gleichungen $F(x, y) = o$ und $f(x, y, a, b) = o$ unterscheiden sich also darin, daß die erste die abgesonderte, die zweyte aber die vollstän=

dige Integralgleichung einer und derselben Differentialgleichung der ersten Ordnung ist.

Es sey z. B. die Gleichung $f(x, y, a, b) = 0$ die Gleichung für den Kreis nehmlich $(x - a)^2 + (y - b)^2 - r^2 = 0$ und die Gleichung zwischen a und b sey $b^2 = p^2 - a^2$. Man sucht also eine Curve welche von allen Kreisen deren Mittelpunkte in der durch die letzte Gleichung ausgedrückten Curve d. i. in einem andern Kreise liegen, berührt wird. Nun ist $\frac{dU}{da} = 2(x - a) - 2(y - b)\frac{db}{da}$. Dieses $= 0$ gesetzt giebt $(x - a) + (y - b)\frac{db}{da} = 0$.

Setzt man hierin für b und $\frac{db}{da} = -\frac{a}{\sqrt{p^2 - a^2}}$ ihre Werthe so erhält man $p^2 - a^2 = \frac{a^2 y^2}{x^2}$ und $a = \frac{px}{\sqrt{x^2 + y^2}}$. Die erste dieser beyden Gleichungen giebt $b = \frac{ay}{x}$. Setzt man diesen Werth in die Gleichung $(x - a)^2 + (y - b)^2 = r^2$ so erhält man $(x - a)^2 + \frac{y^2}{x^2}(x - a)^2 = r^2$ oder $(x^2 + y^2)(x - a)^2 = r^2 x^2$ folglich $(x - a) = \pm \frac{rx}{\sqrt{x^2 + y^2}}$ und $a = x - \frac{rx}{\sqrt{x^2 + y^2}}$. Die beyden Werthe von a einander gleich gesetzt geben also für die gesuchte Gleichung $\sqrt{x^2 + y^2} \mp r = p$ oder $(p \pm r)^2 - x^2 = y^2$. Dieses ist die Gleichung derjenigen Curve welche alle Kreise berührt deren Mittelpunkte in der Curve der Gleichung $b = \sqrt{p^2 - a^2}$ d. i. in dem Umfange eines andern Kreises liegen. Man siehet daß diese Curve ebenfalls ein Kreis seyn muß, wie es auch die dafür gefundene Gleichung anzeigt. Diese Gleichung ist indeß nicht in der Gleichung für den erzeugenden Kreis enthalten. Sie ist die abgesonderte Integralgleichung derjenigen Differentialgleichung welche entsteht wenn man aus $(x-a)^2 + (y-\sqrt{p^2-a^2})^2 - r^2 = 0$ und $(x-a)^2 + (y-\sqrt{p^2-a^2})\frac{dy}{dx} = 0$ a eliminirt, oder welches einerley ist, so ist das Resultat der Elimination der Grössen a und b aus den drey Gleichungen $(x-a)^2 + (y-b)^2 - r^2 = 0$, $(x-a) + (y-b)\frac{dy}{dx} = 0$ und $b = \sqrt{p^2-a^2}$ nehmlich

$$(p^2-r^2-y^2-x^2)\sqrt{1+\frac{dy^2}{dx^2}} - 2r(x\frac{dy}{dx}-y) = 0$$

welcher Gleichung sie auch Genüge thut. Die letzte Gleichung ist eben diejenige die man erhalten haben würde, wenn man die Werthe von a und b aus den Gleichungen A §. 71. in die Gleichung $b^2 = p^2 - a^2$ gesetzt hätte, und man siehet, daß man aus dieser Gleichung ihre abgesonderte primitive Gleichung hätte finden müssen.

Die gefundene Curve, welche alle die Kreise von dem beständigen Halbmesser r deren Mittelpunkte in der Curve der a und der b liegen, berührt und umschliest, ist also hier von derselben Natur wie die Curve der a und der b, und wegen des beständigen Normalabstandes sind diese beyden Curven als parallel anzusehen. Sie ist auch von derselben Natur mit der gegebenen Gleichung welches indeß nur ganz zufällig ist.

Diese Curve hat also die Eigenschaft, mit allen Curven welche entstehn wenn man in einer Gleichung

$f(x, y, a) = 0$ dem Parameter a alle mögliche Werthe giebt, eine Berührung der ersten Ordnung zu haben und sie drückt folglich diejenige Curve aus, welche aus allen gemeinschaftlichen Durchschnittspunkten dieser Curve gebildet wird, und man findet ihre Gleichung wenn man diesen Parameter vermittelst des ersten = 0 gesetzten Differentials oder vermittelst der Gleichung $\frac{df(x,y,a)}{da} = 0$ eliminirt.

Wir wollen dieses noch auf die Gleichung für die Normallinie anwenden für welche $b = y' - (x' - a) : \frac{dy'}{dx'}$ ist, worin x', y', $\frac{dy'}{dx'}$ die beständigen Größen sind, durch deren allmählige Aenderung alle bey der gegebenen Curve möglichen Normalen entstehen. Nun sind y', $\frac{dy'}{dx'}$ bey dem Uebergange aus einer Normale in die nächst anliegende als Funktionen von x und daher x als der Parameter zu betrachten durch dessen allmählige Aenderung die auf einander folgenden Normalen erzeugt werden. Differenzirt man also b in Bezug auf x' so erhält man

$$\frac{db}{dx'} = \frac{dy'}{dx'} - \left(1 : \frac{dy'}{dx'}\right) + (x' - a)\frac{d^2y'}{dx'^2} : \left(\frac{dy'}{dx'}\right)^2 = 0$$

Diese Gleichung und die Gleichung für die Normale müssen also für die gesuchte Curve zusammen bestehn, und wenn man daraus die Werthe von a und b sucht so findet man auch wirklich die Gleichungen B im §. 71, folglich ist die gesuchte Curve einerley mit der Curve der Krümmungsmittelpunkte.

§. 77.

Wenn man eine Gleichung $U = f(x, y, a, b, c) = 0$ für eine Curve hat, und man die Elemente a, b, als veränderlich betrachtet, so kann dadurch eine unendliche Menge von Curven dargestellt werden. Um die

Vorstellung zu vereinfachen, kann man annehmen, daß zwischen a, b und c gewisse Relationen Statt finden, so daß wenn sich a ändert, b und c ebenfalls eine bestimmte Veränderung erlangen. Alsdann wird man durch die allmählige Aenderung von a eine Folge von Curven erhalten, und man kann nun die Gleichung einer Curve suchen welche mit allen diesen Curven eine Berührung der zweyten Ordnung hat. Man stelle sich die Gleichung dieser Curve unter u = o vor. Soll nun die Curve deren Gleichung U = o mit der Curve deren Gleichung u = o in einem gewissen Punkt dessen Coordinaten y′, x′ sind, eine Berührung der zweyten Ordnung haben, und es sind U′ = o, U″ = o die ersten beyden Differentialgleichungen von U = o in Bezug auf x und y so wird man, nachdem man in U = o, U′ = o und U″ = o, x′, y′, $\frac{dy'}{dx'}$, $\frac{d^2y'}{dx'^2}$ welche aus der Gleichung u = o gezogen sind, für x, y, $\frac{dy}{dx}$, $\frac{d^2y}{dx^2}$ gesetzt hat, die Größen a, b, c aus diesen Gleichungen in Funktionen von x bestimmen, wodurch schon von selbst die obgedachten Relationen entstehen. Ist aber nur eine Relation unter den drey Elementen a, b, c durch den Ausdruck c = ψ (a, b) gegeben und man setzt diesen Werth von c in den drey Gleichungen U = o, U′ = o, U″ = o, so kann man die zwey übrig bleibenden a und b eliminiren und man erhält alsdann eine Differentialgleichung von der zweyten Ordnung V = o. Ist nun umgekehrt c = ψ (a, b) gegeben und man sucht die Gleichung u = o für die Curve welche mit allen Curven deren Gleichung U = o eine Berührung der zweyten Ordnung hat, und man denkt sich in U = o, a und b als Funktionen von x so muß man für U = o die nehmlichen Verhältnisse $\frac{dy}{dx}$, $\frac{d^2y}{dx^2}$ wie in dem Fall haben da a und b beständig sind, folglich muß man, wenn man mit dU und d^2U die Differentiale von U bezeichnet indem man auch a und b als variabel betrachtet, diese Differentiale eben so haben wie in dem Fall da a und b constant sind. Nun ist $dU = U' + \frac{dU}{da}da + \frac{dU}{db}db$, man muß also zuerst $\frac{dU}{da}da + \frac{dU}{db}db = 0$ oder $\frac{dU}{da} + \frac{dU}{db}\frac{db}{da} = 0$ haben. Alsdann wird $d^2U = U'' + \frac{dU'}{da}da + \frac{dU'}{db}db$, man muß also auch $\frac{dU'}{da}da + \frac{dU'}{db}db = 0$ oder $\frac{dU'}{da} + \frac{dU'}{db}\frac{db}{da} = 0$ haben. Folglich müssen für die gesuchte Curve die vier Gleichungen

$$U = 0,\ U' = 0 \text{ und } \frac{dU}{da} + \frac{dU}{db}\frac{db}{da} = 0 \text{ und } \frac{dU'}{da} + \frac{dU'}{db}\frac{db}{da} = 0$$

zusammen bestehen. Es muß als auch diejenige Gleichung Statt finden, welche entsteht wenn man die drey Größen a, b und $\frac{db}{da}$ aus ihnen eliminirt. Diese Gleichung ist von der ersten Ordnung und da sie keine Constante enthält, so ist sie nach §. 36. die abgesonderte Integralgleichung von der ersten Ordnung der Gleichung $V = 0$. Durch die Integration dieser Gleichung würde man die gesuchte Gleichung $u = 0$ finden, welche also nur eine beständige Größe enthalten würde. Aus den beyden Gleichungen $\frac{dU}{da} + \frac{dU}{db}\frac{db}{da} = 0$ und $\frac{dU'}{da} + \frac{dU'}{db}\frac{db}{da} = 0$ müßte nun erst a und b als Funktionen

von

von x bestimmt werden, wovon eine willkührlich bleibt, dann würde für jeden Punkt der Curve der Gleichung $u = o$, die Curve welche mit ihr eine Berührung der zweyten Ordnung in diesem Punkt hat, bestimmt seyn, für jede dieser Curven bleiben a und b beständig und verändern sich nur von einer Curve zur andern.

Wenn man für die drey Größen a, b, c die Relation $\varphi(a, b, c) = o$ hat, so kann man auch statt c daraus zu entwickeln und in die drey Gleichungen $U = o$, $U' = o$ und $U'' = o$ zu setzen, die fünf Größen a, b, c, $\frac{db}{da}, \frac{dc}{da}$ aus den sechs Gleichungen $U = o$, $U' = o$, $\frac{dU}{da} + \frac{dU}{db}\frac{db}{da} + \frac{dU}{dc}\frac{dc}{da} = o$, $\frac{dU'}{da} + \frac{dU'}{db}\frac{db}{da} + \frac{dU'}{dc}\frac{dc}{da} = o$, $\varphi(a, b, c) = o$ und $\frac{d\varphi(a, b, c)}{da} + \frac{d\varphi(a, b, c)}{db}\frac{db}{da} + \frac{d\varphi(a, b, c)}{dc}\frac{dc}{da} = o$ eliminiren, das Resultat muß die nehmliche abgesonderte Integralgleichung der Gleichung $V = o$ seyn.

§. 78.

Es sey die Gleichung $(x - a)^2 + (y - b)^2 = c^2$ für den Kreis gegeben und man hat zwischen den Elementen a, b, c die Gleichung $\varphi(a, b, c) = o$. Man sucht nun die Gleichung derjenigen Curve die in jedem ihrer Punkte eine Berührung der zweyten Ordnung mit einem von dem durch die obige Gleichung vorgestellten Gefolge von Kreisen hat.

Nach dem Vorhergehenden müßte man also aus den Gleichungen

$$(x - a)^2 + (y - b)^2 = c^2,\ (x - a) + \frac{dy}{dx}(y - b) = o,\ \varphi = (a, b, c) = o$$

und ihren ersten Differentialen in Bezug auf a, b und c nehmlich

$$(x - a) + (y - b)\frac{db}{da} = c\frac{dc}{da},\ 1 + \frac{db}{da} \cdot \frac{dy}{dx} = 0 \text{ und } \varphi'(a, b, c) = 0$$

die Größen a, b, c, $\frac{db}{da}$, $\frac{dc}{da}$ eliminiren, wodurch man nach Beschaffenheit der Gleichung $\varphi(a, b, c) = 0$ eine sehr verwickelte Gleichung erhalten könnte. Allein die besondere Beschaffenheit dieser Gleichungen bietet eine merkwürdige Relation dar. Nimmt man die zweyte und fünfte und eliminirt daraus $\frac{dy}{dx}$, so erhält man $(x - a) - \frac{da}{db}(y - b) = 0$ und wenn man diese mit der ersten combinirt so erhält man unmittelbar $x = a + \frac{c\,da}{\sqrt{(da^2 + db^2)}}$ und $y = b + \frac{c\,db}{\sqrt{(da^2 + db^2)}}$. Setzt man diese Werthe von x und y in der vierten Gleichung so erhält man noch $dc = \sqrt{da^2 + db^2}$.

Nun sind a und b die Coordinaten derjenigen Curve worin die Mittelpunkte aller Krümmungskreise liegen. Wenn nun die Gleichung dieser Curve auch gegeben ist, so wird man $b = \psi a$ und folglich $db = \psi' a\, da$ haben, folglich wird $dc = da\sqrt{1 + \psi' a^2}$ und also $c = \int da\sqrt{1 + \psi' a^2} + C$. Es kommt also auf die Bestimmung des Integrals $\int da\sqrt{1 + \psi' a^2}$ an. Setzt man die Werthe von c, b, $\frac{db}{da} = \psi' a$ in die Ausdrücke für x und y so werden beyde als Funktionen von a bestimmt seyn, folglich auch die gesuchte Curve, deren Gleichung also nur die einzige willkührliche Constante C enthalten wird.

Die Tangente des Winkels welchen die Normale dieser Curve mit der Abscissenaxe macht ist nach §. 70. $= -1 : \frac{dy}{dx}$. Die Tangente des Winkels welchen die Berührungslinie der Curve der Krümmungsmittelpunkte mit eben dieser Axe macht, ist $= \frac{db}{da}$. Nun ist $\frac{db}{da} = -1 : \frac{dy}{dx}$ vermöge der fünften Gleichung, folglich fallen beyde Linien zusammen, und die Normale oder der Krümmungshalbmesser ist zugleich eine Berührungslinie der Curve der Krümmungsmittelpunkte.

Vermöge dieser Eigenschaft, daß die Krümmungshalbmesser, Berührungslinien der Curve der Krümmungsmittelpunkte sind, kann man sich die Entstehung der gesuchten Curve so vorstellen, als wenn um die Curve der Krümmungsmittelpunkte ein Faden gewickelt wäre, durch dessen ausgespannter Abwickelung dieselbe beschrieben wird. Man nennt daher die Curve der Krümmungsmittelpunkte die abgewickelte Curve (evolata, développée) und die andere die Abwickelungscurve (evolvens, developpante). Es ergiebt sich daraus, daß die Differenz zweyer Krümmungshalbmesser demjenigen Bogen der abgewickelten Linie gleich seyn muß, der zwischen den beyden zugehörigen Krümmungsmittelpunkten enthalten ist. Man kann ferner den beschreibenden Punkt auf der ersten dieser Tangenten annehmen wo man will, und diese erste Berührungslinie ist die willkührliche Constante C.

§. 79.

Wenn man die Abwickelungscurve einer gegebenen Curve sucht, und zu dem Ende in die Gleichung dieser

Curve für die Coordinanten die Ausdrücke B §. 71. setzt, so erhält man eine Gleichung von der zweyten Ordnung deren Integral zwey willkührliche beständige Größen enthalten sollte. Nun enthält aber die Gleichung der Abwickelungscurve wie wir gesehn haben nur eine solche willkührliche beständige Größe welches daher rührt, weil nach der Analyse des 77. §. die Gleichung der Abwickelungscurve eigentlich das Integral einer Differentialgleichung von der ersten Ordnung ist, welche keine Constante enthält und welche selbst nur die abgesonderte Integralgleichung einer Differentialgleichung von der zweyten Ordnung ist. Man siehet also daß die Bestimmung der Gleichungen derjenigen Curven welche eine Folge von Curven umschließt indem sie mit jeder derselben eine Berührung einer gewissen Ordnung hat auf abgesonderte Integralgleichungen führt, indem durch die Relation welche zwischen den Constanten Statt findet, ihre Anzahl um eins vermindert wird. Man kann also nicht grade diejenige besondere Curve wieder finden wovon die durch die Gleichung $b = \psi a$ gegebene, die abgewickelte ist, sondern man findet die allgemeine Gleichung aller derjenigen Curven wovon sie die abgewickelte seyn kann.

§. 80.

Mit der Lehre von den Berührungslinien stehet die Lehre vom Größten und Kleinsten in der engsten Verbindung. Wenn $y = fx$ die Gleichung einer Curve ist, so findet man diejenigen Abscissen für welche die größten und kleinsten Ordinaten unter den nächst vorhergehenden und nächst folgenden Statt finden aus der Gleichung $\frac{dy}{dx} = 0$. Es ist klar, daß diese Gleichung alle diejenigen Punkte der Curve geben wird, wo die Berührungslinie mit der Abscissenaxe parallel läuft. Werden die aus dieser Gleichung gefundenen Abscissen in den Differentialcoefficienten $\frac{d^2y}{dx^2}$ gesetzt, so geben diejenigen wodurch er negativ wird ein Maximum und alle diejenigen wodurch er positiv wird ein Minimum an. Im ersten Fall ist die Curve in der Nähe des Berührungspunktes concav, im andern Fall convex gegen die Abscissenaxe so lange y positiv bleibt. Denn es ist der Unterschied zweyer zu den Abscissen $x \pm i$ gehörigen Ordinaten der Curve und der Berührungslinie

$$= \frac{d^2y}{2dx^2} i^2 \pm \frac{d^3y}{2.3dx^3} i^3 + \frac{d^4y}{2.3.4dx^4} i^4 \pm \frac{d^5y}{2.3.4.5dx^5} i^5 \text{ etc.}$$

welcher folglich positiv oder negativ wird, je nachdem $\frac{d^2y}{dx^2}$ es ist. Wenn $\frac{d^2y}{dx^2}$ durch die Substitution eins der Werthe von x welche $\frac{dy}{dx} = 0$ geben, verschwindet, so kann weder ein Maximum noch ein Minimum Statt finden wenn nicht auch durch die nehmliche Substitution $\frac{d^3y}{dx^3}$ verschwindet. Denn so lange $\frac{d^3y}{dx^3}$ positiv bleibt; wird die vorgefundene Differenz für die Abscisse $x + i$ positiv, für $x - i$ negativ seyn, die Curve wird also kurz vor dem Berührungspunkt unterhalb der Tangente und kurz hinter dem Berührungspunkt oberhalb der Tangente liegen. Sie hat alsdann daselbst einen Wendungspunkt (flexus contrarii, point d'inflexion). Wird aber $\frac{d^3y}{dx^3} = 0$, so wird wieder ein Maximum oder ein Minimum Statt finden je nachdem $\frac{d^4 y}{dx^4}$ negativ oder positiv wird u. s. w.

§. 81.

Es kann geschehen, daß für einen der Werthe von x welche die Gleichung $\frac{dy}{dx} = 0$ giebt, einige der folgenden Differentialcoefficienten 0, die übrigen aber ∞, oder auch allesammt ∞ werden. Man weiß, daß in diesem Falle das Taylorsche Theorem nicht die wirkliche Entwickelung, und folglich auch nicht die wirkliche Differenz der Ordinaten der Curve und der Tangente giebt. Es sey z. B. $y = b + \sqrt{(x-a)^5}$ so giebt $\frac{dy}{dx} = \frac{5}{2}$ $\sqrt{(x-a)^3}$, $x = a$ für diejenige Abscisse wo die Tangente mit der Abscissenaxe parallel läuft. Dieser Werth von x giebt aber $\frac{d^2 y}{dx^2} = 0$, $\frac{d^3 y}{dx^3} = \infty$ und eben so die übrigen. Nun giebt aber die wahre Entwickelung der Funktion y wenn man für x, x + i und x = a setzt $y = b + \sqrt{i^5}$ folglich die vorgedachte Differenz der Ordinaten $= + \sqrt{i^5}$ woraus folgt, daß $x = a$ ein Minimum für y und zwar $= b$ giebt. Für $x - i$ oder für $x < a$ werden alle Ordinaten imaginär. Das hier gebrauchte Verfahren kommt darauf hinaus als wenn man den Anfangspunkt der Abscissen in den Berührungspunkt verlegt hätte. Betrachtet man bey der gegebenen Gleichung auch die negativen Wurzeln oder die Curve welche durch die Gleichung $y = b \pm \sqrt{(x-a)^5}$ vorgestellt wird, so siehet man, daß man für die Werthe $y = b - \sqrt{(x-a)^5}$ einen dem vorigen gleichen aber entgegengesetzten Zweig der Curve erhalten haben würde. In Ansehung dieses letztern würde die Differenz der Ordinaten $-\sqrt{i^3}$ und folglich $y = b$ ein Maximum seyn. Diese beyden Zweige haben also eine gemeinschaftliche Tangente in demjenigen Punkte wo sie zusammenstoßen und woselbst sie einen Rückkehrpunkt (point de rebroussement) bilden. In Bezug auf die beyden Aeste zugleich, ist also b weder ein Maximum noch ein Minimum.

Wenn durch die Substitution des Werthes von x $\frac{d^2y}{dx^2} = \frac{0}{0}$ wird, so muß man den Werth desselben nach §. 17. bestimmen.

§. 82.

Wenn durch irgend einen Werth von x das Verhältniß $\frac{dy}{dx} = \infty$ wird, so ist dieß ein Zeichen daß an diesem Punkt die Berührungslinie mit der Axe der Ordinaten parallel läuft, und es kann daselbst ebenfalls ein Maximum oder ein Minimum Statt finden. Da in diesem Falle die Entwickelungsreihe wonach man die Größe der nebenliegenden Applicaten beurtheilt mangelhaft wird so bedient man sich des §. 34. angezeigten Verfahrens. Es sey z. B. die Gleichung $y = b - \sqrt[3]{(x-a)^2}$ für eine Curve gegeben, so wird $\frac{dy}{dx} = -\frac{2}{3} \frac{1}{(x-a)^{\frac{1}{3}}}$ welches für $x = a$, ∞ wird. Die Tangente fällt folglich in diesem Punkte mit der Applicate zusammen. Man siehet aber sogleich, daß wenn man in die gegebene Formel für x, $a \pm i$ setzt, alle nebenliegende Applicaten kleiner als b werden folglich ist b in diesem Falle ein Maximum und die Curve hat in dem Berührungspunkt eine Spitze. Auf eben die Art würde man die Fälle beurtheilen können, worin y ein Minimum wird. Diese Arten von Minima und Maxima sind also von den vorhergehenden zu unterscheiden.

Wenn $y = b - \sqrt[5]{(x-a)^3}$ so ist $\frac{dy}{dx} = -\frac{3}{5}$ $\frac{1}{\sqrt[5]{(x-a)^2}}$ welches für $x = a$, ∞ wird. Setzt man für x, $a \pm i$ so wird für $a + i$, $y > b$ für $a - i$ $y < b$ folglich ist in diesem Falle b weder ein Maximum noch ein Minimum, sondern die Curve hat in dem Berührungspunkt einen Wendepunkt.

§. 83.

Auf gleiche Weise läßt sich die Lage der Curve mit Hülfe der Entwickelungen bey jedem andern Punkte in Bezug auf die Berührungslinie beurtheilen, was auch die Berührungslinie daselbst für eine Lage haben mag. Wenn nehmlich $y = Fx$ die Gleichung einer Curve ist, welche eine grade Linie berührt, so ist die Differenz der Ordinaten beyder Linien vor und nach dem Beruhigungspunkt

$$= + \frac{d^2y}{2dx^2} i^2 \pm \frac{d^3y}{2.3dx^3} i^3 + \frac{d^4y}{2.3.4dx^4} i^4 \pm \frac{d^5y}{2.3.4.5dx^5} i^5 + \text{rc.}$$

Wird nun $\frac{d^2y}{dx^2}$ positiv oder negativ, so liegt die Curve auf beyden Seiten des Berührungspunktes oberhalb oder unterhalb der Tangente. Wird aber $\frac{d^2y}{dx^2} = 0$ so kommt es auf den Werth an welchen $\frac{d^3y}{dx^3}$ erhält. Ist dieses ein reeller Werth so wird die Curve auf der einen Seite oberhalb und auf der andern unterhalb liegen, der Berührungspunkt ist also ein **Wendungspunkt**. Wird auch $\frac{d^3y}{dx^3} = 0$ und erhält nun $\frac{d^4y}{dx^4}$ einen positiven oder negativen Werth so wird wieder die Curve auf beyden Seiten oberhalb oder unterhalb der Tangente liegen u. s. w. Hieraus ist klar, daß bey einem Wendungspunkt allemahl eine gewisse Anzahl von Differentialcoefficienten verschwinden müsse, so daß der letzte derselben von einer graden Ordnung ist.

Wird für einen gewissen Punkt der Curve das Verhältniß $\frac{dy}{dx} = \frac{0}{0}$ so findet man den Werth desselben im Fall er nicht wirklich unbestimmt ist nach §. 17. doppelt, folglich finden in diesem Punkte zwey Berührungslinien Statt. Es durchschneiden sich daher daselbst ein Paar Aeste der Curve oder sie laufen in einen Punkt zusammen. Man nennt diesen Punkt alsdann einen gedoppelten Punkt oder überhaupt einen vielfachen Punkt wenn man für $\frac{dy}{dx}$ nach §. 17. mehrere Werthe findet. Ob die Aeste der Curve sich in diesem Fall durchschneiden oder nur in einen Punkt zusammen laufen, läßt sich beurtheilen je nachdem die zu den Abscissen $x + i$ und $x - i$ gehörigen Ordinaten entweder reel oder einige derselben imaginär werden.

Aus dem bisher Gesagten wird man umgekehrt diejenigen Punkte einer Curve bestimmen können, wo Wendungspunkte, vielfache Punkte oder Spitzen Statt finden. Man siehet hieraus wie diejenigen Fälle wo die allgemeine Entwickelungsformel mangelhaft wird, mit besondern Umständen bey der Curve zusammen treffen, und wie diese Umstände die Beschaffenheit der Funktion erläutern. Man wird darnach auch beurtheilen können, wo die Curve concav oder convex gegen eine der beyden Axen ist.

§. 84.

Man kann auch diejenigen Punkte der Curve finden, wo der Krümmungshalbmesser ein Maximum oder ein Minimum seyn kann. Setzt man zu dem Ende das Differential des dafür §. 71. gefundenen Ausdrucks $= 0$ so erhält man $3 \frac{dy}{dx} \left(\frac{d^2y}{dx^2}\right)^2 - \left(1 + \left(\frac{dy}{dx}\right)^2\right) \frac{d^3y}{dx^3} = 0$.

Nimmt man nun die Werthe von $\frac{dy}{dx}$, $\frac{d^2y}{dx^2}$, $\frac{d^3y}{dx^3}$ aus der Gleichung für die gegebene Curve und substituirt sie in die eben gefundene Gleichung, so wird sie bloß x und Constanten enthalten und diejenigen Werthe von x welche ihr Genüge thun, werden die Abscissen derjenigen Punkte der Curve geben, wo der Krümmungshalbmesser ein Größtes oder ein Kleinstes seyn kann. An einer solchen Stelle wird also $\frac{d^3y}{dx^3} = 3 \frac{dy}{dx} \left(\frac{d^2y}{dx^2}\right)^2 : \left(1 + \left(\frac{dy}{dx}\right)^2\right)$ seyn. Sucht man das dritte Differentialverhältniß der Gleichung für den Kreis und drückt dasselbe ebenfalls durch das erste und zweyte aus so findet man wenn man sich der Unterscheidung wegen der Charakteristik d bedient

$$\frac{\mathrm{d}^3y}{\mathrm{d}x^3} = 3 \frac{\mathrm{d}y}{\mathrm{d}x} \left(\frac{\mathrm{d}^2y}{\mathrm{d}x^2}\right)^2 : \left(1 + \left(\frac{\mathrm{d}y}{\mathrm{d}x}\right)^2\right).$$

Wenn nun der Kreis ein Krümmungskreis ist, so ist $\frac{\mathrm{d}y}{dx} = \frac{dy}{dx}$, $\frac{\mathrm{d}^2y}{\mathrm{d}x^2} = \frac{d^2y}{dx^2}$ folglich ist an einer Stelle wo der Krümmungshalbmesser ein Größtes oder ein Kleinstes ist

$$\frac{d^3y}{dx^3} = \frac{d^3y}{dx^3}$$

und folglich findet an solchen Stellen eine Berührung der dritten Ordnung Statt.

Uebrigens erhellet aus der Gleichung für den Krümmungshalbmesser, daß derselbe indem $\frac{d^2y}{dx^2} = 0$ wird, $\pm\infty$ wird, welches also der Fall bey den Wendungspunkten ist. Wird aber $\frac{d^2y}{dx^2} = \infty$ welches bey den Spitzen der Fall ist, so wird auch der Krümmungshalbmesser $= 0$. Im Fall sowohl $\frac{d^2y}{dx^2}$ als auch $\frac{dy}{dx} = \infty$ wird, kommt die Größe des Krümmungshalbmessers auf die Bestimmung des Werthes $\frac{\infty}{\infty}$ welche auf ähnliche Art wie die des Werths $\frac{0}{0}$ geschehen kann.

Der Krümmungskreis hat auch noch dieß besondere, daß er bey den Punkten wo er nicht mit der Curve eine Berührung der dritten Ordnung hat, eben so wie die grade Berührungslinie bey den Wendungspunkten, vor und nach dem Berührungspunkt auf entgegengesetzte Seiten der Curve fällt und also durch sie durchsetzt. Denn es seyn bey dem Berührungspunkt $\frac{d^3y'}{dx'^3}, \frac{d^4y'}{dx'^4}$ rc. die Differentialcoefficienten der Curve und $\frac{d^3y'}{dx'^3}, \frac{d^4y'}{dx'^4}$ die des Kreises so ist der Unterschied der Ordinaten beyder Curven vor und nach dem Berührungspunkt

$$= \frac{1}{2.3}\left(\frac{d^3y'}{dx'^3} - \frac{d^3y'}{dx'^3}\right)i^3 + \frac{1}{2.3.4}\left(\frac{d^4y'}{dx'^4} - \frac{d^4y'}{dx'^4}\right)i^4 + \text{rc.}$$

Nun läßt sich i allezeit so klein nehmen daß $\frac{1}{2.3}\left(\frac{d^3y'}{dx'^3} - \frac{d^3y'}{dx'^3}\right)i^3$ größer als die Summe aller folgenden Glieder der Differenz wird. Ist nun $\frac{d^3y'}{dx'^3} < \frac{d^3y'}{dx'^3}$ so wird die Differenz der Ordinaten für $(x' + i)$ positiv und für $(x' - i)$ negativ, und umgekehrt wenn $\frac{d^3y'}{dx'^3} > \frac{d^3y'}{dx'^3}$ so wird diese Differenz für $(x + i)$ negativ und für $(x - i)$ positiv.

§. 85.

Quadratur der Curven.

Da die Curven ins Unendliche fortlaufende Aeste haben können, so kommt es bey der Quadratur derselben nur auf die Bestimmung des Inhalts derjenigen Fläche an welche von den beyden Axen, einer Ordinate und dem zwischen dieser und der Axe der Ordinaten enthaltenen Stück der Curve eingeschlossen ist. Man kann alsdann den Inhalt dieser Fläche als eine Funktion der Abscisse x ansehen. Ist X diese Funktion so wird dieselbe wenn x um ein Stück Δx zunimmt ebenfalls um eine gewisse Fläche ΔX zunehmen und man wird

$$\Delta X = \frac{dX}{dx}\Delta x + \frac{d^2X}{2\,dx^2}\Delta x^2 + \frac{d^3X}{2.3\,dx^3}\Delta x^3 + \text{etc.}$$

haben. Es sey y die zur Abscisse x gehörige Ordinate und $y + \Delta y$ diejenige welche zur Abscisse $x + \Delta x$ gehört, so wird das Stück Δx der Fläche allemahl zwischen den beyden Rechtecken $y\Delta x$ und $(y + \Delta y)\Delta x$ enthalten seyn. Es muß also $\Delta X - y\Delta x \lessgtr \Delta y\Delta x$ seyn. Folglich muß allemahl $\left(\frac{dX}{dx} - y\right)\Delta x + \frac{d^2X}{2\,dx^2}\Delta x^2 + \frac{d^3X}{2.3\,dx^3}\Delta x^2 < \Delta y\,\Delta x$ oder wenn man auf beyden Seiten durch Δx dividirt, so muß allezeit $\left(\frac{dX}{dx} - y\right) + \frac{d^2X}{2\,dx^2}\Delta x + \frac{d^3X}{2.3\,dx^3}\Delta x^2 < \Delta y$ seyn. Da aber Δx und Δy ohne Ende abnehmen können hingegen $\left(\frac{dX}{dx} - y\right)$ eine bestimmte Größe ist, so können Δx und Δy endlich so klein werden, daß $\left(\frac{dX}{dx} - y\right) + \frac{d^2X}{2dx^2} \Delta y$ rc. $> \Delta y$ wird, so lange nicht $\frac{dX}{dx} - y = o$ ist. Es muß also $\frac{dX}{dx} = y$ seyn folglich wird $X = \int y\,dx + C$. Ist nun y als Funktion von x gegeben so beruhet die Quadratur der krummen Linie auf die Integration von $\int y\,dx$. Ist y nicht als Funktion von x gegeben, so ist die Curve mithin auch der Flächeninhalt unbestimmt, und man nennt das Integral alsdann ein **unbestimmtes**.

Will man nur den Flächeninhalt X' eines Stücks wissen welches zwischen den beyden Ordinaten y, y' enthalten ist, die zu den Abscissen x' und x gehören wo $x' > x$ voraus gesetzt wird, so erhält man $X' = \int y'\,dx - \int y\,dx$ wo also die Bestimmung der Constante gänzlich überflüssig wird. Es ist alsdann X' das Integral $\int y\,dx$ zwischen den beyden Grenzen x und x' oder man hat alsdann das Integral $\int y\,dx$ von $x = x$ bis $x = x'$ genommen. Eben so leicht ist zu verstehen was es heiße das Integral von $x = o$ bis $x = a$ nehmen.

Bestehet die Funktion y aus zwey Funktionen von x z. B. φx und ψx und es ist eine derselben z. B. ψx so beschaffen, daß sie sich zwischen zwey Grenzen x' und x'' nicht merklich ändert, oder ist y selbst eine solche Funktion von x wobey dieses Statt findet, so kann man zwischen diesen beyden Grenzen die Funktion ψx oder y als beständig annehmen, und auf diese Weise sehr leicht ein genähertes Integral zwischen diesen beyden Grenzen erhalten. Nimmt man nun für diese Grenzen nach und nach x und $x + \Delta x$, $x + \Delta x$ und $x + 2 \Delta x$, $x + 2 \Delta x$ und $x + 3 \Delta x$ ꝛc. und integrirt stückweise so giebt die Summe dieser Integrale das genährete Integral zwischen den Grenzen x und $x + n \Delta x$.

§. 86.

Rectification der Curven.

Wenn man von dem Grundsatze ausgehet, daß ein Stück einer Curve welches durchgehends convex oder concav gegen eine der Coordinaten ist, allezeit kleiner ist als die Summe der beyden an den Endpunkten dieses Bogens gezogenen Tangenten von dem Berührungspunkt an bis zu ihrem gemeinschaftlichen Durchschnitt genommen, und jederzeit größer als die dazu gehörige Sehne, so wird man leicht finden, daß man zwey Ordinaten einer Curve jederzeit so nahe nebeneinander nehmen kann, daß der zwischen denselben enthaltene Bogen der Curve allezeit größer als eine der an den Endpunkten zwischen diesen Coordinaten enthaltenen Tangenten und kleiner als die andere dieser Tangenten seyn müsse. Die Länge dieses Bogens muß also allezeit zwischen der Länge dieser beyden Tangentenstücke fallen und daher sein Unterschied mit einem derselben allezeit kleiner seyn als der Unterschied der Tangentenstücke selbst. Es sey nun Δx der Abstand beyder Ordinaten, dann ist $\frac{dy}{dx}$ die Tangente des Winkels welchen die Tangente der Curven mit der Abscissenaxe macht. Setzt man in $\frac{dy}{dx}$ statt x, $x + \Delta x$. so erhält man die Tangente des Winkels den die Berührungslinie an dem Endpunkt der Curve der zur Abscisse $x + \Delta x$ gehört mit der Abscissenaxe macht. Man bezeichne die Tangente dieses Winkels mit $\frac{dy'}{dx'}$, so erhält man die zwischen den beyden Ordinaten enthaltene

Tangentenstücke $\Delta x \sqrt{1 + \left(\frac{dy}{dx}\right)^2}$ und $\Delta x \sqrt{1 + \left(\frac{dy'}{dx'}\right)^2}$ zwischen denen die Länge des Bogens enthalten seyn muß. Die zweyte dieser Funktionen muß aus der ersten entstehen, wenn man in dieser $x + \Delta x$ statt x setzt, man kann also diese beyden Größen auch durch $\Delta x\ \varphi x$ und $\Delta x\ \varphi\,(x + \Delta x)$ bezeichnen wo $\varphi x = \sqrt{1 + \left(\frac{dy}{dx}\right)^2}$ ist. Wir wollen um die Vorstellungen zu fixiren annehmen es sey $\varphi\,(x + \Delta x) > \varphi x$ und beyde positiv also die Curve an dieser Stelle convex gegen die Abscissenaxe so wird $\Delta x\,\varphi\,(x + \Delta x) - \Delta x \varphi x = \frac{d\varphi x}{dx}\Delta x^2 + \frac{d^2\varphi x}{2\,dx^2}\Delta x^3 + \text{ꝛc.}$ Nun sey s die Funktion von der Abscisse x welche die Länge der Curve ausdrückt, so ist die Länge des zwischen den beyden Ordinaten enthaltenen Bogens derselben $= \frac{ds}{dx}\Delta x + \frac{d^2 s}{2\,dx^2}\Delta x^2 + \text{ꝛc.}$ folglich die Differenz dieses Bogens und der kleinern Tangente $\left(\frac{ds}{dx} - \varphi x\right)\Delta x + \frac{d^2 s}{2\,dx^2}\Delta x^2 + \text{ꝛc.}$ welche also kleiner als $(\varphi\,(x + \Delta x) - \varphi x)\,\Delta x$ seyn muß oder wenn man auf beyden Seiten durch Δx dividirt so muß allzeit

$$\left(\frac{ds}{dx} - \varphi x\right) + \frac{d^2 s}{2\,dx^2}\Delta x + x < \frac{d\varphi x}{dy}\Delta x + \frac{d^2\varphi x}{dx^2}\Delta x^2 + \text{ꝛc.}$$

welches nicht für die kleinsten Werthe von Δx möglich ist wenn man nicht $\frac{ds}{dx} - \varphi x = 0$ folglich $\frac{ds}{dx} = \sqrt{1 + \left(\frac{dy}{dx}\right)^2}$ hat. Es ist daher $ds = \sqrt{dx^2 + dy^2}$

und $s = \int dx \sqrt{1 + \left(\frac{dy}{dx}\right)^2} + C$ wo die Constante so genommen werden muß, daß der Bogen s im Anfangspunkt der krummen Linie verschwindet. Die Gleichung $ds = \sqrt{dx^2 + dy^2}$ ist eben die welche wir schon §. 73. gefunden haben, und es wird hierdurch die dort in Bezug auf die abgewickelte Curve gezogene Folge bestätigt.

Uebrigens ist aus der Irrationalität der obigen allgemeinen Rectificationsformel zu ersehen, daß die Rectification weit größeren Schwierigkeiten unterworfen seyn müsse, als die Quadratur, welche eine der einfachsten Operationen ist.

§. 87.

Quadratur der krummen Oberflächen der durch Umdrehung erzeugten Körper.

Die nehmliche Betrachtung welche zur Rectification der Curven geführt, wendet Lagrange Théorie des fonctions p. 159. auf die Quadratur der krummen Oberflächen solcher Körper an, welche durch die Umdrehung der Curve um die Abscissenaxe entstehen, indem er folgenden Grundsatz aufstellt. Die conoidische Zone welche das zwischen den beyden Ordinaten enthaltene Bogenstück der Curve beschreibt, ist allemahl zwischen den beyden Oberflächen oder conischen Zonen enthalten welche die beyden vorgedachten Tangentenstücke beschreiben. Da aber diese beyden Zonen im Fall das Bogenstück concav gegen die Abscissenaxe ist, beyde außerhalb der conoidischen Zone fallen und sie umgeben, und im Fall das Bogenstück convex gegen die Abscissenlinie ist beyde innerhalb der Zone fallen, so scheint es nicht einleuchtend, daß in beyden Fällen eine davon größer und die andere kleiner seyn müsse als die conoidische Zone.

Drittes Kapitel.

Von den Curven doppelter Krümmung.

§. 88.

Es seyn die beyden Gleichungen für eine Curve doppelter Krümmung $y = fx$ u. $z = \varphi x$, für eine andere dergleichen Curven seyn $q = Fp$ und $r = \Phi p$ die beyden Gleichungen, wo sich die Coordinaten p, q, r auf die nehmlichen Axen beziehen als x, y, z und denselben Anfangspunkt haben. Es ist einleuchtend, daß wenn diese beyden Curven einen gemeinschaftlichen Punkt haben sollen der zu den drey Coordinaten x', y', z' gehört, so muß wenn man $p = x'$ nimmt, $q = y'$, u. $r = z'$ seyn, folglich muß man $Fx' = fx'$ und $\Phi x' = \varphi x'$ haben, wonach man also in Fx' und $\Phi x'$ zwey der willkührlichen Constanten bestimmen kann. Man kann überdem auch zwey andere Constanten so bestimmen, daß man $F'x' = f'x'$ u. $\Phi' x' = \varphi' x'$ und noch zwey andere Constanten so, daß man auch $F''x' = f''x'$ und $\Phi'' x = \varphi'' x'$ hat u. s. w. Nun ist überhaupt wenn man der Kürze wegen $f(x' + i) - F(x' + i) = d$ und $\varphi(x' + i) - \Phi(x' + i) = \delta$ setzt, die Entfernung D zweyer Punkte in beyden Curven welche zu den Coordinaten $(x' + i)$, $f(x' + i)$, $F(x' + i)$, $\varphi(x + i)$ und $\Phi(x' + i)$ gehören $= \sqrt{d^2 + \delta^2}$ und wenn eine dritte Curve in der Nähe des Durchschnittspunkts zwischen beyde soll fallen können so muß wenn $\mathfrak{D}$ in Bezug auf diese und die zuerst gegebene Curve eben die Bedeutung wie D hat, $\mathfrak{D} < D$ seyn. Nun läßt sich auf eben die Art wie im §. 68. darthun, daß wenn in den beyden ersten Curven die Gleichungen $F'x = f'x'$ und $\Phi' x' = \varphi' x'$ Statt finden, $\mathfrak{D}$ nicht kleiner als D werden kann wenn

M

nicht in der ersten und dritten Curve die nehmlichen beyden Bedingungen erfüllt sind.

Dasselbe gilt auch wenn außer diesen beyden Gleichungen noch $F''x' = f''x'$ und $\Phi''x' = \varphi''x'$ gemacht worden.

Wenn daher ein Paar Curven von doppelter Krümmung einen gewissen Grad der Berührung haben sollen, so müssen sie in einigen Paaren der Differentialcoefficienten $\frac{dy}{dx}$, $\frac{dz}{dx}$, $\frac{d^2y}{dx^2}$, $\frac{d^2z}{dx^2}$ ꝛc. übereinstimmen, und wenn eine solche Curve so bestimmt werden soll, daß sie mit einer gegebenen an einem gewissen Punkt dessen Coordinaten x, y, z sind eine Berührung der ersten Ordnung habe, und es sind $F(x, y, z) = 0$ und $\Phi(x, y, z) = 0$ die beyden Gleichungen dieser Curve, so muß man mit Hülfe der ersten Differentialgleichungen $F(x, y, z)' = 0$ und $\Phi(x, y, z)' = 0$ vier Constanten bestimmen. Soll sie eine Berührung der zweyten Ordnung haben, so muß man mit Hülfe der beyden zweyten Differentialgleichungen $F(x, y, z)'' = 0$ und $\Phi(x, y, z)'' = 0$ noch zwey Constanten mehr bestimmen u. s. w.

§. 89.

Es sey z. B. eine grade Linie durch die beyden Gleichungen $q = a + bp$, $r = c + dp$ gegeben. Wenn sie an einem Punkt dessen Coordinaten x', y', z', eine Curve doppelter Krümmung berühren soll so muß man die vier Constanten durch die vier Gleichungen

$$y' = a + bx',\ z' = c + dx',\ \frac{dy'}{dx'} = b,\ \frac{dz'}{dx'} = d$$

bestimmen, woraus man noch $a = y' - \frac{dy'}{dx'}x'$ und

$c = z' - \frac{dz'}{dx'} x'$ erhält, so daß die Gleichungen der Berührungslinie seyn werden

$$q = y' + \frac{dy'}{dx'}(p - x') \text{ und } r = z' + \frac{dz'}{dx'}(p - x')$$

welches wie man leicht sieht die Berührungslinien der ebenen Curven sind, die durch die Projection der gegebenen Curve auf die Ebene der x und y und der x und z entstehn. Wenn man daher an einem Paar correspondirender Punkte zweyer Projectionen der Curve doppelter Krümmung Tangenten gezogen hat, so wird, wenn man durch diese Tangenten ein Paar Ebenen stellt, senkrecht auf die Ebenen der Tangenten, der Schnitt dieser Ebenen eine Tangente der Curve doppelter Krümmung seyn.

§. 90.

Wir wollen für die zweyte Curve einen Kreis nehmen und sehn unter welchen Umständen er mit der gegebenen Curve eine Berührung der ersten und zweyten Ordnung haben könne. Es muß also die Lage der Ebene dieses Kreises und seine Lage und Größe in derselben bestimmt werden, und folglich werden zu seiner Bestimmung zwey Gleichungen nöthig seyn. Hierzu sind die beyden Gleichungen für die Kugelfläche und für die Ebene am bequemsten, da der Kreis als ein Schnitt beyder Flächen angesehen werden kann. Nun ist die allgemeinste Gleichung für die Kugelfläche

$$(p - a)^2 + (q - b)^2 + (s - c)^2 = r^2$$

wo p, q, s die Coordinaten, a, b, c die Coordinaten des Mittelpunkts und r der Halbmesser der Kugel ist. Die Gleichung einer Ebene die durch den Mittelpunkt gehet und deren Coordinaten ebenfalls mit p, q, s bezeichnet werden, ist

$$(p - a) + m(q - b) + n(s - c) = o$$

wo m die Tangente des Winkels ist den die Durchschnittslinie dieser Ebene und der Ebene der p und q mit der Axe der q macht und n die Tangente des Winkels ist den die Durchschnittslinie der gedachten Ebene und der Ebene der s und p mit der Axe der s macht. Das System beyder Gleichungen wird also den Berührungskreis vorstellen, sobald die Größen a, b, c, r, m, n der Berührung gemäß bestimmt seyn werden. Gesetzt es soll nun eine Berührung der ersten Ordnung an dem Punkte der Curve Statt finden welcher durch die drey Ordinaten x′, y′, z′ bestimmt wird, so wird man diese für p, q, s in die obigen beyden Gleichungen setzen und ihre ersten Differentiale nehmen wodurch man die folgenden vier Gleichungen erhält.

$$\left.\begin{aligned}&(x' - a)^2 + (y' - b)^2 + (z' - c)^2 = r^2\\&(x' - a) + (y' - b)\frac{dy'}{dx'} + (z' - c)\frac{dz'}{dx'} = o\\&(x' - a) + m(y' - b) + n(z' - c) = o\\&(x' - a) + m\frac{dy'}{dx'} + n\frac{dz'}{dx'} = o\end{aligned}\right\}\ldots A$$

vermittelst welcher man vier von den sechs unbestimmten Größen wird bestimmen können. Wählt man hiezu a, b, c und m so wird der Halbmesser r und die Tangente n unbestimmt bleiben, folglich auch sowohl die Lage als die Größe des Berührungskreises, und man siehet, daß die Curve eine unendliche Menge der Größe und Lage nach verschiedener Berührungskreise haben kann. Betrachtet man aber die zweyte der vorstehenden Gleichungen nehmlich $(x' - a) + (y' - b)\frac{dy'}{dx'} + (z' - c)\frac{dz'}{dx'} = o$ worin bloß a, b, c veränderlich sind, so siehet man, daß sie eine Ebene bezeichnet, worin der Berührungspunkt und alle Mittelpunkte folglich auch alle Halbmesser der Berührungskreise liegen, und deren Durchschnittslinien mit den Ebenen der x und y und der x und z mit der Axe der y und der z Winkel bilden deren Tangenten $\frac{dy'}{dx'}$, $\frac{dz'}{dx'}$ sind. Die Lage dieser Ebene ist daher unveränderlich und weil die Differentialcoefficienten $\frac{dy'}{dx'}$, $\frac{dz'}{dx'}$ für die Curve, ihre Tangente und für den Berührungskreis einerley sind, so muß der Halbmesser des letztern winkelrecht auf der Tangente stehen, folglich steht auch die Ebene worin alle diese Halbmesser liegen, winkelrecht auf der Tangente und auf der Curve und sie ist folglich die Normalebene. Normalebene bey Curven doppelter Krümme.

§. 91.

Soll die Berührung von der zweyten Ordnung seyn so muß man noch die beyden zweyten Differentialgleichungen

$$\left.\begin{aligned} &1 + \left(\frac{dy'}{dy'}\right)^2 + \left(\frac{dz'}{dx'}\right)^2 + (y' - b)\frac{d^2y'}{dx'^2} \\ &\quad + (z' - c)\frac{d^2z'}{dx'^2} = 0 \\ &m\frac{d^2y'}{dx'^2} + n\frac{d^2z'}{dx'^2} = 0 \end{aligned}\right\} \ldots B$$

hinzunehmen. Man erhält wenn man der Abkürzung halber

$$\sqrt{\left(n\frac{dy'}{dx'} - m\frac{dz'}{dy'}\right)^2 + \left(n - \frac{dz'}{dx'}\right)^2 + \left(m - \frac{dy'}{dx'}\right)^2} = R \text{ setzt,}$$

$$\left.\begin{aligned} &x' - a = \frac{\left(n\frac{dy'}{dx'} - m\frac{dz'}{dx'}\right) r}{R},\quad y' - b = -\frac{\left(n - \frac{dz'}{dx'}\right) r}{R} \\ &z' - c = \frac{\left(m - \frac{dy'}{dx'}\right) r}{R} \end{aligned}\right\} \ldots C$$

Die beyden letzten Werthe in die erste der Gleichungen B substituirt geben:

$$\frac{r}{R} = \frac{\left[1 + \left(\frac{dy'}{dx}\right)^2 + \left(\frac{dz}{dx}\right)^2\right]}{\left(n - \frac{dz'}{dx'}\right)\frac{d^2y'}{dx'^2} - \left(m - \frac{dy'}{dx'}\right)\frac{d^2z'}{dx'^2}}$$

Die vierte der Gleichungen A und die zweyte der Gleichungen B geben endlich

$$m = \frac{d^2z'}{dx'^2} : \left(\frac{dz'}{dx'}\frac{d^2y'}{dx'^2} - \frac{dy'}{dx'}\frac{d^2z'}{dx'^2}\right) \text{ und}$$

$$n = -\frac{d^2y'}{dx'^2} : \left(\frac{dz'}{dx'}\frac{d^2y'}{dx'^2} - \frac{dy'}{dx'}\frac{d^2z'}{dx'^2}\right)$$

Setzt man diese Werthe von m und n zuerst in den Ausdruck von $\frac{r}{R}$ so findet man leicht die Werthe von $x' - a$, $y' - b$, $z' - c$ und daher auch

$$a = x' - \frac{\left(1 + \left(\frac{dy'}{dx'}\right)^2 + \left(\frac{dz'}{dx'}\right)^2\right)\left(\frac{dy'}{dx'}\frac{d^2y'}{dx'^2} + \frac{dz'}{dx'}\frac{d^2z'}{dx'^2}\right)}{\left(1 + \left(\frac{dy'}{dx'}\right)^2 + \left(\frac{dz'}{dx'}\right)^2\right)\left[\left(\frac{d^2y'}{dx'^2}\right)^2 + \left(\frac{d^2z'}{dx'^2}\right)^2\right] - \left(\frac{dy'}{dx'}\frac{d^2y'}{dx'^2} + \frac{dz'}{dx'}\frac{d^2z'}{dx'^2}\right)^2}$$

und wenn man der Abkürzung wegen $1 + \left(\frac{dy'}{dx'}\right)^2 + \left(\frac{dz'}{dx'}\right)^2 = u$, $\frac{dy'}{dx'}\frac{d^2y'}{dx'^2} + \frac{dz'}{dx'}\frac{d^2z'}{dx'^2} = v$ setzt

$$b = y + \frac{u^2 \frac{d^2y'}{dx'^2} - \frac{dy'}{dx'} u v}{u\left[\left(\frac{d^2y'}{dx'^2}\right)^2 + \left(\frac{d^2z'}{dx'^2}\right)^2\right] - v^2}$$

$$c = z + \frac{u^2 \frac{d^2z'}{dx'^2} - \frac{dz'}{dx'} u v}{u\left[\left(\frac{d^2y'}{dx'^2}\right)^2 + \left(\frac{d^2z'}{dx'^2}\right)^2\right] - v^2}$$

Wenn man ferner die so gefundenen Ausdrücke von $(x' - a)$, $(y' - b)$, $(z' - c)$ in die erste der Gleichungen A setzt so erhält man

$$r = \frac{u^{\frac{3}{2}}}{\sqrt{u\left[\left(\frac{d^2 y'}{dx'^2}\right)^2 + \left(\frac{d^2 z'}{dx'^2}\right)^2\right] - v^2}}$$

$$= \frac{\left[1 + \left(\frac{dy'}{dx'}\right)^2 + \left(\frac{dz'}{dx'}\right)^2\right]^{\frac{3}{2}}}{\sqrt{\left(1+\left(\frac{dy'}{dx'}\right)^2+\left(\frac{dz'}{dx'}\right)^2\right)\left[\left(\frac{d^2y'}{dx'^2}\right)^2+\left(\frac{d^2z'}{dx'^2}\right)^2\right]-\left(\frac{dy'}{dx}\frac{d^2y'}{dx'^2}+\frac{dz'}{dx'}\frac{d^2z'}{dx'^2}\right)^2}}$$

für den Krümmungshalbmesser, dessen Lage wegen des Wurzelzeichens unbestimmt bleibt, die aber sehr leicht aus andern Umständen beurtheilt werden kann. Ist z beständig so verwandelt sich dieser Ausdruck in den §. 71. gefundenen und r ist alsdann der Krümmungshalbmesser einer planen Curve die mit der Ebene der x und y parallel ist.

Die Größen a, b, c sind die Coordinaten derjenigen Curve worin alle Krümmungsmittelpunkte liegen, ob aber diese Curve eine abgewickelte Curve wie bey den ebenen Curven sey, hängt von der Untersuchung ab, ob die Krümmungshalbmesser dieselbe überall berühren.

Wenn man in den drey Gleichungen C der Coordinaten $a = x - \frac{\left(n\frac{dy}{dx} - m\frac{dz}{dx}\right)}{R} r$, $b = q + \frac{\left(n - \frac{dz}{dx}\right)}{R} r$, $c = z - \frac{\left(m - \frac{dy}{dx}\right)}{R} r$, x und alle davon abhängige Größen als beständig, r aber allein als variabel nimmt, so wird dadurch die grade Linie vorgestellt worin der Krümmungshalbmesser liegt, nimmt man aber x und alle davon abhängige Größen also auch r veränderlich, so stellen sie die Curve der Krümmungsmittelpunkte vor. Soll also die erste eine Tangente der letztern seyn, so müssen in beyden Fällen die Differentialverhältnisse

$\frac{db}{da}$, $\frac{dc}{da}$ folglich auch die Differentialverhältnisse $\frac{da}{dr}$, $\frac{db}{dr}$, $\frac{dc}{dr}$ einerley Werth haben. Es müssen daher auch die Gleichungen woraus die Größen a, b, c, r, m und n bestimmt worden sind, die nehmlichen Differentialgleichungen geben, es mögen a, b, c, r allein oder auch x, y, z, m, n veränderlich betrachtet werden. Nun giebt im ersten Falle die erste der Gleichungen A

$$-\frac{da}{dr}(x-a)-\frac{db}{dr}(y-b)-\frac{dc}{dr}(z-c)=r \quad \text{I.}$$

und eben dieses giebt sie auch im zweyten Falle, weil man $(x-a)+\frac{dy}{dx}(y-b)+\frac{dz}{dx}(z-c)=o$ hat. Eben so giebt die zweyte der Gleichungen A,

$$\frac{da}{dr}+\frac{dy}{dx}\frac{db}{dr}+\frac{dz}{dx}\frac{dc}{dr}=o \quad \text{II.}$$

und sie giebt das nehmliche im zweyten Falle, weil man auch $1+\left(\frac{dy}{dx}\right)^2+\left(\frac{dz}{dx}\right)^2+\frac{d^2y}{dy^2}(y-b)+\frac{d^2z}{dx^2}(z-c)=o$ hat. Endlich giebt die dritte der Gleichungen A im ersten Falle

$$-\frac{da}{dr}-m\frac{db}{dr}-n\frac{dc}{dr}=o \quad \text{III.}$$

im zweyten Falle aber, da man schon $1+m\frac{dy}{dx}+n\frac{dz}{dx}=o$ hat, giebt sie

$$-\frac{da}{dr}-m\frac{db}{dr}-n\frac{dc}{dr}+\frac{dm}{dr}(y-b)+\frac{dn}{dr}(z-c)=o$$

welche mit der vorhergehenden nur dann übereinstimmt wenn man

$$\frac{dm}{dr}(y-b)+\frac{dn}{dr}(z-c)=o$$

hat. Diese ist also die Bedingungsgleichung welche Statt finden muß, wenn die gegebene Curve doppelter Krümmung durch Abwickelung der Curve der Krümmungsmittelpunkte soll entstehen können oder wenn diese eine abgewickelte Curve seyn soll. Da durch die drey Gleichungen I, II, III die Differentialverhältnisse $\frac{da}{dr}$, $\frac{db}{dr}$, $\frac{dc}{dr}$ bestimmt sind, so kann man, wenn die nur gefundene Bedingungsgleichung Statt findet, versichert seyn, daß die Gleichungen C die nehmlichen Differentialverhältnisse $\frac{da}{dr}$, $\frac{db}{dr}$, $\frac{dc}{dr}$ geben werden, man möge nun a, b, c, r allein, oder auch x, y, z, m, n veränderlich betrachten und daß folglich der Krümmungshalbmesser die Curve der Mittelpunkte alsdann berühren wird. Diese Verhältnisse selbst werden nun

Bedingungsgleichung welche Statt finden muß wenn die Curve doppelter Krümme eine Abwickelungs-Curve seyn soll.

$$\frac{da}{dr} = -\frac{\left(n\frac{dy}{dx} - m\frac{dz}{dx}\right)}{R}, \quad \frac{db}{dr} = \frac{\left(n - \frac{dz}{dx}\right)}{R},$$

$$\frac{dc}{dr} = -\frac{\left(m - \frac{dy}{dx}\right)}{R}$$

woraus man $dr = \sqrt{da^2 + db^2 + dc^2}$ bekommt. Man wird hier schon aus der Analogie mit §. 78 und 86. schließen, daß r = dem Bogen der Curve der Krümmungsmittelpunkte ist von dem Punkt angerechnet wo die Abwickelung angefangen bis zu dem Berührungspunkt.

Die Bedingungsgleichung $dm\,(y - b) + dn\,(z - c) = 0$ findet von selbst Statt wenn m und n beständig sind. In diesem Fall liegt der Krümmungskreis folglich auch die Curve selbst überall in der nehmlichen Ebene, deren Lage durch die Größen m und n bestimmt wird. Sind m und n veränderlich, so bestimmen sie an jedem Punkt der Curve die Ebene des Krümmungskreises und da diese Ebene die nehmlichen Differentialverhältnisse $\frac{dy}{dx}$, $\frac{dz}{dx}$, $\frac{d^2y}{dx^2}$, $\frac{d^2z}{dx^2}$ mit demselben und also auch mit der Curve hat, so wird sie mit ihr eine Berührung der zweyten Ordnung haben.

Wenn die vorgelegte Curve doppelter Krümmung eine abgewickelte Curve hat, so werden je zwey auf einander folgende Normalen oder Krümmungshalbmesser einander schneiden und also in einer Ebene seyn, folglich liegen alle Krümmungshalbmesser in einer Fläche welche der Abwickelung oder der Ausbreitung in eine Ebene fähig ist, und wovon die abgewickelte Curve die Wiederkehrungsgrenze (l'arète de rebroussement) ausmacht.

§. 92.

Quadratur der Cylinderflächen welche durch Projection der Curven doppelter Krümme entstehn.

Wenn man die Curve doppelter Krümmnng auf eine der festen Ebenen z. B. auf die der x und y entwirft, so kann man die entworfene Curve als die krummlinigte Abscissenaxe der Curve doppelter Krümmung ansehen, und dieselbe mit s bezeichnen, so daß s durch die Funktion $ds = \sqrt{dx^2 + dy^2}$ von x bestimmt wird. Da man sich nun das Stück der Cylinderfläche welches zwischen der Abscisse s, der Curve doppelter Krümmung und den beyden Ordinaten z die durch den Anfangspunkt und Endpunkt von s gehen, eingeschlossen ist, in eine Ebene ausgebreitet vorstellen kann, so kann man die Formeln der Quadratur und Rectification ebener Curven auf die

Rectification dieser Curven.

Quadratur und Rectification der Curven doppelter Krümmung anwenden, und man erhält $z\,ds = z\sqrt{dx^2 + dy^2}$ und wenn S der Bogen der Curve doppelter

Krümmung ist $dS = \sqrt{ds^2 + dz^2} = \sqrt{dx^2 + dy^2 + dz^2}$ und folglich wenn V die gedachte Fläche ist

$$V = \int z\, dx \sqrt{1 + \left(\frac{dy}{dx}\right)^2} + C \text{ und}$$

$$S = \int dx \sqrt{1 + \left(\frac{dx}{dy}\right)^2 + \left(\frac{dz}{dx}\right)^2} + C$$

Hieraus überzeugt man sich, daß wenn die Curve eine abgewickelte ist, die Länge ihres Bogens dem Krümmungshalbmesser gleich ist, wie im vorigen §. gedacht worden.

Diese Art die Curven doppelter Krümmung zu behandeln kann auch in andern Fällen von Nutzen seyn, z. B. wenn man die größten und kleinsten Ordinaten sucht.

Viertes Kapitel.

Von den krummen Oberflächen.

§. 93.

So wie eine Curve eine Berührungslinie haben kann, so kann bey einer krummen Oberfläche eine berührende Ebene Statt finden, und diese wird aus der Eigenschaft erkannt, daß durch den Berührungspunkt keine andere Ebene zwischen der ersten und der krummen Fläche möglich ist. Es sey nun $z = f(x, y)$ die Gleichung der krummen Oberfläche und $r = a + bp + cq$ die Gleichung der Ebene deren Coordinaten r, p, q sind, und worin a die Entfernung des Punktes wo die Ebene durch die Axe der z gehet vom Anfangspunkt, b die Tangente des Winkels den der Durchschnitt der Ebene und der Ebene der x und z mit der Axe der x macht, und c die Tangente des Winkels den der Durchschnitt der Ebene und der Ebene der y und z mit der Axe der y macht, bedeuten. Soll diese Ebene mit der krummen Oberfläche einen Punkt gemein haben der zu den Coordinaten x', y', z' gehört, so muß man bey einerley Anfangspunkt $p = x'$, $q = y'$, $r = z'$ und folglich $z' = a + bx' + cy'$ haben, wodurch eine der Constanten bestimmt werden kann. Setzt man nun so wohl in die Gleichung der Curve als auch in die Gleichung der Ebene $x' + \lambda i$ und $y' + \lambda o$ statt x' und y', wo λ ein willkührlich kleiner Coefficient bedeutet so werden die dazu gehörigen mit der Axe der z parallelen Ordinaten in beyden verschieden seyn können und man erhält wenn $,z$ $z,$ diese beyden neuen Ordinaten und D ihre Differenz bezeichnen

$$,z = z' + \frac{dz'}{dx'}\lambda i + \frac{dz'}{dy'}\lambda o + \frac{d^2z'}{2dx'^2}\lambda^2 i^2 + \frac{d^2z'}{dx'\,dy'}\lambda^2 io + \frac{d^2z'}{2dy'^2}\lambda^2 o^2 + \text{x.}$$

$$z, = z' + b\lambda i + c\lambda o \quad \text{folglich}$$

$$D = \left(\frac{dz'}{dx'} - b\right)\lambda i + \left(\frac{dz'}{dy'} - c\right)\lambda o + \frac{d^2z'}{2dx'^2}\lambda^2 i^2 + \frac{d^2z'}{dx'\,dy'}\lambda^2 io + \frac{d^2z'}{2dy'^2}\lambda^2 o^2 + \text{x.}$$

und man siehet, daß diese Differenz desto kleiner wird je mehr Coefficienten der erstern Dimensionen verschwinden. Macht man nun $\frac{dz'}{dx'} - b = 0$ und $\frac{dz'}{dy'} - c = 0$ oder $b = \frac{dz'}{dx'}$ und $c = \frac{dz'}{dy'}$ so wird dadurch, weil man schon $z' = a + bx' + cy'$ hat, die Ebene völlig bestimmt und die Differenz D wird nun so klein, daß man keine andere Ebene durch den gemeinschaftlichen Punkt zwischen der erstern und der krummen Oberfläche mehr legen kann. Es ist nehmlich bey einer solchen Ebene die Differenz

$$\mathfrak{D} = \left(\frac{dz'}{dx'} - \beta\right) \lambda i + \left(\frac{dz'}{dx'} - \gamma\right) \lambda o + \frac{d^2 z'}{2\, dx'^2} \lambda^2 i^2 + \frac{d^2 z'}{dx'\, dy'} \lambda^2 io + \frac{d^2 z'}{2\, dy'^2} \lambda^2 o^2 + \text{etc.}$$

Da nun

$$D = \frac{d^2 z'}{2\, dx'^2} \lambda^2 i^2 + \frac{d^2 z'}{dx' dy'} \lambda^2 io + \frac{d^2 z'}{2\, dy'^2}\, o^2 + \text{etc.}$$

so wird man allezeit λ so klein nehmen können, daß $\mathfrak{D} > D$ werden muß und es kann daher diese Ebene nicht zwischen der ersten und der krummen Oberfläche fallen. Die erstere ist daher eine Berührungsebene deren Lage durch die beyden Größen $b = \frac{dz'}{dx'}$, $c = \frac{dz'}{dy'}$ bestimmt ist. Denn es sey α der Neigungswinkel dieser Ebene gegen die Ebene der x und y und β die Neigung ihrer Durchschnittslinie mit dieser Ebene gegen die Axe der x so hat man $b = \sin \beta \operatorname{tg} \alpha$ und $c = \cos \beta \operatorname{tg} \alpha$ folglich $\operatorname{tg} \alpha = \sqrt{\left(\frac{dz'}{dx'}\right)^2 + \left(\frac{dz'}{dy'}\right)^2}$ und $\operatorname{tg} \beta = \frac{dz'}{dx'} : \frac{dz'}{dy'}$.

Jede grade Linie welche in der Berührungsebene liegt und durch den Berührungspunkt geht wird daher eine Berührungslinie der krummen Oberfläche seyn.

Wenn man in der Gleichung der Berührungsebene $z = a + \frac{dz'}{dx'} x + \frac{dz'}{dy'} y$ die Constanten a, $\frac{dz'}{dx'}$, $\frac{dz'}{dy'}$ einem durch die Coordinaten z', x', y' gegebenen Berührungspunkt gemäß bestimmt hat, so wird durch obige Gleichung jeder zu den Coordinaten x und y gehörige Punkt der Ebene bestimmt. Nimmt man nun y beständdig = y' während man x sich ändern läßt, so erhält man die Gleichung einer graden Linie, welche durch einen mit der Ebene der x und z parallelen durch den Berührungspunkt gehenden Schnitt der Berührungsebene entstehet, und welche grade Linie folglich eine Tangente ist. Wenn man eben so x beständig = x' setzt, indem sich y ändert, so erhält man die Gleichung einer graden Linie welche durch einen mit der Ebene der z und y parallelen durch den Berührungspunkt gemachten Schnitt der Berührungsebene entstehet, und welche ebenfalls eine Tangente ist. Diese beyden Berührungslinien sind respective parallel mit den Durchschnittslinien der Berührungsebene mit den Ebenen der z und x und der z und y.

Normallinie bey krummen Oberflächen.

Eine Linie welche auf diesen beyden Tangenten winkelrecht ist, ist auf der Berührungsebene winkelrecht und heißt **Normallinie**. Ihre Projectionen auf die Ebene der z und x und der z und y sind winkelrecht auf der Durchschnittslinie der Berührungsebene mit denselben Ebenen oder auf den Projectionen der vorgedachten Tangenten. Dieses giebt ein Mittel die Gleichungen der Normallinie zu finden, denn wenn

$$z = \alpha + \beta x$$
$$z = \gamma + \delta y$$

die Gleichungen der Projectionen dieser Linie sind, so muß in der ersten für $x = x'$, $z = z'$ und für $x = x' + z' \frac{dz'}{dx'}$, $z = 0$ werden, woraus man wie im §. 70.

$(z - z') : \frac{dz'}{d} + (x - x') = 0$ für die Gleichung der ersten Projection oder für die auf z und x, und eben so

$(z - z') : \frac{dz'}{dy'} + (y - y') = 0$ für die Gleichung der zweyten Projection oder für die auf z und y erhält.

§. 94.

Wenn überhaupt $z = U$ und $z = u$ die Gleichungen zweyer krummen Oberflächen und U, u Funktionen von x und y sind, so kann in u eine der Constanten so bestimmt werden, daß beyde krummen Oberflächen einen zu den Coordinaten x', y', z' gehörigen Punkt gemein haben. Nun ist die Differenz zweyer mit der Axe der z parallelen zu $x' + \lambda i$ und $y' + \lambda o$ gehörigen Ordinaten

$$D = \left(\frac{dU'}{dx'} - \frac{du'}{dx'}\right)\lambda i + \left(\frac{dU'}{dy'} - \frac{du'}{dy'}\right)\lambda o + \left(\frac{d^2U'}{dx'^2} - \frac{d^2u'}{dx'^2}\right)\frac{\lambda^2 i^2}{2} + \left(\frac{d^2U'}{dx'\,dy'} - \frac{d^2u'}{dx'\,dy'}\right)\lambda^2\, io + \left(\frac{d^2U'}{dy'^2} - \frac{d^2u'}{dy'^2}\right)\frac{\lambda^2 o^2}{2} + \text{etc.}$$

Sind nun in u noch ein Paar Constanten befindlich die man so bestimmen kann daß $\frac{du'}{dx'} = \frac{dU'}{dx'}$ und $\frac{du'}{dy'} = \frac{dU'}{dy'}$ wird, so kann man auf die vorhin gebrauchte Weise zeigen, daß zwischen den beyden krummen Oberflächen keine dritte Fläche durch den Berührungspunkt gehen kann, wenn sie nicht den nehmlichen Bedingungen entspricht.

Die drey Constanten werden daher durch die drey Gleichungen $U = u$, $\frac{dU}{dx} = \frac{du}{dx}$ und $\frac{dU}{dy} = \frac{du}{dy}$ bestimmt und es ist sichtbar, daß im Fall die zweyte Oberfläche nur durch eine auf o reducirte Gleichung z. B. $Z = 0$ wo Z eine Funktion von x, y, z ist, gegeben wäre, man zur Bestimmung dieser drey Constanten die Gleichungen $Z = 0$, $\frac{dZ}{dx} + \frac{dz}{dx}\frac{dZ}{dz} = 0$ und $\frac{dZ}{dy} + \frac{dz}{dy}\frac{dZ}{dz} = 0$ gebrauchen würde.

§. 95.

Wenn die Bedingungen der Berührung der ersten Ordnung erfüllt sind, so wird die Differenz

$$D = \left(\frac{d^2 U}{dx^2} - \frac{d^2 u}{dx^2}\right)\frac{\lambda^2 i^2}{2} + \left(\frac{d^2 U}{dx\,dy} - \frac{d^2 u}{dx\,dy}\right)\lambda^2\, io$$
$$+ \left(\frac{d^2 U}{dx^2} - \frac{d^2 u}{dy^2}\right)\frac{\lambda^2 o^2}{2} + \left(\frac{d^3 U}{dx^3} - \frac{d^3 u}{dx^3}\right)\frac{\lambda^3 i^3}{2.3}$$
$$+ \left(\frac{d^3 U}{dx^2\,dy} - \frac{d^3 u}{dx^2\,dy}\right)\frac{\lambda^3 i^2 o}{2} + \left(\frac{d^3 U}{dx\,dy^2} - \frac{d^3 u}{dx\,dy^2}\right)\frac{\lambda^3 io^2}{2}$$
$$+ \left(\frac{d^3 U}{dy^3} - \frac{d^3 u}{dy^3}\right)\frac{\lambda^3\, o^3}{2\;\;3} + \text{ꝛc.}$$

Sind nun in der Funktion u noch drey andere Constanten befindlich welche so bestimmt werden können, daß auch $\frac{d^2 U}{dx^2} = \frac{d^2 u}{dx^2}$, $\frac{d^2 U}{dx\,dy} = \frac{d^2 u}{dx\,dy}$, $\frac{d^2 U}{dy^2} = \frac{d^2 u}{dy^2}$ wird, so kann man auf eine ganz ähnliche Art wie vorhin zeigen, daß zwischen beyden Oberflächen keine dritte durch den Berührungspunkt gehen kann, wenn nicht bey ihr die nehmlichen Bedingungen erfüllt sind. Die krumme Oberfläche wird alsdann mit der gegebenen eine Berührung der zweyten Ordnung haben.

§. 96.

Nimmt man für die zweyte krumme Oberfläche die der Kugel, deren allgemeinste Gleichung $(x - a)^2 + (y - b)^2 + (z - c)^2 = r^2$, so siehet man, daß da in derselben nur vier willkührliche Constanten befindlich und zur Berührung der zweyten Ordnung deren sechs erforderlich sind, es nicht allgemein möglich ist, eine Kugelfläche die mit der gegebenen eine Berührung der zweyten Ordnung hat oder eine Krümmungssphäre zu finden, wie man bey einer Curve den Krümmungskreis bestimmen kann. Die Berührungselemente sind nur zu einer Berührung der ersten Ordnung

nung hinreichend. Nimmt man nehmlich die beyden ersten Differentiale in Bezug auf x und y so erhält man noch die beyden Gleichungen

$$(x - a) + \frac{dz}{dx}(z - c) = 0 \text{ und}$$

$$(y - b) + \frac{dz}{dy}(z - c) = 0.$$

Man kann also mit Hülfe der Gleichung für die Kugelfläche die drey Constanten a, b, c bestimmen und man erhält

$$a = x + \frac{r\frac{dz}{dx}}{\sqrt{\left(1 + \left(\frac{dz}{dx}\right)^2 + \left(\frac{dz}{dy}\right)^2\right)}}$$

$$b = y + \frac{r\frac{dz}{dy}}{\sqrt{\left(1 + \left(\frac{dz}{dx}\right)^2 + \left(\frac{dz}{dy}\right)^2\right)}} \text{ und}$$

$$c = z - \frac{r}{\sqrt{\left(1 + \left(\frac{dz}{dx}\right)^2 + \left(\frac{dz}{dy}\right)^2\right)}}$$

worin für $\frac{dz}{dx}$ und $\frac{dz}{dy}$ ihre Werthe aus den Differentialgleichungen der gegebenen krummen Oberfläche genommen werden, r aber unbestimmt bleibt. Die Mittelpunkte aller Berührungssphären an einem Punkt der krummen Oberfläche liegen daher in einer graden Linie welche durch die obige Gleichungen bestimmt wird und welche also winkelrecht oder normal auf die krumme Oberfläche ist.

Ob man nun gleich den drey zur Berührung der zweyten Ordnung gehörigen Gleichungen mittelst der in der Gleichung für die Kugelfläche enthaltenen Constanten nicht einzeln Genüge thun kann, so kann man doch die noch übrige Constante r oder den Halbmesser der Berührungssphäre so bestimmen daß die Gesammtheit der zur zweyten Dimension gehörigen Glieder in D verschwindet oder daß man

$$\left(\frac{d^2U}{dx^2}-\frac{d^2u}{dx^2}\right)+2\left(\frac{d^2U}{dx\,dy}-\frac{d^2u}{dx\,dy}\right)\frac{o}{i}+\left(\frac{d^2U}{dy^2}-\frac{d^2u}{dy^2}\right)\frac{o^2}{i^2}=0$$

hat. Nun ist aber bey der Kugel $\frac{d^2u}{dx^2}=\frac{d^2z}{dx^2}=-\frac{1+\left(\frac{dz}{dx}\right)^2}{z-c}$, $\frac{d^2u}{dx\,dy}=\frac{d^2z}{dx\,dy}=-\frac{\frac{dz}{dx}\,\frac{dz}{dy}}{z-c}$ und $\frac{d^2u}{dy^2}=\frac{d^2z}{dy^2}=-\frac{1+\left(\frac{dz}{dy}\right)^2}{z-c}$ folglich wird die obige Gleichung

$$\frac{dU^2}{dx^2}+\frac{1+\left(\frac{dz}{dy}\right)^2}{z-c}+2\left\{\frac{d^2U}{dx\,dy}+\frac{\frac{dz}{dx}\,\frac{dz}{dy}}{z-c}\right\}\frac{o}{i}+\left\{\frac{d^2U}{dy^2}+\frac{1+\left(\frac{dz}{dy}\right)^2}{z-c}\right\}\frac{o^2}{i^2}=0$$

Wird nun r so bestimmt, daß dieser Gleichung Genüge geschiehet, welches erfordert, daß man $\frac{o}{i}$ willkührlich annimmt und für $z-c$ den oben gefundenen Werth setzt, so kann keine andere Kugelfläche zwischen der Kugelfläche von dem Halbmesser r und dem Punkte der krummen Oberfläche der zu den Coordinaten $x+i$ und $y+o$ gehört mehr durchgehn, und da der Werth von r der nehmliche bleibt so lange das Verhältniß $\frac{o}{i}$ sich nicht ändert, so wird das nehmliche von allen denjenigen Punkten der krummen Oberfläche gelten, für welche $\frac{o}{i}$ einerley bleibt. Nimmt man nun alle die Werthe von λi und λo für welche dieses Verhältniß einerley Werth behält, so wird dadurch auf der krummen Oberfläche ein Stück einer Curve bezeichnet, dessen Projection auf die Ebene der x und y eine grade Linie ist, die durch die Endpunkte der Ordinate y und $y + \lambda o$ geht und welche folglich der Schnitt einer durch z gehenden Ebene mit der krummen Oberfläche ist. Die vorgedachte Kugelfläche wird also mit diesem Curvenelement eine Berührung der zweyten Ordnung haben oder sie wird dessen **Krümmungskugel** (sphära osculatrix) seyn.

§. 97.

Um nun den Krümmungshalbmesser r zu bestimmen setze man in der so eben gefundenen Bedingungsgleichung zur Abkürzung $\frac{o}{i} = m$, $\frac{dz}{dx} = p$, $\frac{dz}{dy} = q$ u. entwickele daraus $z - c$ so erhält man $z - c = - \frac{1+p^2+2pqm+(1+q^2)m^2}{\frac{d^2U}{dx^2} + 2\frac{d^2U}{dx\,dy}m + \frac{d^2U}{dy^2}m^2}$ u. da $z - c = \frac{r}{\sqrt{1+p^2+q^2}}$ so wird

$$r = - \frac{(1+p^2+2pqm+(1+q^2)m^2)\sqrt{1+p^2+q^2}}{\frac{d^2U}{dx^2} + 2\frac{d^2U}{dx\,dy}m + \frac{d^2U}{dy^2}m^2}$$

Da aber das Verhältniß m völlig willkührlich ist so kann man denjenigen Werth von m suchen, für welchen r ein Maximum oder ein Minimum seyn kann, zu welchem Ende man nur $\frac{dr}{dm} = o$ setzen darf. Dieses giebt der Kürze wegen für $\frac{d^2U}{dx^2}$, $\frac{d^2U}{dx\,dy}$ und $\frac{d^2U}{d^2y}$, U'', $U_{,}'$ $U_{,,}$ und gesetzt

$$m^2\,[(1+q^2)\,U_{,}' - p\,q\,U_{,,}] + m\,[(1+q^2)\,U'' - (1+p^2)\,U_{,,}] - [(1+p^2)\,U_{,}' - p\,q\,U''] = 0 \qquad I$$

woraus, die Coefficienten der Potenzen von m nach der Reihe mit A, B, C bezeichnet,

$$m = -\frac{B \pm \sqrt{B^2 - 4AC}}{2A}$$

wird. Da $\frac{d^2r}{dm^2} =$

$$-2\frac{(2Am+B)\sqrt{1+p^2+q^2}}{(U''+2U_{,}'m+U_{,,}m^2)^2}$$

$$+\frac{4(m^2A+mB-C)(U_{,}'+U_{,,})m\sqrt{1+p^2+q^2}}{(U''+2U_{,}'m+U_{,,}m^2)^3}$$

so wird das zweyte Glied des zweyten Theils wenn man darin die oben gefundenen Werthe von m setzt in beyden Fällen 0 und das erste Glied wird positiv je nachdem man bey dem Wurzelzeichen im Werthe von m das Zeichen — oder das Zeichen + nimmt. Der erste der Werthe von m giebt also ein Minimum, der zweyte ein Maximum für r.

Curven der grösten und kleinsten Krümme.

Es giebt also an jedem Punkte der krummen Oberfläche ein Paar Curvenelemente in derselben, die sich schneiden und wovon das eine den größten aller an diesem Punkte möglichen Krümmungshalbmesser, das andere aber den kleinsten aller dieser Krümmungshalbmesser hat. Man nennt die Curven wozu diese Elemente gehören die **Curven der grösten und kleinsten Krümmung** *).

---

*) Diese Curven von denen hier nur die um den gedachten Punkt liegenden Elemente in Betracht gezogen worden,

Um den Winkel zu finden unter welchen sich diese Curven schneiden, darf man nur den Anfangspunkt der Coordinaten in dem gedachten Punkt und die Ebene der x und y so nehmen, daß sie mit der Berührungsebene an diesem Punkt zusammenfällt und folglich die Krümmungsmittelpunkte in der Axe der z fallen, alsdann werden auch die Projectionen der Curven der größten und kleinsten Krümmung auf der Berührungsebene mit diesen Curven selbst einerley Tangenten haben und der Winkel den diese Tangenten machen, ist der, unter dem sich beyde Curven schneiden, und die beyden Werthe von m sind die Tangenten der Winkel welche diese Curven oder ihre Tangenten mit der Axe der x machen. Da nun in dem angenommenen Fall $p = 0$ und $q = 0$ werden so erhält man zur Bestimmung von m aus der Gleichung I folgende Gleichung: $m^2 U'_{,} + m(U'' - U_{,,}) - U_{,}' = 0$ oder $m^2 + \frac{U'' - U_{,,}}{U'_{,}} m - 1 = 0$, woraus folgt; daß wenn m', m'' die Tangenten der nur gedachten beyden Winkel sind, ihr Produkt $m' . m'' = -1$ seyn wird, folglich ist die Tangente der Differenz, eben dieser Winkel $= \infty$ und daher die Differenz selbst ein rechter Winkel. Die beyden Curven der größten und kleinsten Krümmung werden sich also allezeit unter einem rechten Winkel schneiden, oder die Ebenen des größten und kleinsten Krümmungskreises an jedem Punkt der krummen Oberfläche stehen auf einander senkrecht.

haben noch die Eigenschaft, daß sie von allen auf der vorgegebenen Oberflache durch den gedachten Punkt gehenden Curven die einzigen sind welche eine abgewickelte Curve haben können, wovon man sich durch eine ähnliche Analyse wie im §. 91. überzeugen kann.

Ist die gegebene krumme Oberfläche selbst eine Kugelfläche so fällt an jedem Punkt die Krümmungskugel mit ihr zusammen. In diesem Fall wird die obige Gleichung für m identisch = o und man kann daher einen Werth für m wie man will annehmen, woraus folgt, daß es in jedem Punkte eine unendliche Menge von Curven größter und kleinster Krümmung giebt, nehmlich je zwey auf einander senkrecht stehende größte Kreise. Das Maximum und Minimum fallen hier zusammen, und die Kugel ist rings um jeden Punkt ihrer Oberfläche gleich gekrümmt.

§. 98.

In dem Fall wenn die Axe der x mit der Tangente der Curve größter oder kleinster Krümmung folglich die Axe der y mit der Tangente der Curve kleinster oder größter Krümmung zusammen fällt, wird einer der Werthe von m = o und also der andere = ∞. Dieß erfordert, daß $U'_{,} = 0$ wird. Da nun die Lage der Axe der x in der Berührungsebene gänzlich willkührlich ist, so kann man dieselbe allezeit so nehmen, daß man $U'_{,} = 0$ hat, in welchem Falle also allemahl $d^2 z = U'' dx^2 + U_{,,} dy^2$ seyn muß.

§. 99.

Die Kugel kann nicht in allen Fällen mit einer krummen Oberfläche eine vollständige Berührung der zweyten Ordnung haben. Wenn aber ein Paar krumme Oberflächen an einem Punkt eine vollständige Berührung der zweyten Ordnung haben so ist augenscheinlich, daß sie in jeder durch den Krümmungshalbmesser gehenden Ebene gleich gekrümmt sind. Wenn ferner zwey krumme Oberflächen einen Berührungspunkt haben, die Curven der größten und kleinsten Krümmung aber respective gleich gekrümmt sind und in einerley Ebenen liegen so werden diese beyden krummen Oberflächen eine vollständige Berührung der zweyten Ordnung haben. Denn man hat in diesem Fall wenn ihre Gleichungen $Z = U$ und $z = u$ sind, in der ersten $d^2 Z = U'' \, dx^2 + U_{''} \, dy^2$ und in der zweyten $d^2 z = u'' \, dx^2 + u_{''} \, dy^2$ und überdem $Z = z$. Ferner findet man aus der Gleichung §. 97. für den Krümmungshalbmesser r, wenn man $m = 0$ und $m = \infty$ setzt, $r' = -\frac{1}{U''}$ und $r'' = -\frac{1}{U_{''}}$ wo von r', r'' eins den größten und das andere den kleinsten Krümmungshalbmesser bedeutet. Da nun hier die Krümmungshalbmesser in beyden krummen Oberflächen einerley sind so hat man $U'' = u''$ und $U_{''} = u_{''}$. Es wird also in der Differenz D. §. 95. den Bedingungen genügt welche zur Berührung der zweyten Ordnung gehören.

Hieraus folgt daß die krumme Oberfläche welche entsteht wenn der größte Krümmungskreis sich um eine grade Linie dreht, welche in seiner Ebene winkelrecht auf dem Krümmungshalbmesser durch den Mittelpunkt des kleinsten Berührungskreises steht, mit der gegebenen krummen Oberfläche eine vollständige Berührung der zweyten Ordnung haben müsse. Das nehmliche gilt von einer krummen Oberfläche welche durch die Umdrehung des kleinsten Krümmungskreises um eine grade Linie erzeugt wird, welche in seiner Ebene winkelrecht auf den Krümmungshalbmesser durch den Mittelpunkt des größten Berührungskreises gezogen wird. Denn jede dieser Flächen hat mit der krummen Oberfläche einerley Krümmung in den Curven der größten und kleinsten Krümmung.

Man kann auch schließen, daß eine Fläche die aus der Umdrehung eines Kreisabschnittes um seine Sehne entsteht im Allgemeinen eine Berührung der zweyten Ordnung mit einer gegebenen krummen Oberfläche haben könne, denn ihre Bestimmung erfordert, daß man erstens die Lage der Umdrehungsaxe im Raum kenne wozu vier Constanten gehören, hiernächst muß man auch die Länge der Sehne und den Halbmesser des Kreises kennen, welches also die sechs Constanten sind, die der Berührung der zweyten Ordnung gemäß bestimmt werden können.

§. 100.

Aus dem §. 96. ergiebt sich, daß wenn eine Gleichung $V = o$ für eine krumme Oberfläche deren Coordinate x', y', z' sind nur drey Constanten a, b, c enthält, solche allezeit so bestimmt werden können, daß diese Oberfläche an einem gewissen Punkt mit einer gegebenen krummen Oberfläche eine Berührung der ersten Ordnung habe. Alsdann werden die Constanten a, b, c durch x', y', z' und durch $\frac{dz'}{dx'}$, $\frac{dz'}{dy'}$ vermittelst der Gleichungen $V = o$, $\frac{d(V)}{dx} = o$, $\frac{d(V)}{dy} = o$ bestimt, wenn man darin x', y', z', $\frac{dz'}{dx'}$, $\frac{dz'}{dy'}$, statt x, y, z, $\frac{dz}{dx}$, $\frac{dz}{dy}$ aus der Gleichung für die gegebene krumme Oberfläche substituirt. Nimmt man diese so bestimmten Werthe von a, b, c in der Gleichung $V = o$ und behält sie unverändert bey so wird dadurch eine krumme Oberfläche vorgestellt die die gegebene krumme Oberfläche in dem Punkt dessen Coordinaten x', y', z' sind, berührt. Nimmt man a, b, c veränderlich so werden die aufeinander folgenden Werthe derselben eine Folge von krummen Oberflächen vorstellen, welche die gegebene krumme Oberfläche in aufeinander folgenden Punkten berühren.

§. 101.

Wenn nun umgekehrt eine Gleichung zwischen den Elementen a, b, c der Berührung in einer Gleichung $V = o$ für eine krumme Oberfläche gegeben ist, so wird dadurch ein gewisses System dieser krummen Oberflächen bestimmt. Ist z. B. $V = o$ die Gleichung für die Kugel und a, b, c die Coordinaten ihres Mittelpunkts so werden dadurch alle Kugeln von gleichen Halbmessern ausgedrückt deren Mittelpunkte in eine krumme Oberfläche liegen welche durch die Gleichung $c = \varphi\, a, b$ bestimmt wird. Nun kann man die Gleichung derjenigen krummen Oberfläche suchen welche alle die krummen Oberflächen deren Gleichung $V = o$ und die durch die Gleichung $c = \varphi\, a, b$ verbunden sind, zugleich berührt. Die Gleichung für die gesuchte krumme Oberfläche muß nun so beschaffen seyn, daß sie die nehmlichen Differentialgleichungen $\frac{d(V)}{dx} = o$ und $\frac{d(V)}{dy} = o$ giebt es mögen a, b, c beständig oder veränderlich d. i. Funktion von x und y seyn, was auch übrigens die Gleichung $c = \varphi\, a, b$ für eine Form hat. Dazu wird erfordert, daß man

$$\frac{dV}{da}\frac{da}{dx} + \frac{dV}{db}\frac{db}{dx} + \frac{dV}{dc}\frac{dc}{dx} = o \text{ und}$$

$$\frac{dV}{da}\frac{da}{dy} + \frac{dV}{db}\frac{db}{dy} + \frac{dV}{dc}\frac{dc}{dy} = o \text{ hat.}$$

Nun ist aber vermöge der Gleichung $c = \varphi\, a, b$

$$\frac{dc}{dx} = \frac{d.\varphi\, a, b}{da}\frac{da}{dx} + \frac{d.\varphi\, a, b}{db}\frac{db}{dx} \text{ und}$$

$$\frac{dc}{dy} = \frac{d.\varphi\, a, b}{da}\frac{da}{dy} + \frac{d.\varphi\, a, b}{db}\frac{db}{dy}.$$

Substituirt man diese Werthe in die obige Gleichung so wird

$$\left(\frac{dV}{da}+\frac{dV}{dc}\cdot\frac{d\varphi\,a,b}{da}\right)\frac{da}{dx}+\left(\frac{dV}{db}+\frac{dV}{dc}\cdot\frac{d.\varphi\,a,b}{db}\right)\frac{db}{dy}=0$$

und

$$\left(\frac{dV}{da}+\frac{dV}{dc}\cdot\frac{d\varphi\,a,b}{da}\right)\frac{da}{dy}+\left(\frac{dV}{db}+\frac{dV}{dc}\cdot\frac{d.\varphi\,a,b}{db}\right)\frac{db}{dy}=0$$

woraus folgt, daß

$$\frac{da}{dx}\,\frac{db}{dy}-\frac{da}{dy}\,\frac{db}{dx}=0$$

seyn muß. Diese Gleichung muß also allemahl unter den Elementen und b Statt finden die Gleichung $c = \varphi\,a,b$ sey welche sie wolle. Man kann dieser Gleichung Genüge thun indem man a oder b als eine willkührliche Funktion von x und y betrachtet, und dann b oder a der Gleichung gemäß bestimmt.

§. 102.

Da b als eine willkührliche Funktion von x und y angenommen werden kann und alsdann a ebenfalls als eine Funktion von x und y gefunden wird, so kann man auch b als eine willkührliche Funktion von a annehmen. Alsdann wird in V nur die einzige Constante a verbleiben, welche man so bestimmen kann daß $\frac{dV}{da} = 0$ wird, und es wird das System der krummen Oberflächen welches durch die Gleichung $V = 0$ vorgestellt wird, für die verschiedenen Werthe von a eine Folge von krummen Oberflächen seyn, wovon je zwey aufeinanderfolgende sich in einer besonderrn Curve schneiden werden. Alle diese Oberflächen werden nun von der krummen Oberfläche welche durch das System der beyden Gleichungen $V = 0$ und $\frac{dV}{da} = 0$ vorgestellt wird, nicht mehr in einem Punkt berührt, sondern in allen den Punkten, worin sich je zwey auf einander folgende krumme Oberflächen des Systems schneiden.

§. 103.

Man stelle sich unter $V = o$ die Gleichung einer Ebene nehmlich $z = a + bx + cy$ vor. Setzt man nach dem vorhergehenden für b und c die beyden willkührlichen Funktionen fa und φa so wird das System der beyden Gleichungen

$$z = a + xfa + y\varphi a \text{ und } 1 + xf'a + y\varphi' a = o$$

diejenige krumme Oberfläche vorstellen, welche durch die gemeinschaftlichen Durchschnittslinien aller Ebenen welche durch die auf einanderfolgenden Werthe von a entstehen, gebildet wird und welche folglich alle diese Ebenen in in diesen Durchschnittslinien berührt. Da nun für die Elemente a, b, die §. 101. gefundene Gleichung $\frac{da}{dx}\frac{db}{dy} - \frac{da}{dy}\frac{db}{dx} = o$ Statt finden muß und da ferner die bloße Berührung einer krummen Oberfläche mit einer Ebene erfordert, daß $a = z - x\frac{dz}{dx} - y\frac{dz}{dy}$ und $b = \frac{dz}{dx}$ sey, so erhält man $\frac{da}{dx} = - x\frac{d^2z}{dx^2} - y\frac{d^2z}{dy\,dx}$ und $\frac{da}{dy} = - x\frac{d^2z}{dx\,dy} - y\frac{d^2z}{dy^2}$, $\frac{db}{dx} = \frac{d^2z}{dx^2}$ und $\frac{db}{dy} = \frac{d^2z}{dz\,dy}$. Diese Werthe in die obige Gleichung substituirt, geben

$$\left(\frac{d^2z}{dx\,dy}\right)^2 - \frac{d^2z}{dx^2}\frac{d^2z}{dy^2} = o$$

Dieß ist also der allgemeine Charakter solcher krummen Oberflächen welche aus lauter graden Linien bestehen in deren jeder sie von einer Ebene berührt werden und die

Charakter der abwickelungsfähigen Flächen.

daher einer Abwickelung oder Ausbreitung in eine ebene Fläche fähig sind, ohne daß sich ihre Theile trennen oder auf einander fallen. Wenn man für eine krumme Oberfläche welche diesen Charakter hat den Krümmungshalbmesser der Curve der kleinsten Krümmung nach §. 97. sucht so findet man denselben unendlich groß, woraus sich ergiebt, daß in jedem Punkt dieser krummen Oberfläche eine grade Linie ganz mit derselben zusammen fällt.

§. 104.

Es sind nicht alle krumme Flächen die von einer graden Linie erzeugt werden der Abwickelung fähig, sondern nur diejenigen welche in jeder dieser Linien von einer Ebene berührt werden. Diejenigen Flächen welche man im gemeinen Leben und in den Künsten windschiefe Flächen nennt, sind keiner Abwickelung fähig. Diese Flächen entstehn indem eine grade Linie sich mit einer Ebene beständig parallel und so bewegt, daß sie durch zwey andere grade Linien gehet welche dieselbe Ebene schneiden ohne selbst in einer Ebene zu liegen. Es seyn die Gleichungen der beyden gegebenen Linien $y = ax + b$, $z = cx + d$ und $y = a'x + b'$, $z = c'x + d'$ wo die Ebene der x und y diejenige seyn soll mit der die erzeugende grade Linie beständig parallel bleibt. Giebt man in beyden graden Linien den Aplicaten z denselben Werth, so muß die grade Linie welche die Endpunkte dieser Aplicate verbindet ganz in die gedachte Fläche fallen. Bezeichnet man nun die zu gleichen z in beyden graden Linien gehörigen Ordinaten mit x′, y′ und mit x″, y″ so wird $x' = \frac{z - d}{c}$, $x'' = \frac{z - d'}{c'}$, $y' = \frac{a(z - d) + bc}{c}$, $y'' = \frac{a'(z - d') + b'c'}{c'}$.

Hieraus ergiebt sich leicht die Gleichung der Projection der vorgedachten graden Linie auf die Ebene der x und y und da diese Gleichung die veränderliche Größe z enthält, so drückt sie zugleich die gesuchte Oberfläche aus. Um die Sache zu vereinfachen wollen wir die erste der gegebenen graden Linien winkelrecht auf die Ebene der x und y und zugleich den Anfangspunkt der Coordinaten in dem Durchschnittspunkt dieser senkrechten mit der Ebene der x und y annehmen wodurch a, b und $d = o$, und $c = \infty$ wird. Alsdann erhält man für die gesuchte Oberfläche die Gleichung $\frac{a'(z-d')+b'c'}{z-d'} = \frac{y}{x}$ oder $a'(z-d')x + b'c'x = y(z-d')$. Sollte nun diese Fläche der Abwickelung fähig seyn, so müßte man nach §. 103. $\left(\frac{d^2z}{dx\,dy}\right)^2 = \frac{d^2z}{dx^2}\,\frac{d^2z}{dy^2}$ haben. Man findet aber $\frac{d^2z}{dx^2} = \frac{2a'[a'(z-d')+b'c']}{(a'x-y)^2}$, $\frac{d^2z}{dy^2} = \frac{2(z-d')}{(a'x-y)^2}$, $\frac{d^2z}{dx\,dy} = \frac{-2a'(z-d')-b'c'}{(a'x-y)^2}$ folglich $\left(\frac{d^2z}{dx\,dy}\right)^2 = \frac{4a'^2(z-d')^2 + 4a'b'c'(z-d') + b'^2c'^2}{(a'x-y)^4}$ und $\frac{d^2z}{dx^2}\cdot\frac{d^2z}{dy^2} = \frac{4a'^2(z-d')^2 + 4a'b'c'(z-d')}{(a'x-y)^4}$ und es kann also $\left(\frac{d^2z}{dx\,dy}\right)^2$ nicht anders $= \frac{d^2z}{dx^2}\cdot\frac{d^2z}{dy^2}$ seyn als wenn entweder c' oder $b' = o$ wird, d. h. wenn die zweyte der gegebenen Linien entweder in eine auf der Ebene der x und y winkelrechten oder in einer damit parallelen Ebene liegt.

§. 105.

Man kann das System der berührenden Ebenen leicht so anordnen, daß sie sämmtlich durch einen außerhalb der gegebenen krummen Oberfläche liegenden Punkt gehn, oder auch daß sie sämmtlich mit irgend einer gegebenen graden Linie parallel sind, woraus Aufgaben entstehen die in der Perspectiv und in der Theorie der Schatten vorkommen.

§. 106.

Wenn man die größten und kleinsten Applicaten einer krummen Oberfläche sucht so verfährt man ganz wie bey ebenen Curven indem man die Lehre vom Maximum und Minimum bey den Gleichungen dieser krummen Oberflächen anwendet. Die größten und kleinsten Applicaten können wie man leicht sieht an den Punkten der krummen Oberfläche Statt finden wo die Berührungsebene mit der Ebene der x und y parallel ist. In diesem Fall hat man $\operatorname{tg} \alpha = 0$ folglich nach §. 93. $\left(\frac{dz}{dx}\right)^2 + \left(\frac{dz}{dy}\right)^2 = 0$ welches erfordert, daß sowohl $\frac{dz}{dx}$ als $\frac{dz}{dy}$ jedes besonders $= 0$ sey. Und dieses sind eben die Bedingungen welche Statt finden müssen wenn z ein Maximum oder ein Minimum seyn soll.

Um ein Beyspiel von dem Verfahren zu geben wodurch das Maximum oder Minimum einer Funktion zweyer veränderlichen Größen gefunden wird, wollen wir die kürzeste Entfernung zweyer graden Linien suchen die nicht in einer und derselben Ebene liegen. Es sey zu dem Ende x die Abscisse der einen dieser Linien und die beyden dazu gehörigen Ordinaten $a + bx$ und $c + dx$. Ferner sey y die auf den nehmlichen Anfangspunkt bezogene Abscisse der andern graden Linie und die beyden dazu gehörigen Ordinaten $A + By$ und $C + Dy$, so wird das Quadrat der Entfernung zweyer zu irgend zweyen Abscissen x und y gehörigen Punkten in den gegebenen Linien

$$(x - y)^2 + (a - A + bx - By)^2 + (c - C + dx - Dy)^2$$

Da nun die Entfernung die kürzeste ist wenn ihr Quadrat das kleinste ist, so darf man nur das Minimum des obigen Ausdrucks suchen und mehrerer Einfachheit wegen denselben $= 2z$ setzen. Dann erhält man zur Bestimmung von x und y die beyden Gleichungen

$$\frac{dz}{dx} = x - y + b\,(a - A + bx - By) + d\,(c - C + dx - Dy) = 0$$

$$\frac{dz}{dy} = -(x - y) - B\,(a - A + by - By) - D\,(c - C + dx - Dy) = 0.$$

Ferner wird

$$\frac{d^2z}{dx^2} = 1 + b^2 + B^2,\ \frac{d^2z}{dy^2} = 1 + B^2 + D^2,$$

$$\frac{d^2z}{dx\,dy} = -1 - bB - dD$$

weil nun $\frac{d^2z}{dx^2}$ beständig positiv ist so kann nur das Minimum Statt finden, wenn nehmlich noch die Bedingung $\frac{d^2z}{dx^2} \cdot \frac{d^2z}{dy^2} - \left(\frac{d^2z}{dx\,dy}\right)^2 > 0$ erfüllt wird. Nun ist diese Größe

$$= (1 + b^2 + d^2)(1 + B^2 + D^2) - (1 + bB + dD)^2$$
$$= (b - B)^2 + (d - D)^2 + (bD - dB)^2$$

also offenbar positiv, folglich findet das Minimum wirklich Statt.

Da die gesuchte Linie auf beyden gegebenen zugleich senkrecht stehen muß, so kann man die Aufgabe geometrisch auf folgende Art auflösen. Um die Vorstellung zu fixiren nehme man die eine der Linien horizontal an, und die andere stehe schief gegen den Horizont ohne die erste zu schneiden. Aus einem beliebigen Punkt A der Horizontalen ziehe man eine Linie winkelrecht auf die andere die sie in B trifft und eine zweyte ihr parallel.

Durch diese und die Horizontale lege man eine Ebene und ziehe darin eine grade Linie aus A winkelrecht auf die Parallele. Auf diese Winkelrechte ziehe man wieder eine Winkelrechte aus B und durch den Fußpunkt derselben eine Parallele mit der schiefen Linie. Diese Parallele muß die Horizontale in irgend einen Punkt treffen, und die aus diesem auf die schiefe gezogene Winkelrechte, ist die auf beyden gegebenen Winkelrechte, und mithin das gesuchte Minimum.

Fünftes Kapitel.

Von der Cubatur der Körper und der Quadratur ihrer krummen Oberflächen.

§. 107.

Wenn man sich den Anfangspunkt der Ordinaten innerhalb eines von einer krummen Oberfläche eingeschlossenen Körpers denkt so kann man ein prismatisches Stück dieses Körpers welches von den drey festen durch den Anfangspunkt der Coordinaten aufeinander senkrechten Ebenen, von den mit der Ebene der x und z und der Ebene der y und z durch die Aplicate z gehenden Ebenen und von dem zwischen den vier auf der Ebene der x, y senkrechten Ebenen enthaltene Stück der krummen Oberfläche, eingeschlossen wird, als eine Funktion von x und y betrachten. Es sey u dieser Funktion so wird, wenn man erst x allein um λi vergrößert, der körperliche Inhalt um ein prismatisches Stück $\Delta^x u = \frac{du}{dy} \lambda i + \frac{1}{2} \frac{d^2 u}{dx^2} \lambda^2 i^2 +$ ꝛc. wachsen, läßt man aber y

um

um λo wachsen, so wird der körperliche Inhalt um ein anderes prismatisches Körperstück $\Delta^{y} u = \frac{du}{dy} \lambda o + \frac{1}{2} \frac{d^2 u}{dy^2} \lambda^2 o^2 +$ ꝛc. zunehmen. Läßt man nun beyde, x und y zugleich um λi, λo zu nehmen, so wird die gesammte Zunahme von U oder

$$\Delta^{xy} u = \frac{du}{dx} \lambda i + \frac{du}{dy} \lambda o + \frac{d^2 u}{2 d^2 x} \lambda^2 i^2 + \frac{d^2 u}{dx\, dy} \lambda^2 io + \frac{1}{2} \frac{d^2 u}{dy} \lambda^2 o^2 + \text{ꝛc.}$$

seyn. Zieht man $\Delta^{x} u + \Delta^{y} u$ von $\Delta^{xy} u$ ab, so ist der Rest eine Reihe nach den steigenden Potenzen von λ deren erstes Glied $\frac{d^2 u}{dx\, dy} \lambda^2 io$ ist. Diese Reihe wird ein parallelepipedisches Körperstück ausdrücken wovon die vier Kantenlinien z, $z + \frac{dz}{dx} \lambda i +$ ꝛc., $z + \frac{dz}{dy} \lambda o +$ ꝛc. und $z + \frac{dz}{dx} \lambda i + \frac{dz}{dy} \lambda o +$ ꝛc. sind. Man würde diese Reihe ebenfalls gefunden haben, wenn man die Zunahme von $\Delta^{x} u$ gesucht hätte indem y um λo zunimmt, oder die Zunahme von $\Delta^{y} u$ wenn x um λi zunimmt. Nun ist das parallelepipedische Stück welches durch die Reihe deren erstes Glied $\frac{d^2 u}{dx\, dy} \lambda^2 io$ ist, ausgedrückt wird, allemahl zwischen zwey von den vier, folgenden Parallelepipeden enthalten

$$\lambda^2 io . z,\ \lambda^2 io\left(z + \frac{dz}{dx} \lambda i + \text{ꝛc.}\right),\ \lambda^2 io\left(z + \frac{dz}{dy} \lambda o + \text{ꝛc.}\right)$$

$$\lambda^2 io \left(z + \frac{dz}{dx} \lambda i + \frac{dz}{dy} \lambda o + \text{ꝛc.}\right)$$

Wenn man nun den gemeinschaftlichen Factor $\lambda^2 io$ aller dieser fünf Reihen wegläßt, so muß die Reihe deren erstes Glied $\frac{d^2 u}{dx\, dy}$ ist, allemahl zwischen zweyen

Reihen enthalten seyn, deren jede mit z anfängt. Man wird sich nun leicht nach §. 85. überzeugen, daß dieses bey der beständigen Abnahme von λ nicht anders möglich ist als wenn $\frac{d^2 u}{dx\, dy} = z$ ist.

Nun entstehet der Differentialcoefficient $\frac{d^2 u}{dx\, dy}$ aus der Funktion u wenn man zuerst nach x und dann nach y oder umgekehrt differenziirt. Man wird also die Funktion u erhalten wenn man zuerst nach x und dann nach y oder umgekehrt integrirt. Man erhält also $\frac{du}{dx}$

Allgemeine Formel der Cubatur. $= \int z\, dy + X$ und $u = \int dx \int z\, dy + \int X\, dx + Y$ wo X und Y blos Funktionen von x oder von y sind.

Wenn man die umgekehrte Ordnung im Integriren beobachtet hätte, würde man $u = \int dy \int z\, dx + \int Y\, dy + X$ gefunden haben. Man bezeichnet daher die beyden ersten Integrale, oder vielmehr die doppelte Integration welche diese Ausdrücke erheischen mit $\int\int z\, dx\, dy$ wobey es also willkührlich ist ob man zuerst nach y oder nach x integrirt.

Wenn man die Integrale zwischen Grenzen nimmt die durch die Natur des Problems bestimmt werden, so fallen die willkührlichen Funktionen X u. Y von selbst weg.

§. 108.

Diese Methode den körperlichen Inhalt zu finden setzt voraus, daß z eine aufgelöste Funktion von x und y sey. Wenn daher z nur durch eine Gleichung z. B. $z^3 - a x z^2 - b x y = 0$ gegeben ist, so beruhet die Cubatur auf die Auflösung der Gleichungen.

Da hier $x = \frac{z^3}{az^2 + by}$, so sollte man glauben,

daß wenn man x für die relative Variabele annimmt die Integration von $\int \frac{z^3 dz dy}{(az^2 + by)}$ leichter von Statten gehen möchte, und daß man also das dazu gehörige Körperstück leichter cubiren könnte als das vorhergehende, allein wenn auch die Integration an sich selbst nicht schwierig ist, so entstehen doch durch die Grenzen zwischen denen das Integral genommen werden muß, oder bey Anbringung der Constanten Schwierigkeiten, so daß auf diese Art in keinem Fall eine Erleichterung zu erhalten stehet.

Es ist hier Gelegenheit anzumerken, daß so wie der Ausdruck $\iint z\, dx\, dy$ ein doppeltes Integral bedeutet, der Ausdruck $\iiint V\, dz\, dx\, dy$ worin V eine Funktion von x y und z ist eine dreyfache Integration andeutet und es ist auch hier willkührlich in welcher Ordnung diese Operationen verrichtet werden.

Wenn der Körper dessen Inhalt man sucht durch die Umdrehung einer ebenen Curve deren Gleichung $y = fx$ ist, entstanden, so siehet man leicht daß $\int z\, dy$ den Inhalt eines Kreises ausdrückt, welcher entstehet wenn der Körper durch eine auf dessen Axe durch den Endpunkt der Abscisse x gehende senkrechte Ebene geschnitten wird. Da nun der Inhalt dieses Kreises $= \pi y^2$ so ist $u = \pi \int y^2 dx$ die allgemeine Formel für die Cubatur der durch Umdrehung erzeugten Körper. Allgemeine Formel der Cubatur der Revolutionsflächen.

§. 109.

Um die krumme Oberfläche eines prismatischen Körpers zu finden dessen vier Kantenlinien durch die vier Applicaten z gebildet werden welche zu den vier Paar Coordinaten $x = 0$ und $y = 0$, $x = 0$ und $y = y$, $x = x$ und $y = 0$, $x = x$ und $y = y$ gehören, bemerke man, daß wenn man diese krumme Oberfläche $= s$ setzt und als Funktion von x und y betrachtet, dieselbe wenn man x um ein Stück Δx zunehmen läßt, um einen Streifen $\Delta^x s$ wachsen wird, dessen vier Eckpunkte in den vier Applicaten z liegen die zu den vier Paaren Ordinaten $y = o$ und $x = x$, $y = o$ und $x = x + \Delta x$, $x = x$ und $y = y$, $x = x + \Delta x$ und $y = y$ gehören. Auf gleiche Weise würde die krumme Oberfläche s um einen Streifen $\Delta^y s$ anwachsen wenn man bloß y um Δy zunehmen läßt, dessen vier Eckpunkte in den vier Applicaten z liegen, die zu den vier Paaren Coordinaten $x = o$ und $y = y$, $x = o$ und $y = y + \Delta y$, $x = x$ und $y = y$, und $x = x$ und $y = y + \Delta y$ gehören. Läßt man nun in $\Delta^x s$ wobey y beständig war, auch y um das Stück Δy wachsen, und in $\Delta^y s$ worin x beständig war auch x um Δx zunehmen, so werden beyde Streifen um dasselbe vierseitige Stück der Oberfläche wachsen, dessen vier Eckpunkte in den vier Applicaten z liegen welche durch die vier Paar Coordinaten $x = x$ und $y = y$, $x = x + \Delta x$ und $y = y$, $x = x$ und $y = y + \Delta y$, $y = y + \Delta y$ und $x = x + \Delta y$ gehören. Die vier Seiten dieses Stücks liegen in Ebenen welche mit den Ebenen der z und x und der z und y parallel sind, und wenn man dasselbe mittelst den Applicaten z seiner Eckpunkte auf diejenige Ebene projicirt welche die krumme Oberfläche an den Punkt dessen Coordinaten x, y und z sind berührt, so wird man ein Parallelogram erhalten dessen Inhalt $= \Delta x \, \Delta y \sec \alpha$ ist, wenn α den Neigungswinkel der Berührungsebene gegen die Ebene der x und y bedeutet. Da nun nach §. 93. $\operatorname{tg} \alpha = \sqrt{\left(\frac{dz}{dx}\right)^2 + \left(\frac{dz}{dy}\right)^2}$ so ist $\sec \alpha$

$= \sqrt{1 + \left(\frac{dz}{dx}\right)^2 + \left(\frac{dz}{dy}\right)^2}$ folglich ist der Inhalt dieses Parallelograms $= \Delta x \, \Delta y \sqrt{1 + \left(\frac{dz}{dx}\right)^2 + \left(\frac{dz}{dy}\right)^2}$.

Für den Inhalt des krummlinigten Vierecks findet man folgende Reihe

$$\frac{d^2 s}{dx\,dy} \Delta x \, \Delta y + \frac{d^3 s}{2dx\,dy^2} \Delta x \, \Delta y^2 + \frac{d^3 s}{2\,dx^2\,dy} . \Delta x^2 \, \Delta y + \text{ꝛc.}$$

Diese Reihe muß sich also dem Ausdruck für das Parallelogram beständig nähern je kleiner Δx und Δy werden und für $\Delta x = 0$ und $\Delta y = 0$ müssen beyde einander gleich seyn. Wenn man daher beyde Ausdrücke durch $\Delta x \, \Delta y$ dividirt und hernach jede dieser Größen $= 0$ setzt, so muß $\frac{d^2 s}{dx\,dy} = \sqrt{1 + \left(\frac{dz}{dx}\right)^2 + \left(\frac{dz}{dy}\right)^2}$ seyn, folgl. wird man $s = \int dx \int dy \sqrt{1 + \left(\frac{dz}{dx}\right)^2 + \left(\frac{dz}{dy}\right)^2}$ $= \iint dx\,dy \sqrt{1 + \left(\frac{dz}{dx}\right)^2 + \left(\frac{dz}{dy}\right)^2}$ für den Inhalt der krummen Oberfläche erhalten.

Allgemeine Formel der Quadratur krummer Oberflächen.

Bey dieser Betrachtung sind also ein Paar zu Null gewordene Größen verglichen worden oder ein Paar Größen welche nicht eher einander gleich werden als bis jede derselben Null wird. Um das Anstößige bey diesem Verfahren zu vermeiden nennt man diese Größen unendlich kleine Größen und findet die Grenze ihres Verhältnisses der Einheit gleich.

Eine größere Schärfe im Beweise dieses Satzes würde mehrere Weitläufigkeit erfordern. La croix welcher bey dieser Deduction ebenfalls (pour abréger) die Betrachtung unendlich kleiner Größen gebraucht, fügt am Ende hinzu: cet exemple comme beaucoup d'autres, montre evidemment combien les principes de Leibnitz sont utiles et commodes dans les applications du Calcul differentiel à la Geometrie et de quel secours on se priveroit, en y renonçant.

§. 110.

Wenn der Körper durch Umdrehung einer Curve deren Gleichung $r = fx$ ist um die Axe der x entstanden, so hat man $z = \sqrt{r^2 - y^2}$ folgl. $\frac{dz}{dx} = \frac{r\frac{dr}{dx}}{\sqrt{r^2 - y^2}}$, $\frac{dz}{dy} = \frac{-y}{\sqrt{r^2 - y^2}}$ folgl. $\iint dx\, dy \sqrt{1 + \left(\frac{dz}{dx}\right)^2 + \left(\frac{dz}{dy}\right)^2}$

$$= \iint \frac{r\, dx\, dy \sqrt{1 + \left(\frac{dr}{dx}\right)^2}}{\sqrt{r^2 - y^2}} = \int \sqrt{dx^2 + dr^2} \int \frac{r\, dy}{\sqrt{r^2 - y^2}}$$

wo im letzten Integral blos y veränderlich betrachtet wird. Nun ist das Integral $\int \frac{r\, dy}{\sqrt{r^2 - y^2}}$ zwischen den

Quadratur der Revolutions-flächen.

Grenzen $y = -r$ und $y = +r$ genommen, dem Umfang eines Kreises vom Halbmesser r oder $2\pi r$ gleich folglich wird $s = 2\pi \int r \sqrt{dx^2 + dr^2}$ wo r durch x ausgedrückt wird. Dieses ist die allgemeine Formel zur Quadratur der Oberflächen solcher Körper die durch Umdrehung entstanden.

Anhang.

Von den Variationen.

§. 111.

Der sogenannte Variationen Calcül ist der künstlichste und sinnreichste in der ganzen Analysis, weshalb ein möglichst kunstloser und einfacher Vortrag desselben sehr schwer ist. Euler hat im 16ten Bande der neuen Petersburger Commentarien seinen Vortrag sehr vereinfacht, so daß er keine neue Zeichen für die Variationen gebraucht, sondern sie blos durch Differentialausdrücke bestimmt.

Es sey $y = fx$ eine bestimmte Funktion von x so ist für jeden Werth von x das Verhältniß $\frac{dy}{dx}$ gegeben, folglich auch das erste Differential dy wenn dx willkührlich angenommen wird, wo man wenn man dx unendlich klein nimmt, dy als die unendlich kleine Veränderung von y betrachten kann.

Wenn sich aber die Funktion selbst ändert oder die Relation worin y mit x stehet, welches auf unendlich mannigfaltige Art geschehen kann, so wird für jeden Werth von x das zugehörige y von demjenigen y welches die ungeänderte Funktion y von x giebt verschieden seyn, und jedes der letztern wird eine gewisse Veränderung oder Variation erhalten, welche man von dem

Differential von y unterscheiden muß. Stellt man sich vor, daß die Relation von y und x nur unendlich wenig sich ändert so wird auch die Variation von y nur unendlich klein seyn. Es stelle z. B. die Funktion y die Ordinate einer Curve vor; wenn die Gleichung für die Curve auf irgend eine Art eine unendlich kleine Aenderung erleidet, so wird man eine neue Curve erhalten, welche der vorigen unendlich nahe liegt. Jede zwey zu einerley Abscissen x gehörigen Ordinaten werden um die Variation verschieden seyn welche man mit δy bezeichnet, um sie von dem Differential dy zu unterscheiden, welche die unendlich kleine Veränderung der Ordinate in einer und derselben Curve bezeichnet, wogegen die Variation die Veränderung der Ordinate vorstellt wenn man aus einer Curve in die andere übergehet.

§. 112.

Wenn nun V eine Funktion von y und dieses wieder eine Funktion von x ist, so ist wie bekannt $dV = \frac{dV}{dy} dy$ worin $dy = \frac{dy}{dx} dx$ was auch die Veränderung dy von y seyn mag. Stellt man sich nun vor daß dy nicht aus der Zunahme dx von x sondern aus irgend einer Veränderung der Relation zwischen y und x entstanden, so wird jetzt dy die Variation von y und mit δy bezeichnet. Um nun die Veränderung dV von V welche hierdurch in V entstehet von denen Veränderungen zu unterscheiden welche blos aus irgend einer Zunahme von x entstehen so bedient man sich alsdann ebenfalls des Zeichens δ und schreibt $\delta V = \frac{dV}{dy} \delta y$. Alsdann ist δV die Variation der Funktion V von y welche sie erhält indem die Funktion y von x eine Variation δy leidet.

Eben so wird man, wenn V eine bestimmte Funktion von y und z ist, deren jede wieder eine beliebige Funktion von x ist, und es erhalten y und z durch die Aenderung ihrer Relation mit x respective die Variationen δy und δz

Variation einer Funktion mehrerer variirenden Funktionen von x.

$$\delta V = \frac{dV}{dy} \delta y + \frac{dV}{dz} \delta z$$

haben u. s. w.

Diese Sätze haben ihre völlige Richtigkeit wenn man auch die Variationen δy u. δz nicht als unendlich klein ansiehet, wenn man unter δV nur den ersten Theil der ganzen Variation versteht, den man jedoch durch Verkleinerung von δy, δz der ganzen Variation so nahe als man will bringen kann. Es ist indessen die Betrachtung unendlich kleiner Größen bey dem Calcül der Variationen fast nicht zu vermeiden wenn man diesen Calcül so darstellen will, wie er bey den mathematischen Schriftstellern vom ersten Range wirklich vorkommt.

§. 113.

Wenn ferner V eine bestimmte Funktion von y ist, und man nun für y, $y + dy$ setzt, so wird V in $V + dV$ übergehen. Nimmt man nun die Variation von dieser Größe und addirt sie zu der Größe selbst so erhält man $V + \delta V + dV + \delta dV$. Es ist einleuchtend, daß man dasselbe Resultat erhalten haben müßte wenn man zuerst in V für y, $y + \delta y$ gesetzt und den Werth $V + \delta V$ worin V durch diese Substitution übergehet mit seinem Differential $dV + d\delta V$ vermehrt hätte. Hierdurch erhält man

$$V + \delta V + dV + d\delta V = V + \delta V + dV + \delta dV$$

woraus man bekömmt

$$\delta dV = d\delta V$$

Von diesem Satz kann man sich augenscheinlich überzeugen, wenn man V als die Ordinate einer Curve betrachtet, alsdann kann V + dV als die nächst anliegende Ordinate derselben Curve angesehn werden. Stellt man sich num die varlirte Curve ganz nahe an der ersten beschrieben vor, so sind die mit V und V + dV zusammengehörigen Ordinaten der varlirten Curve V + δV und V + dV + δV + δdV. Nun ist klar, daß man die letzte dieser Ordinaten erhalten wird man mag zuerst die der Ordinaten V zunächst liegende Ordinate nehmen und dann in die varlirte Curve übergehen, oder man mag zuerst in die varlirte Curve übergehen und die nächst anliegende Ordinate der varlirten Curve nehmen.

Setzt man in die vorgefundene Gleichung statt V, dV so erhält man $\delta d^2 V = d\delta dV = d^2\delta V$ u. s. w., woraus man siehet, daß die Characteristik δ jede beliebige Stelle einnehmen kann.

§. 114.

Am wichtigsten aber ist in dem Calcül der Variationen die Bestimmung der Variation eines unbestimmten Integrals als $\int V dx$, wo V irgend eine bestimmte Funktion von y und seiner Differentialverhältnisse $\frac{dy}{dx}$ $\frac{d^2y}{dx^2}$ 2c. und y wiederum eine unbestimmte Funktion von x ist. Es ist klar, daß man dieses Integral nicht angeben kann, so lange y eine unbestimmte Funktion von x bleibt, aber man kann jederzeit die Variation $\delta\int V dx$ angeben welche dieses Integral bekömmt indem die unbestimmte Funktion y von x aus einem Zustand in den nächst folgenden übergeht.

Hiezu deint folgender Satz als Fundamentalsatz.

Die Variation eines Integrals $\delta\int dW$ ist gleich dem Integral $\int\delta dW$ oder $\int d\delta W$ der Variation des Differentials. Bezeichnet man nehmlich das Integral $\int dW$ mit U so hat man $\delta\int dW = \delta U$. Nun ist nach dem vorigen $d\delta U = \delta dU = \delta dW = d\delta W$ also $d\delta U = d\delta W$ folglich $\delta U = \int d\delta W = \int\delta dW = \delta\int dW$, folglich auch wenn man dx als beständig betrachtet: $\delta\int V dx = \int\delta V dx$.

Man siehet also, wie man mit Hülfe der Integralausdrücke die Variation eines Integrals bestimmen könne. Ohne uns aber in die weitere Entwickelung dieser Ausdrücke einzulassen, wollen wir nach Eulers Methode die Variation δy einer Funktion y von x als eine neue willkührliche Funktion t von x betrachten welche man so klein als man will annehmen kann. Daß dieses erlaubt ist erhellet daraus, daß da δy von x gar nicht abhängt man es wie man will nehmen und also auch jede beliebige Funktion von x dafür nehmen kann, wenn sie nur so beschaffen ist, daß δy immer so klein als man will genommen werden kann.

§. 115.

Dieses vorausgesetzt sey V eine Funktion von x und y oder von y allein, und y eine unbestimmte Funktion von x, wenn nun diese letztere eine Variation δy bekommt, so wird $\delta V = \frac{dV}{dy}\delta y$ also nach dem Vorhergehenden $\delta V = \frac{dV}{dy} t$ worin t durchaus unbestimmt ist.

Wenn die Funktion V außer der unbestimmten Funktion y auch noch die Differentialcoefficienten $\frac{dy}{dx}$

$\frac{d^2y}{dx^2}$ ꝛc. derselben enthält, so wird jeder derselben wenn die Relation von y gegen x geändert wird, ebenfalls eine gewisse Variation erleiden, welche man, wenn man der Kürze wegen $\frac{dy}{dx}$, $\frac{d^2y}{dx^2}$ ꝛc. mit y', y'' ꝛc. bezeichnet, durch $\delta y'$, $\delta y''$ ꝛc. ausdrücken kann. Um also die ganze Variation von V zu erhalten, kann man zuerst y, $\frac{dy}{dx}$, $\frac{d^2y}{dx^2}$ als ganz von einander unabhängige Funktionen betrachten, so bekommt man

$$\delta V = \frac{dV}{dy}\,\delta y + \frac{dV}{dy'}\,\delta y' + \frac{dV}{dy''}\,\delta y'' + \text{ꝛc.}$$

Setzt man nun für δy eine Funktion t von x welche so beschaffen ist, daß für jeden Werth von x, t so klein als man will genommen werden könne, so werden die Variationen $\delta y'$, $\delta y''$ ꝛc. von t abhängen, weil sie diejenigen Veränderungen bedeuten welche y', y'' ꝛc. erleiden indem die Funktion y um t zunimmt. Wird nun aber für y, y + t gesetzt, so wird aus $\frac{dy}{dx}$, $\frac{dy}{dx} + \frac{dt}{dx}$, aus $\frac{d^2y}{dx^2}$, $\frac{d^2y}{dx^2} + \frac{d^2t}{dx^2}$ u. s. f., folglich wird alsdann $\delta y' = \frac{dt}{dx}$, $\delta y'' = \frac{d^2t}{dx^2}$ ꝛc. wobey die Funktion t von x so beschaffen seyn muß, daß wenn t unendlich klein genommen wird, auch $\frac{dt}{dx}$, $\frac{d^2t}{dx^2}$ ꝛc. unendlich klein werden.

Man erhält also

$$\delta V = \frac{dV}{dy}\,t + \frac{dV}{dy'}\,\frac{dt}{dx} + \frac{dV}{dy''}\,\frac{d^2t}{dx^2} + \text{ꝛc.}$$

Es sey nun V irgend eine Funktion von x, y, y'. y'' ꝛc. worin y eine unbestimmte Funktion von x ist, so wird nach dem Vorhergehenden $\delta \int V\,dx = \int dx\,\delta V$ folglich

$$\delta \int V\,dx = \int dx\,\frac{dV}{dy}\,t + \int dx\,\frac{dV}{dx'}\,\frac{dt}{dx} + \int dx\,\frac{dV}{dy''}\,\frac{d^2t}{dx^2} + \int dx\,\frac{dV}{dy'''}\,\frac{d^3t}{dx^3} + \text{ꝛc.}$$

Man kann der Kürze wegen $\frac{dV}{dy} = N$, $\frac{dV}{dy'} = P$, $\frac{dV}{dy''} = Q$, $\frac{dV}{dy'''} = R$ setzen, so hat man nach § 28. S. 56.

$$\int P\,\frac{dt}{dx}\,dx = tP - \int t\,\frac{dP}{dx}\,dx$$

$$\int Q\,\frac{d^2t}{dx^2}\,dx = \frac{dt}{dx}\,Q - \int \frac{dt}{dx}\cdot\frac{dQ}{dx}\,dx$$

$$= \frac{dt}{dx}\,Q - t\,\frac{dQ}{dx} + \int t\,\frac{d^2Q}{dx^2}\,dx$$

$$\int R\,\frac{d^3t}{dx^3}\,dx = \frac{d^2t}{dx^2}\,R - \int \frac{d^2t}{dx^2}\cdot\frac{dR}{dx}\,dx$$

$$= \frac{d^2t}{dx^2}\,R - \frac{dt}{dx}\,\frac{dR}{dx} + \int \frac{dt}{dx}\,\frac{d^2R}{dx^2}\,dx$$

$$= \frac{d^2t}{dx^2}R - \frac{dt}{dx}\frac{dR}{dx} + t\frac{d^2R}{dx^2} - \int t\,\frac{d^3R}{dx^3}\,dx$$

folglich

$$\delta \int V\,dx = \int t\,dx\left(N - \frac{dP}{dx} + \frac{d^2Q}{dx^2} - \frac{d^3R}{dx^3}\ \dots\right)$$

Variation eines unbestimmten Integrals.

$$+ t\left(P - \frac{dQ}{dx} + \frac{d^2R}{dx^2}\ \dots\right)$$

$$+ \frac{dt}{dx}\left(Q - \frac{dR}{dx} + \dots\right)$$

$$+ \frac{d^2t}{dx^2}\left(R - \ \dots\right)$$

ꝛc.

wo die Differentialcoefficienten von P, Q, R ꝛc. in Bezug auf alles was darin von x abhängt zu nehmen sind.

§. 116.

Um sich von diesem Ausdruck einen deutlichen Begriff zu machen erwäge man Folgendes:

Der zweyte Theil desselben ist im Allgemeinen angeblich so bald für t und für y gewisse bestimmte Funktionen genommen werden. Um aber diesen Theil in endlichen Ausdrücken so zu haben daß t völlig unbestimmt bleibt kommt es auf die Integration des ersten Gliedes desselben an. Da dieses die unbestimmte Funktion t enthält, so muß nach §. 54. $\left(N - \frac{dP}{dx} + \frac{d^2Q}{dx^2} - \text{etc.}\right) = 0$ seyn, wodurch aber das Integral selbst $= 0$ wird. Man bezeichne der Abkürzung wegen die inclavirten Größen im vorstehenden Ausdruck nach der Ordnung mit Y, Y', Y'' etc. so muß also $Y = 0$ werden. Es mag dieses nun entweder von selbst $= 0$ werden, oder es mag eine bestimmte Funktion y von x dasselbe zu Null machen, so wird in beyden Fällen

$$\delta \int V\, dx = \int \delta V\, dx = t\, Y' + \frac{dt}{dx} Y'' + \frac{d^2t}{dx^2} Y''' \text{ etc.}$$

allemahl angeblich und daher $\int \delta V\, dx$ integrabel und auf diese Weise sind die im §. 55 und 56. angegebenen Integrale wirklich gefunden. Eben die Bedingung nemlich $Y = 0$ würde man erhalten haben wenn man nach §. 54. untersucht hätte unter welchen Umständen δV ein wirkliches Differential seyn kann, worin die Funktion t von x willkührlich bleibt. Da nehmlich $\delta V = N t + P \frac{dt}{dx} + Q \frac{d^2t}{dx^2} + R \frac{d^3t}{dx^3}$ etc. so muß man für diesen Fall $N - \frac{dP}{dx} + \frac{d^2Q}{dx^2} - \frac{d^3R}{dx^3}$ etc. $= 0$ haben. Wenn nun diese Bedingungsgleichung sich von selbst verificirt und man also für y jede beliebige Funktion von x nehmen kann, so wird auch $\int V\, dx$ integrabel oder ein Integral worin y unbestimmt und willkührlich bleibt,

denn

denn man erhält auch in diesem Fall nach §. 54. die nehmliche Bedingungsgleichung. Im Fall die in Rede stehende Bedingung nur durch eine bestimmte Funktion y von x zu Null gemacht werden kann, wird $\int V\,dx$ ebenfalls ein wirkliches Integral weil alsdann V eine bloße Funktion von x wird. In diesem Fall kann das Integral $\int V\,dx$ wie man sogleich sehen wird ein Maximum oder ein Minimum seyn und dieß ist eine besondere Eigenschaft der aus der Gleichung $N - \frac{dP}{dx} + \frac{d^2Q}{dx^2} -$ ꝛc. $= 0$ bestimmten Funktion.

Wenn nehmlich die obige Gleichung verificirt wird, so wird die Variation $\delta \int V\,dx = t\,Y' + \frac{dt}{dx}\,Y'' + \frac{d^2t}{dx^2}\,Y''' +$ ꝛc. Da nun das Integral $\int \delta V\,dx$ und folglich auch $\delta \int V\,dx$ keine bestimmte Bedeutung hat wenn es nicht zwischen zweyen Grenzen eingeschlossen ist, so muß sein Werth $t\,Y' + \frac{dt}{dx}\,Y'' + \frac{d^2t}{dx^2}\,Y''' +$ ꝛc. zwischen eben diesen Grenzen genommen werden. Es seyn $x = a$ und $x = b$ diese Grenzen und für die erste sey $t\,Y' + \frac{dt}{dx}\,Y'' + \frac{d^2t}{dx^2}\,Y'''$ ꝛc. $= A$ und für die zweyte sey eben diese Größe $= B$ so muß $\delta \int V\,dx = B - A$ seyn und folglich muß für das Maximum oder Minimum $B - A = 0$ seyn. Dieser Gleichung muß Genüge geschehen welches nicht anders als durch die willkührlichen Constanten bewerkstelligt werden kann, welche in der gefundenen Funktion y von x enthalten sind.

Wenn für die Grenzen $x = a$ und $x = b$ auch einige Werthe von y, y', y'' ꝛc. gegeben sind, so werden einige Glieder in den Größen A und B wegfallen, ist

z. B. y gegeben so wird t sowohl für $x = a$ als für $x = b$, $= o$, ist auch y' für eben diese Grenzen gegeben so wird auch $\frac{dt}{dx} = o$ u. s. w.

Man siehet ferner, daß die Funktion $\int V\,dx$ nur dann ein Maximum oder ein Minimum seyn könne wenn $N - \frac{dP}{dx} + \frac{d^2Q}{dx^2} -$ rc. nicht von selbst $= o$ wird.

Wenn in der Funktion V von x, y, y' rc. die Größe x ebenfalls einer Variation unterworfen wird, so erhält die Variation δV noch den Zusatz $\frac{dV}{dx}\delta x$ folglich erhält $\int \delta V\,dx = \delta \int V\,dx$ noch den Zusatz $\delta x \int \frac{dV}{dx}\,dx = V\delta x$.

Um aber zu entscheiden welches von beyden das Maximum oder das Minimum wirklich Statt finde, sind weitere Entwickelungen nöthig, welche für die Absicht dieser Schrift zu weitläufig und auch deswegen nicht durchaus nothwendig sind, weil in den mehrsten Fällen durch die Natur der Aufgabe von selbst sich ergiebt welches von beyden Statt haben könne.

Erstes Beyspiel.

§. 117.

Um ein sehr einfaches Beyspiel von dieser Methode zu geben wollen wir annehmen, man suche die kürzeste von allen Curven wodurch zwey gegebene Punkte in derselben Ebene verbunden werden können. Es sey x die Abscisse und y die Ordinate der gesuchten Curve so muß das Integral $\int dx \sqrt{1 + \left(\frac{dy}{dx}\right)^2}$ ein Minimum und folglich $\delta \int dx \sqrt{1 + \left(\frac{dy}{dx}\right)^2} = o$ seyn. Wendet man hier die §. 115. gefundene Formel an, so erhält man $N = 0$, $P = \frac{dy}{dx} : \sqrt{1 + \left(\frac{dy}{dx}\right)^2}$, $- \frac{dP}{dx} = - \frac{d^2y}{dx^2} : \left(1 + \left(\frac{dy}{dx}\right)^2\right)^{\frac{3}{2}}$, $Q = 0$ rc. da nun $- \frac{dP}{dx} = 0$ seyn muß, so wird erfordert daß $\frac{d^2y}{dx^2} = 0$ sey folglich wird $\frac{dy}{dx} = C$ und $y = Cx + C'$. Dieses ist also diejenige Funktion wodurch $\int dx \sqrt{1 + \left(\frac{dy}{dx}\right)^2}$ ein Maximum oder ein Minimum seyn kann. Wenn nun für den ersten der gegebenen Punkte $x = a$ und $y = b$ und für den zweyten $x = a'$ und $y = b'$ so wird in beyden Fällen $t = 0$ und die Bedingung $B - A = 0$ erfüllt, und es sind nur die Constanten C und C' so zu bestimmen, daß $y = b$ wenn $x = a$ und $y = b'$ wenn $x = a'$ wird. Die gefundene Gleichung ist die einer graden Linie wie es erfordert wird.

Wird die Aufgabe dahin abgeändert, daß die beyden Punkte nicht fest, sondern in zweyen gegebenen Curven in derselben Ebene beweglich sind wodurch die kürzeste grade Linie verlangt wird, welche von einer der gegebenen Curven zur andern gezogen werden kann, so wird, da $y = \frac{b' - b}{a' - a} x + \frac{ba' - b'a}{a' - a}$, das Integral $\int dx \sqrt{1 + \left(\frac{dy}{dx}\right)^2}$ ein bestimmter Ausdruck nehmlich $\sqrt{(a' - a)^2 + (b' - b)^2}$. Dieser Ausdruck soll nun noch ein Minimum seyn in Bezug auf a, a', b, b' wo $b = \varphi a$ und $b' = \psi a'$. Man erhält also nach der Lehre vom Größten und Kleinsten §. 62. die beyden Gleichungen $(a' - a) + (b' - b) \frac{db}{da} = 0$ u. $(a' - a)$

$+ (b' - b) \frac{db'}{da'} = 0$ woraus die Werthe von a und a' folglich auch b u. b' zu bestimmen sind. Es seyn z. B. die gegebenen Curven ein Paar Kreise, wovon der Mittelpunkt des ersten dessen Coordinaten a, b in dem Anfangspunkt der Coordinaten fällt und dessen Gleichung $r^2 = b^2 + a^2$ ist, worin r den Halbmesser dieses Kreises bedeutet. Die Gleichung des andern Kreises sey $\varrho^2 = (\beta - b')^2 + (\alpha - a')^2$ wo α und β die Coordinaten des Mittelpunkts und ϱ den Halbmesser bedeuten. Nun giebt $\frac{db}{da} = -\frac{a}{b}$ für die erste der beyden Gleichungen $a' b = b' a$ oder $a : b = a' : b'$; die gesuchte grade Linie muß also verlängert durch den Anfangspunkt der Coordinaten oder durch den Mittelpunkt des ersten Kreises gehn. Die zweyte der obigen Gleichungen, giebt da $\frac{db'}{da'} = -\frac{(\alpha - a')}{(\beta - b')}$, $(a' - a)(\beta - b') = (b' - b)(\alpha - a')$ folglich $(a' - a) : (b' - b) = (\alpha - a') : (\beta - b') = a : b = a' : b'$ folglich auch $\alpha : \beta = a' : b' = a : b$. Die gesuchte grade Linie geht also auch verlängert durch den Mittelpunkt des zweyten Kreises. Die kürzeste grade Linie zwischen zweyen Kreislinien stehet daher auf beyden zugleich winkelrecht, und die Tangenten der Kreislinien an den Durchschnittspunkten sind daher parallel.

Die letztere Eigenschaft hätte man und zwar allgemein auch aus der Formel §. 115. ableiten können. In diesem Fall muß man aber wegen der veränderlichen Lage der Endpunkte auch die Abscisse x variiren lassen wodurch die gedachte Formel noch den Zusatz $V \delta x$ erhält. Es sey v der Werth von V für den Punkt dessen Coordinaten a und b sind und v' der Werth von V für den Punkt dessen Coordinaten a' und b' sind. In diesen

Punkten müssen aber die Variationen den Differentialen der Coordinaten der gegebenen Curven gleich gesetzt werden, nehmlich $\delta a = da$, $t = \delta b = db$, $\delta a' = da'$ $t = \delta b' = db'$. Hierdurch wird die Bedingungsgleichung $B - A = o$ in folgende verwandelt $v' da' - v da + p' db' - p db = o$ worin p', p die Werthe von P für die beyden Durchschnittspunkte der graden Linie mit den gegebenen Curven sind. Da nun im gegenwärtigen Fall V sowohl als P beständig sind, mithin $v' = v$ und $p' = p$, so kann obiger Gleichung nicht anders Genüge geschehn als wenn $da' = da$ und $db' = db$ wird. Die beyden Punkte müssen also so genommen werden, daß diese Differentiale einander gleich werden und da hierdurch zugleich $\frac{db'}{da'} = \frac{db}{da}$ wird, so müssen die Tangenten der gegebenen Curven an den Durchschnittspunkten parallel seyn.

Zweytes Beyspiel.

Es sey ferner diejenige Funktion y von x zu bestimmen wodurch das Integral $\int (y^2 - y'^2)\, dx$ ein Maximum oder ein Minimum werden kann, wenn $y' = \frac{dy}{dx}$ ist. Hier muß also $\delta \int (y^2 - y'^2)\, dx = o$ seyn. Dann wird $N = 2y$, $P = - 2y'$, $Q = o$ rc. $\frac{dP}{dx} = - 2y'' = - 2 \frac{d^2y}{dx^2}$ folglich muß $2y + 2y''$ oder $\frac{d^2y}{dx^2} + y = o$ seyn. Dieses giebt nach §. 21. Seite 46. die Funktion $y = a \sin x + b \cos x$, wenn nun für die beyden Grenzen von x die zugehörigen Werthe von y gegeben sind, so wird für beyde $t = o$ und die Bedingungsgleichung des Maximums oder Minimums $B - A = o$ wird dadurch erfüllt. Man muß nun die willkührlichen beständigen Größen a und b so bestimmen das y die für die beyden Grenzen gegebenen Werthe erhält.

Da die Bedingungsgleichung für das Maximum oder Minimum eine Differentialgleichung einer höhern Ordnung ist, durch deren Integration die Funktion y von x bestimmt wird, so ist die Auflösung solcher Aufgaben allen Schwierigkeiten unterworfen, die man bey der Integration höherer Differentialgleichungen antrifft.

Drittes Beyspiel.

Man sucht diejenige Curve in einer senkrechten Ebene, in welcher ein schwerer Punkt von einem höhern Punkt der Ebene zu einem andern tiefern in der kürzesten Zeit herabsinkt.

Man nehme den höchsten Punkt für den Anfangspunkt der Coordinaten und die Abscissenaxe senkrecht an, und es seyn die Coordinaten für den tiefern Punkt $x = a$ und $y = b$. Wenn man nun den schweren Punkt in irgend einen Punkt der zu beschreibenden Curve betrachtet, so ist das Differential des durchlaufenen Raumes $dx\sqrt{1 + \left(\frac{dy}{dx}\right)^2}$, und die Geschwindigkeit in diesem Punkte, vermöge des Satzes der Mechanik, daß ein Punkt der sich in einer Curve bewegt, nichts von seiner Geschwindigkeit verliehrt, $= 2\sqrt{gx}$. Das erstere durch letztere dividirt giebt das Differential der Zeit oder $dT = \frac{\sqrt{1 + \left(\frac{dy}{dx}\right)^2}}{2\sqrt{g}\sqrt{x}} dx$ folglich $T = \frac{1}{2\sqrt{g}} \int \frac{\sqrt{1 + \left(\frac{dy}{dx}\right)^2}}{\sqrt{x}} dx$. Da nun dieses Integral zwischen den Grenzen $x = o$, $y = o$ und $x = a$, $y = b$ ein Minimum seyn soll, muß $\delta \int \frac{\sqrt{1 + \left(\frac{dy}{dx}\right)^2}\, dx}{\sqrt{x}}$ $= o$ seyn. Hier wird nun $N = o$, $P = \frac{dy}{dx} : \sqrt{x}\sqrt{1 + \left(\frac{dy}{dx}\right)^2}$, $Q = o$ ꝛc. und da $\frac{dP}{dx} = o$ seyn muß so wird P oder $\frac{dy}{dx} : \sqrt{x}\sqrt{1 + \left(\frac{dy}{dx}\right)^2} =$ Constans, folglich $\frac{dy}{dx} = \frac{C\sqrt{x}}{\sqrt{1 - C^2 x}}$. Diese Gleichung kommt der einfacheu Cycloide zu wenn man $\frac{1}{C^2}$ für den Durchmesser des Erzeugungskreises und die Ordinaten y auf demselben winkelrecht annimmt, so daß der Anfangspunkt der Erzeugung in dem Anfangspunkt der Coordinaten fällt. Die gesuchte Curve ist daher eine einfache Cycloide *), deren Gleichung $y = r \text{ Arc sin v } \frac{x}{r} - \sqrt{2rx - x^2}$ ist, wenn r den Halbmesser des Erzeugungskreises bedentet. Man muß nun r so bestimmen, daß $y = b$ wenn $x = a$ wird, welches einigen Schwierigkeiten unterworfen ist.

§. 118.

Wenn V außer der unbestimmten Funktion y von noch eine andere unbestimmte Funktion z von x und ihre Differentialcoefficienten enthält, und man bezeichnet die Variation von z mit t', so erhält die Variation

---

*) Diese Eigenschaft der Cycloide hat den Nahmen brachystochrona veranlaßt, nach einer anderen Eigenschaft wird sie tautochrona genannt.

$\delta\int V\,dx$ für diese Funktion z einen Zusatz welcher der Variation ähnlich seyn muß, welche $\int V\,dx$ erhalten haben würde wenn z die einzige unbestimmte Funktion von x darin enthalten wäre. Man hat nun

$$\delta V = \frac{dV}{dy}t + \frac{dV}{dy'}\frac{dt}{dx} + \frac{dV}{dy''}\frac{d^2t}{dx^2} + \text{rc.}$$
$$\frac{dV}{dz}t' + \frac{dV}{dz'}\frac{dt'}{dx} + \frac{dV}{dz''}\frac{d^2t'}{dx^2} + \text{rc.}$$

Bezeichnet man nun die Coofficienten von t, $\frac{dt}{dx}$ . . . , t′. $\frac{dt'}{dx}$ rc. nach der Reihe mit N, P, Q, R . . n, p, q, r . . welches Funktionen von x y y′ . . z z′ . . seyn werden, so erhält man

$$\delta\int V\,dx = \int t\,dx\left(N - \frac{dP}{dx} + \frac{d^2Q}{dx^2}\,..\right) + \int t'\,dx\left(n - \frac{dp}{dx} + \frac{d^2p}{dx^2}\,..\right)$$
$$+ t\left(P - \frac{dQ}{dx}\,..\right) \qquad + t'\left(p - \frac{dq}{dx}\,..\right)$$
$$+ \frac{dt}{dx}\left(Q + \text{rc.}\right) \qquad \frac{dt'}{dx}\left(q + \text{rc.}\right)$$

wo die Differentialcoefficienten $\frac{dP}{dx}\ \frac{dQ}{dx}\ \frac{d^2Q}{dx^2}$ . . nur in Bezug auf y, y′ . . . und die Differentialcoefficienten $\frac{dp}{dx}\ \frac{dq}{dx}\ \frac{d^2q}{dx^2}$ . . nur in Bezug auf z, z′ . . . genommen werden müssen und die beyden Integraltheile müssen im Fall des Maximums oder Minimums jeder besonders $= 0$ werden.

§. 119.

Es sey z. B. die kürzeste unter allen Curven zu finden wodurch zwey im Raum liegende Punkte mit einander verbunden werden können. Da zwischen zweyen solchen Punkten im Allgemeinen eine Curve doppelter Krümmung gezogen werden kann welche durch zwey

Gleichungen vorzustellen ist, und wovon die beyden Ordinaten z und y als Funktionen von x angesehen werden können, so muß $\int\sqrt{1+\left(\frac{dy}{dx}\right)^2+\left(\frac{dz}{dx}\right)^2}\,dx$ ein Minimum folglich $\delta\int dx\sqrt{1+\left(\frac{dy}{dx}\right)^2+\left(\frac{dz}{dx}\right)^2}=0$ seyn. Hier wird nun $N=0$ und $n=0$, $P=\frac{dy}{dx}:\sqrt{1+\left(\frac{dy}{dx}\right)^2+\left(\frac{dz}{dx}\right)^2}$, $\frac{dP}{dx}=\frac{d^2y}{dx^2}(1+z'^2):(1+y'^2+z'^2)^{\frac{3}{2}}$, $p=\frac{dz}{dx}:\sqrt{1+\left(\frac{dy}{dx}\right)^2+\left(\frac{dz}{dx}\right)^2}$, $\frac{dp}{dx}=\frac{d^2z}{dx^2}(1+y'^2):(1+y'^2+z'^2)^{\frac{3}{2}}$. Da nun $\frac{dP}{dx}=0$ und $\frac{dp}{dx}=0$ seyn muß, so erhält man $\frac{d^2y}{dx^2}=0$, $\frac{d^2z}{dx^2}=0$ woraus man $y=\alpha x+\beta$ und $z=\alpha' x+\beta'$ erhält. Diese Gleichungen sind die von zwey graden Linien, welche die Projectionen der gesuchten Curve auf die Ebenen der x und y und der x und z sind. Die gesuchte Curve ist also selbst eine grade Linie, und man wird die willkührlichen beständigen Größen α, β, α', β' so bestimmen, daß diese grade Linie durch die beyden gegebenen Punkte geht.

§. 120.

Wenn die unbestimmte Funktion z von x zugleich eine bestimmte Funktion von y oder von y und x ist, so entstehet hieraus eine Bedingung welcher man ebenfalls Genüge thun muß. Gesetzt es soll die gesuchte Curve zugleich auf einer gegebenen Oberfläche gezogen werden. Alsdann ist z eine Funktion von x und y und die Variation t′ von z ist nun nicht mehr willkührlich, sondern man hat $\delta z = \frac{dz}{dy}\delta y'$ u. s. w. Man muß aber auch eben deswegen weil z eine Funktion von x und y ist, an die Stelle von $\frac{dz}{dx}$, $\frac{dz}{dx} + \frac{dz}{dy}\frac{dy}{dx}$ setzen und es muß folglich jetzt die Funktion

$\int dx \sqrt{1+\left(\frac{dy}{dx}\right)^2+\left(\frac{dz}{dx}+\frac{dz}{dy}\frac{dy}{dx}\right)^2}$ ein Minimum seyn.

Hierin erhält nun bloß $\frac{dy}{dx} = y'$ eine Variation, folglich muß $\delta\int\sqrt{1+\left(\frac{dy}{dx}\right)^2+\left(\frac{dz}{dx}+\frac{dz}{dy}\frac{dy}{dx}\right)^2}\,dx = 0$ seyn. Nun ist δV

$$= \frac{\left(\frac{dy}{dx} + \left(\frac{dz}{dx} + \frac{dz}{dy}\frac{dy}{dx}\right)\frac{dz}{dy}\right)\delta y'}{\sqrt{1+\left(\frac{dy}{dx}\right)^2+\left(\frac{dz}{dx}+\frac{dx}{dy}\frac{dy}{dx}\right)^2}} = P\,\delta y' \text{ und}$$

es muß nach §. 115. $\frac{dP}{dx} = 0$ seyn. Wenn man nun in P für $\frac{dz}{dx}$, $\frac{dz}{dy}$ ihre Werthe in y und x setzt welche die Gleichung für die gegebene Fläche giebt, so wird $\frac{dP}{dx}$ eine Differentialgleichung vom zweyten Grade woraus aber die Funktion y von x welche das verlangte Minimum hervorbringen würde, nur in wenigen Fällen bestimmt werden kann.

§. 121.

Es sey z. B. die Gleichung für die gegebene Fläche $z = a + bx + cy$ welches die Gleichung für eine Ebene ist. So erhält man nach gehöriger Reduction $\frac{dP}{dx} = \frac{d^2y}{dx^2}(1 + c^2 + b^2) = 0$, woraus $\frac{d^2y}{dx^2} = 0$

und folglich $y = \alpha x + \beta$ wird, welches ebenfalls eine Gleichung für eine grade Linie ist. Diese grade Linie ist die Projection der gesuchten Curve auf die Ebene der x und y und da die Curve ganz in der gegebenen Ebene liegt, so ist sie selbst eine grade Linie. Die willkührlichen beständigen Größen α und β werden übrigens so bestimmt, daß die gesuchte Linie durch die beyden gegebenen Punkte geht.

Wenn man auf eben die Art die Projection der kürzesten Curve zwischen zwey gegebenen Punkten z. B. auf der Kugelfläche oder auf der Cylinderfläche sucht, so bekommt man für $\frac{dP}{dx}$ sehr verwickelte Differentialgleichungen vom zweyten Grade ungeachtet man hier schon die gesuchten Curven a priori kennt, nehmlich im ersten Fall den Bogen des größten Kreises und im zweyten Fall die Schraubenlinie.

Diese Aufgaben werden aber sehr vereinfacht wenn man die Coordinaten in der krummen Oberfläche selbst nimmt, in welchem Fall sie gewöhnlich krumme Linien werden.

Es seyn z. B. die beyden Punkte auf der Kugel durch Länge und Polardistanz gegeben, man sucht nun die Curve ihrer kürzesten Entfernung auf der Oberfläche der Kugel. Es sey φ der Polarabstand eines Punktes irgend einer durch die beyden gegebenen Punkte gehenden Curve und λ die Länge dieses Punktes, so wird wenn man der Vereinfachung wegen den Halbmesser der Kugel für die Einheit annimmt das Differential eines Stücks s der gedachten Curve oder $ds = d\lambda \sqrt{\sin^2\varphi + \left(\frac{d\varphi}{d\lambda}\right)^2}$ folgl. $s = \int d\lambda \sqrt{\sin^2\varphi + \left(\frac{d\varphi}{d\lambda}\right)^2}$. Hievon muß also die Variation $= 0$ seyn. Dazu wird den bekannten Bedingungen gemäß erfordert, daß $\frac{d^2 \varphi}{d \lambda^2}$ $\sin \varphi - 2 \cos \varphi \left[\frac{d \varphi}{d \lambda}\right]^2 - \cos \varphi \sin^2 \varphi = 0.$ Man wird sich leicht durch differenziiren überzeugen, daß die Gleichung $\cot \varphi = \frac{\cot \alpha}{\sin \beta} \sin \lambda + \cot \beta \cos \lambda$ derselben Genüge thut und da die letzte Gleichung die beyden beständigen Größen α und β enthält, so ist sie die vollständige primitive Gleichung der gefundenen Differentialgleichung. Die Gleichung $\cot \varphi = \frac{\cot \alpha}{\sin \beta} \sin \lambda$ $+ \cot \beta \cos \lambda$ ist die eines sphärischen Dreyecks zwischen den vier auf einander folgenden Stücken α, β, λ, φ; α und λ sind zwey Winkel dieses Dreyecks welche an der Seite β liegen und φ die dem Winkel α gegenüber liegende Seite. Da nun λ und φ veränderlich sind so werden für verschiedene Werthe von λ die Endpunkte von φ allemahl in einem größten Kreis der Kugel liegen der mit dem Meridian wovon die Längen angezählt werden den Winkel α macht. Die gesuchte Curve ist also selbst ein größter Kreis.

Hr. Professor Soldner hat auf diese Art die kürzeste Entfernung zweyer Punkte auf der späroidischen Erdfläche bestimmt.

§. 122.

Wenn z eine Funktion zweyer veränderlichen Größen x und y, so wird ebenfalls wenn die Relation zwischen z, x und y unendlich wenig es sey auf welche Art man wolle geändert wird, z irgend eine unendlich kleine Veränderung erleiden die man die Variation desselben nennt. Wenn daher Z eine bestimmte Funktion von z ist worin z wieder eine unbestimmte Funktion von x und y ist welche eine Variation δz bekömmt, so wird die Variation von Z oder $\delta Z = \frac{dZ}{dz} \delta z$ seyn, wo man δz als eine willkührliche Funktion t von x und y betrachten kann, welche so beschaffen ist, daß für jeden Werth von x und y, t so klein als man will genommen werden könne.

Wenn nun Z außer z auch die Differentialcoefficienten $\frac{dz}{dx}, \frac{dz}{dy}, \frac{d^2z}{dx^2}, \frac{d^2z}{dx\,dy}, \frac{d^2z}{dy^2} \ldots$ enthält welche man mit $z', z_,, z'', z'_,, z_{,,}, z''', z''_,, z'_{,,}, z_{,,,}$ rc. bezeichnen kann, so wird man um die Variation δZ zu bestimmen diese Größen zuerst als unabhängige Variabeln betrachten wodurch man erhält

$$\delta Z = \frac{dZ}{dz} \delta z \frac{dZ}{dz'} \delta z' + \frac{dZ}{dz_,} \delta z_, + \frac{dZ}{dz''} \delta z'' + \text{rc.}$$

Wenn man nun für δz die Funktion t setzt so werden die übrigen Variationen durch Differentialcoefficienten bestimmt werden. Denn es ist z. B. $\delta z'$ nichts anders als die Veränderung welche $\frac{dz}{dx}$ erfährt indem z in z $+ t$ verändert wird, alsdann aber wird aus $\frac{dz}{dx}$, $\frac{dz}{dx} + \frac{dt}{dx}$ folglich ist $\delta z' = \frac{dt}{dx}$ und eben so sind die übrigen Variationen zu bestimmen. Man erhält also

$$\delta Z = \frac{dZ}{dx} t + \frac{dZ}{dz'} \frac{dt}{dx} + \frac{d^2Z}{dz''} \frac{d^2t}{dx^2} \ldots$$
$$+ \frac{dZ}{dz_,} \frac{dt}{dy} + \frac{d^2Z}{dz'_,} \frac{d^2t}{dx\,dy} \ldots$$
$$+ \frac{d^2Z}{dz_{,,}} \frac{d^2t}{dy^2} \ldots$$

Wenn man nun die Variation eines Integralausdrucks wie $\int\!\!\int Z\,dx\,dy$ sucht, auf welches doppelte Integral man z. B. durch die Cubatur gelangen könnte, so würde man $\delta \int\int Z\, dx\, dy = \int\int dx\, dy\, \delta Z$ haben, und wenn man Statt δZ den oben gefundenen Ausdruck setzt, erhält man eine Reihe doppelter Integrale deren weitere Entwickelung aber hier zu weit führen würde.

§. 123.

Es ist nun nach desjenigen Falles zu gedenken, wo man unter allen Funktionen y von x wodurch das zwischen den beyden Grenzen $x = a$ und $x = a'$ genommene Integral $\int V\, dx$ beständig denselben Werth behält, diejenige sucht wodurch das Integral $\int V'\, dx$ zwischen denselben Grenzen genommen, ein Maximum oder ein Minimum werden kann. Hier muß nun zwar auch die Variation des Integrals $\int V\, dx$ oder $\delta \int V\, dx = 0$ werden, allein ohne daß dadurch y eine bestimmte Funktion von x wird. Für jede Funktion y von x wodurch $\int V\, dx$ ungeändert bleibt muß $\delta \int V\, dx = 0$ seyn. Nun muß eine dieser Funktionen y von x auch nach die Variation $\delta \int V'\, dx$ zu Null machen, folglich muß diese Funktion y von x den beyden Gleichungen $\delta \int V\, dx = 0$ und $\delta \int V'\, dx = 0$ zu gleicher Zeit entsprechen, folglich muß dadurch auch der Gleichung $\delta \int V\, dx + \delta \int V'\, dx = 0$ Genüge geschehen. Da aber dieser Gleichung durch eine Funktion y von x Genüge geschehen kann ohne daß $\delta \int V\, dx$ u. $\delta \int V\, dx$ einzeln $= 0$ werden, so muß man einen dieser Werthe noch mit einer willkührlichen Constanten C multipliciren, welches erlaubt ist; weil, wenn z. B. $\delta \int V\, dx = 0$ auch $C\, \delta \int V\, dx$ oder $\delta \int C\, V\, dx = 0$ wird. Man muß also zur Bestimmung der Funktion y von x die Gleichung

$$\delta\, (\int C\, V\, dx + \int V'\, dx) = 0$$

anwenden und die daraus bestimmte Funktion y von x wird alsdann beyden Gleichungen $\delta \int V\, dx = 0$ und

$\delta \int V' dx = o$ zu gleicher Zeit entsprechen. Soll noch ein anderes Integral $\int v\, dx$ zwischen den nehmlichen Grenzen unverändert bleiben indem $\int V' dx$ ein Maximum oder ein Minimum wird, so wird man dasselbe mit einer andern Constanten C' multipliciren und dann die Funktion y von x so bestimmen daß sie der Gleichung

$$\delta\, (\int C\, V\, dx + \int C'\, v\, dx + \int V'\, dx) = o$$

Genüge thut. In diesen Fällen muß das Integral $\int V' dx$ so beschaffen seyn, daß es entweder keine bestimmte Funktion oder mehrere Funktionen y von x für den Fall des Maximums oder Minimums giebt.

Es sey z. B. unter allen Curven von der unveränderlichen Länge b, deren Ordinaten y sind und deren beyde Endpunkte allesammt in den Punkten der Abscissenaxe fallen für welche $x = o$ und $x = a$ ist, weshalb also $b > a$ seyn muß, diejenige zu bestimmen welche mit der Abscissenaxe oder mit der graden Linie a den größtmöglichsten Raum einschließt. Hier ist also $V = \sqrt{1 + \left[\frac{dy}{dx}\right]^2}$, $V' = y$. Wollte man die Funktion y von x welche die gesuchte Curve ausdrückt aus der Gleichung $\delta \int y\, dx = o$ allein ableiten, so erhält man dafür wie natürlich keine bestimmte Funktion von x. Man erhält nach der obigen Regel $\delta \int (C \sqrt{1 + \left[\frac{dy}{dx}\right]^2} + y)\, dx = o$ folglich wird $N = 1$, $P = C \frac{dy}{dx} : \sqrt{1 + \left[\frac{dy}{dx}\right]^2}$, $\frac{dP}{dx} = C \frac{d^2 y}{dx^2} : \left[1 + \left[\frac{dy}{dx}\right]^2\right]^{\frac{3}{2}}$, daher muß $dx - \frac{C \frac{d^2 y}{dx^2} dx}{\left[1 + \left[\frac{dy}{dx}\right]^2\right]^{\frac{3}{2}}} = o$ folglich das Integral davon eine beständige Größe seyn. Setzt man der Abkürzung wegen $\frac{dy}{dx} = p$ folglich $dx = \frac{dy}{p}$ so erhält man nachdem man mit p multiplicirt, $dy - \frac{Cp\,dp}{(1+p^2)^{\frac{3}{2}}}$ wovon das Integral $y + \frac{C}{\sqrt{1+p^2}} = C'$ woraus $p = \frac{dy}{dx} = \frac{\sqrt{C^2-(C'-y)^2}}{C'-y}$ oder $dx = \frac{(C'-y)\,dy}{\sqrt{C^2-(C'-y)^2}}$. Integrirt man noch einmahl so erhält man $x = \pm\sqrt{C^2-(C'-y)^2} + C''$ also $y = C' \mp \sqrt{C^2-(x-C'')^2}$. Dieses ist die Gleichung eines Kreises dessen Halbmesser C und wobey C'', C' die Coordinaten des Mittelpunkts sind. Durch die Natur der Aufgabe wird $C'' = \frac{1}{2}a$ und $C'^2 = C^2 - \frac{1}{4}a^2$ folglich ist nur noch C oder der Halbmesser des Kreises zu bestimmen wozu der Werth des Integrals $\int\sqrt{1+\left[\frac{dy}{dx}\right]^2}\,dx = b$ gebraucht werden muß. Man erhält nehmlich $\pi C - C \text{ arc : sin : } \frac{a}{2C} = \frac{1}{2}b$ woraus der Werth von C durch Näherung zu bestimmen ist.

Man siehet aus den gegebenen Beyspielen, daß die Anwendung des Variationencalcüls durch die Unvollkommenheit der Integrirungsmethoden sehr eingeschränkt wird und daß derselbe mehr als ein Denkmahl des Scharfsinnes seines Erfinders als durch die ausgebreitete Nutzanwendung desselben merkwürdig ist, und im Grunde nur eine eigene analytische Aufgabe betrifft.

Einige

Einige Zusätze und Erläuterungen.

Zu §. 15. Seite 30.

Die Gleichungen in der 10ten, 11ten und 12ten Zeile zeigen an was man in einen Ausdruck worin y als Funktion von x betrachtet worden, für $\frac{dy}{dx}$, $\frac{d^2y}{dx^2}$ ꝛc. setzen müsse wenn man sowohl x als y als Funktionen einer dritten Variabeln t ansehen will. Setzt man in diese Gleichungen für dy, dx, d^2y, d^2x ꝛc. ihre Werthe $\frac{dy}{dt}dt$, $\frac{dx}{dt}dt$, $\frac{d^2y}{dt^2}dt^2$, $\frac{d^2x}{dt^2}dt^2$ ꝛc. und bezeichnet man Kürze halber $\frac{dy}{dt}$, $\frac{dx}{dt}$, $\frac{d^2y}{dt^2}$, $\frac{d^2x}{dt^2}$ ꝛc. respective mit y', x' y'', x'' so erhält man die nehmlichen Gleichungen folgendermaßen ausgedrückt

$$\frac{dy}{dx} = \frac{y'}{x'}$$

$$\frac{d^2y}{dx^2} = \frac{y''}{x'^2} - \frac{y'x''}{x'^3}$$

$$\frac{d^3y}{dx^3} = \frac{y'''}{y'^3} - 3\frac{y''x''}{x'^4} + 3\frac{y'x''^2}{x'^5} - \frac{y'x'''}{x'^4}$$

ꝛc.

Es sey nun in irgend einem Differentialausdruck y als Funktion von x betrachtet worden und man wolle nun umgekehrt x als Funktion von y nehmen, so wird jetzt y was vorher t war folglich $\frac{dy}{dt} = \frac{dy}{dy} = 1$ also $\frac{d^2y}{dx^2} = y'' = 0$ folglich werden die obigen Gleichungen

$\frac{dy}{dx} = \frac{1}{x'} = 1 : \frac{dx}{dy}, \frac{d^2y}{dx^2} = - \frac{y'x''}{x'^3} = - \frac{d^2x}{dy^2} : \left(\frac{dx}{dy}\right)^3$ ꝛc. diese Werthe von $\frac{dy}{dx}, \frac{d^2y}{dx^2}$ ꝛc. müßte man also in den gegebenen Ausdruck an die Stelle von $\frac{dy}{dx}, \frac{d^2y}{dx^2}$ ꝛc. setzen um x als Funktion von y betrachten zu können.

Zu §. 17. Seite 56.

Wenn man $y = \frac{fx}{\varphi x}$ hat, so ist auch $y\varphi x = fx$, folglich wenn man differenziirt $\frac{dy}{dx}\varphi x + y\frac{d\varphi x}{dx} = \frac{dfx}{dx}$. Wird nun sowohl fx als φx Null, so giebt die letzte Gleichung $y = \frac{dfx}{dx} : \frac{d\varphi x}{dx} = \frac{dfx}{d\varphi x}$. Auf ähnliche Art findet man wenn auch dieser Ausdruck $\frac{0}{0}$ giebt $y = \frac{d^2fx}{d^2\varphi x}$.

Zu §. 18. Seite 56.

Hier sowohl als im §. 16. ist stillschweigend vorausgesetzt, daß wenn $u = 0$ irgend eine Funktion von x, y, z ꝛc. ist, man auch $du = 0$ hat. Dieses folgt nun einestheils schon daraus, daß $u = 0$ im gegenwärtigen Fall die Natur einer beständigen Größe annimmt. Anderntheils aber kann man sich leicht versichern, daß nicht allein $du = 0$ sondern auch $d^2u = 0$, $d^3u = 0$ ꝛc. seyn muß. Denn wenn z. B. $u = 0$ eine Funktion von x, y und z und z die relative Veränderliche ist, so kann man, da y ganz willkührlich ist, es als eine beliebige Funktion von x betrachten wodurch nicht allein z sondern auch u Funktionen von x allein werden. Dann aber giebt die Entwickelung für u

$$0 = p\,dx + q\,dx^2 + r\,dx^3 + \text{rc.}$$

welche Gleichung nicht bestehen kann wenn nicht jedes der einzelnen Glieder $= 0$ wird. Da nun diese einzelnen Glieder mit du, d^2u, d^3u rc. bezeichnet worden so muß man $du = 0$, $d^2u = 0$, $d^3u = 0$ rc. haben.

Zu §. 22. Seite 47.

Es ist zu bemerken, daß dieses Verfahren zur wirklichen Darstellung der Reihe für y nur dann gebraucht werden kann, wenn ein Differentialcoefficient durch x und Constanten allein gegeben ist, weil nur dann die Coefficienten in der Entwickelungsreihe für den Fall da $x = 0$, bestimmt werden können. Ist aber irgend ein Differentialcoefficient, z. B. $\frac{d^2y}{dx^2}$ außerdem noch durch $\frac{dy}{dx}$ und y gegeben, so werden die unbestimmten beständigen Größen $\left(\frac{dy}{dx}\right)$, (y) in jedem der folgenden Coefficienten $\left(\frac{d^3z}{dx^4}\right)$ rc. verbleiben und diese Coefficienten werden daher alle unbestimmt oder willkührlich, wodurch man nur die allgemeine Form erhält. Auch selbst wenn ein Differentialcoefficient blos durch x gegegen ist, findet dies Verfahren oft nicht seine Anwendung, z. B. wenn $\frac{dy}{dx} = \frac{1}{x}$ oder $\frac{dy}{dx} = \frac{1}{x^2}$ wo alle Coefficienten der Entwickelungsreihe unendlich groß werden. Man vergleiche dieß mit §. 28. Seite 57. und 34. Seite 69. In diesen Fällen nehmlich ist $y = lx$ und $y = -\frac{1}{x}$

welche beyde keiner Entwickelung nach den Potenzen von x fähig sind. Hierdurch wird der Gebrauch der Taylorschen Reihe in dieser Hinsicht sehr eingeschränkt.

Zu §. 24. Seite 48.

Da A, B, C die aus der Gleichung F (x, y, a, b, c) und aus ihrer ersten und zweyten Differentialgleichung gezogenen Werthe von a, b, c sind, so kann man sich darunter nur Ausdrücke von x, y, $\frac{dy}{dx}$ und $\frac{d^2y}{dx^2}$ vorstellen. Es sey z. B. die Gleichung $ay + b \sin x + x = 0$ mit den beyden beständigen Größen a und b gegeben. Ihre beyden ersten Differentialgleichungen sind

$$a \frac{dy}{dx} + b \cos x + 1 = 0 \text{ und } a \frac{d^2y}{dx^2} - b \sin x = 0$$

Aus der Verbindung der drey Gleichungen erhält man die Gleichung

$$\frac{d^2y}{dx^2} - \frac{y \sin x - x \sin x \frac{dy}{dx}}{x \cos x - \sin x} = 0$$

von der zweyten Ordnung welche man sich also unter $V = 0$ vorstellen kann. Die beyden ersten der drey obigen Gleichungen aber geben

$$a = \frac{x \cos x - \sin x}{\sin x \frac{dy}{dx} - y \cos x} \text{ und } b = \frac{y - x \frac{dy}{dx}}{\sin x \frac{dy}{dx} - y \cos x}$$

welche Werthe von a und b respective mit A und B bezeichnet worden. Eliminirt man aus diesen beyden Gleichungen welche als die beyden primitiven Gleichungen von der ersten Ordnung der Gleichung $V = 0$ von der zweyten Ordnung anzusehen sind, die Größe $\frac{dy}{dx} = y'$ so erhält man die ursprüngliche Gleichung ay

$+ b \sin x + x = o$ wieder. Um nach §. 25. die Gleichung $V = o$ oder hier $\frac{d^2y}{dx^2} - \frac{y \sin x - x \sin \frac{dy}{dx}}{x \cos x - \sin x} = o$ in eine wirkliche Differentialgleichung zu verwandeln muß man sie entweder mit

$$\frac{dA}{dy'} = - \frac{(x \cos x - \sin x) \sin x}{(\sin x \,.\, y' - y \cos x)^2} \text{ oder mit}$$

$$\frac{dB}{dy'} = \frac{y (x \cos x - \sin x)}{(\sin x \,.\, y' - y \cos x)^2}$$

multipliciren.

Zu §. 37. Seite 78.

Bey der im Eingange dieses § gemachten Behauptung ist nehmlich vorausgesetzt, daß keine willkürliche Abhängigkeit zwischen den Größen c, c' ꝛc. etablirt werde.

Zu §. 39. Seite 83.

Ob wohl das in dem ersten Absatz dieses § Gesagte seine Richtigkeit hat, so ist doch das angeführte Beyspiel nicht gut gewählt, und auch nicht ganz richtig. Denn man findet aus den beyden ersten Gleichungen die beyden Differentialcoefficienten $\frac{d^2z}{dx^2} = \frac{-z - xy}{2}$ und $\frac{d^2z}{dy^2} = \frac{-z + xy}{2}$ und folglich $\frac{d^3z}{dx^2\,dy} = - \frac{dz}{2\,dy} - \frac{1}{2} x$ und da $\frac{dz}{dy}$ auch z enthalten kann, so wird eigentlich

$$\frac{d^4z}{dx^2\,dy^2} = - \frac{d^2z}{2\,dy^2} - \frac{d^2z}{2\,dy\,dz} \,.\, \frac{dz}{dy} = \frac{z - xy}{4} - \frac{d^2z}{2\,dy\,dz} \,.\, \frac{dz}{dy}.$$

Eben so findet man $\frac{d^4z}{dy^2\,dx^2} = \frac{z + xy}{4} - \frac{d^2z}{2\,dx\,dz} \,.\, \frac{dz}{dx}$ woraus man weder die Gleichheit noch die Ungleichheit der beyden Coefficienten $\frac{d^4 z}{dx^2\, dy^2}$ und $\frac{d^4 z}{dy^2\, dx^2}$ beurtheilen kann. Wäre aber die erste der gegebenen Gleichung $\frac{d^2 z}{dx^2} + \frac{d^2 z}{dy^2} + x^2 y^2 = 0$ so würde $\frac{d^4 z}{dx^2\, dy^2} = - x^2$ und $\frac{d^4 z}{dy^2\, dx^2} = - y^2$ folglich ungleich.

Es seyn zum andern Beyspiel die drey Gleichungen

$$\frac{d^2 z}{dx^2} + \frac{d^2 z}{dy\, dx} + \frac{d^2 z}{dy^2} = (x + y)^2$$

$$x^2 \frac{d^2 z}{dx^2} + y^2 \frac{d^2 z}{dy^2} = xy \frac{d^2 z}{dy\, dx}$$

$$\frac{d^2 z}{dx^2} \frac{d^2 z}{dy^2} = \tfrac{1}{4} \left(\frac{d^2 z}{dy\, dx}\right)^2$$

gegeben. Verbindet man die erste und dritte so erhält man $\frac{d^2 z}{dy\, dx} = 2xy$ und folglich $\frac{d^2 z}{dx^2} + \frac{d^2 z}{dy^2} = x^2 + y^2$. Verbindet man diese Gleichung mit der zweyten so erhält man $\frac{d^2 z}{dx^2} = y^2$ und folglich $\frac{d^2 z}{dy^2} = x^2$. Die gegebenen Gleichungen sind also hinlänglich die zur zweyten Dimension gehörigen Differentialcoefficienten in x u. y zu bestimmen und da diese die erforderlichen Relationen haben, so sind sie von einer aufgelösten Funktion z von x und y abgeleitet. Man erhält nun die zur dritten Dimension gehörigen Differentialcoefficienten $\frac{d^3 z}{dx^3} = 0$, $\frac{d^3 z}{dx^2\, dy} = 2y$, $\frac{d^3 z}{dx\, dy^2} = 2x$, $\frac{d^3 z}{dy^3} = 0$ welche für $x = 0$ und $y = 0$ sämmtlich $= 0$ sind. Ferner sind die Differentialcoefficienten zur vierten Dimension alle $= 0$ bis auf den einzigen $\frac{d^4 z}{dx^2\, dy^3}$ welcher $= 2$

und da er durch die Dimensionszahl 4 dividirt werden muß, so wird der ganze zu $x^2 y^2$ gehörige Coefficient $= \frac{1}{2}$ und folglich dieses Glied selbst $= \frac{x^2 y^2}{2}$. Alle folgende Differentialcoefficienten werden nun $= 0$ und die Entwickelungsreihe bricht hiermit ab. Da die zur zweyten Dimension gehörige Differentialcoefficienten für x und $y = 0$ ebenfalls $= 0$ werden, so ist von diesen Gliedern nichts in der Reihe enthalten. Es fehlen nun noch die Differentialcoefficienten $\frac{dz}{dx}$ und $\frac{dz}{dx}$ für den Fall da x und $y = 0$ sind. Da sie aber in diesem Fall beständige Größen sind so kann man $\left(\frac{dz}{dx}\right) = A$ und $\left(\frac{dz}{dy}\right) = B$ setzen, folglich wird dann $z = C + Ax + By + \frac{1}{2} x^2 y^2$ das vollständige Integral der drey gegebenen Gleichungen.

Behandelt man die drey Differentialcoefficienten $\frac{d^2 z}{dx^2} = y^2$, $\frac{d^2 z}{dy\,dx} = 2\,xy$, $\frac{d^2 z}{dy^2} = x^2$, wie im §. 41. so giebt der erste $\frac{dz}{dx} = y^2 x + Y$ folglich wenn derselbe nach y differenzirt wird, $\frac{d^2 z}{dx\,dy} = 2xy + \frac{dY}{dy}$ und da dieses $= 2xy$ seyn muß so wird $\frac{dY}{dy} = 0$ folglich $Y = \text{const} = A$ folglich $\frac{dz}{dx} = xy^2 + A$ und wenn man abermahls integrirt $z = \frac{1}{2} x^2 y^2 + Ax + \varphi y$ weil auch bey der Ableitung von $\frac{dz}{dx}$ eine Funktion von y verschwunden seyn kann. Da man nun aus dem dritten Coefficienten durch die Integration $\frac{dz}{dy}$

$= x^2 y + B$ findet und dieses mit dem aus dem gefundenen Werth von z zuziehenden $\frac{dz}{dy} = x^2 y + \frac{d\phi y}{dy}$ übereinkommen muß, so wird $\frac{d\phi y}{dy} = B$ und daher $\phi y = By + C$ demnach $z = \frac{1}{2} x^2 y^2 + Ax + By + C$ der vollständige Werth von z wie vorher.

Es seyn ferner noch drey Gleichungen gegeben woraus man die drey Differentialcoefficienten $\frac{d^2 z}{dx^2} = -y \sin x$, $\frac{d^2 z}{dx\, dy} = \cos x - \sin y$ und $\frac{d^2 z}{dy^2} = -x \cos y$ erhalten hat, welche ebenfalls die erforderlichen Relationen haben um von einer einzigen Funktion von x und y abgeleitet zu seyn. Hier ist die Methode nach der Taylorschen Reihe anwendbar. Man erhält nehmlich $\frac{d^3 z}{dx^3} = -\cos x$, $\frac{d^3 z}{dx^2 dy} = -\sin x$, $\frac{d^3 z}{dx\, dy^2} = -\cos y$, $\frac{d^3 z}{dy^3} = x \sin y$ welche für $x = 0$ und $y = 0$ geben

$$\left(\frac{d^3 z}{dx^3}\right) = 0, \left(\frac{d^3 z}{dx^2 dy}\right) = 0, \left(\frac{d^3 z}{dx\, dy^2}\right) = -1,$$
$$\left(\frac{d^3 z}{dy^3}\right) = 0.$$

Ferner erhält man $\frac{d^4 z}{dx^4} = y \sin x$, $\frac{d^4 z}{dx^3 dy} = -\cos x$, $\frac{d^4 z}{dx^2 dy^2} = 0$, $\frac{d^4 z}{dx\, dy^3} = \sin y$, $\frac{d^4 z}{dy^4} = x \cos y$, welche für $x = 0$ und $y = 0$ geben $\left(\frac{d^4 z}{dx^3 dy}\right) = -1$, die übrigen dieser Coefficienten werden $= 0$. Ferner behält man von den Coefficienten der fünften Dimension blos $\left(\frac{d^5 z}{dx\, dy^4}\right) = 1$. Es wird also die Reihe für z folgende

$$z = C'' + Cx + C'y + xy - \frac{xy^2}{2} - \frac{x^3y}{2.3} + \frac{xy^4}{2.3.4} + \frac{yx^5}{2.3.4.5} - \text{ꝛc.}$$

Man siehet aus diesen Beyspielen, daß die zum §. 22. gemachte Anmerkung auch hier ihre Anwendung findet und daß die erweiterte Taylorsche Reihe nur dann etwas bestimmtes giebt wenn die Differentialcoefficienten einer Dimension wirklich durch die unabhängigen Variabeln gegeben sind. Ueberhaupt aber wird man sich dieser Methode nie bedienen wenn man auf eine andere Art zu einem endlichen Ausdruck des Integrals gelangen kann.

Wenn man nehmlich im letzten Beyspiel nach §. 41. verfährt so erhält man, wenn man den ersten dieser Coefficienten nach x integrirt, $\frac{dz}{dx} = y \cos x + Y$ folglich wenn man ihn nach y differenziirt $\frac{d^2z}{dx\,dy} = \cos x + \frac{dY}{dy}$ welches $= \cos x - \sin y$ seyn muß. Man erhält also $\frac{dY}{dy} = -\sin y$ folglich $Y = \cos y + C$, Daher $\frac{dz}{dx} = y \cos x + \cos y + C$. Auf eben die Art erhält man aus dem dritten Coefficienten $\frac{dz}{dy} = \sin x - x \sin y + C'$. Integrirt man einen dieser Coefficienten aufs Neue z. B. $\frac{dz}{dx}$ nach x so erhält man $z = y \sin x + x \cos y + Cx + \mathfrak{Y}$ folglich $\frac{dz}{dy} = \sin x - x \sin y + \frac{d\mathfrak{Y}}{dy} = \sin x - x \sin y + C'$ folglich wird $\frac{d\mathfrak{Y}}{dy} = C'$ und also $\mathfrak{Y} = C'y + C''$

folglich ist das vollständige Integral $z = y \sin x + x \cos y + Cx + C'y + C''$.

Dieß hier gefundene endliche Integral ist mit dem Reihenausdruck von z einerley, denn es ist nach den bekannten Reihen für sinus und cosinus.

$$y \sin x = yx - \frac{yx^3}{2.3} + \frac{yx^5}{2.3.4.5} - \text{ꝛc.}$$

$$x \cos y = x - \frac{xy^2}{2} + \frac{xy^4}{2.3.4} - \text{ꝛc. folglich}$$

$$z = C'' + (C + 1)x + C'y + xy - \frac{xy^2}{2} - \frac{yx^3}{2.3} + \frac{xy^4}{2.3.4} + \frac{yx^5}{2.3.4.5} - \text{ꝛc.}$$

welches von dem oben gefundenen blos in einer der willkührlichen Constanten verschieden ist.

Zu §. 40. Seite 85.

Wenn nehmlich die zu einer Dimension gehörigen Differentialcoefficienten durch die unabhängigen Veränderlichen allein gegeben sind, so ist der Reihenausdruck für die gesuchte primitive Funktion bis auf eine gewisse Anzahl willkührlicher Constanten völlig bestimmt und folglich auch der ihm gleiche endliche Ausdruck. Wenn aber nicht alle zu einer Dimension gehörigen Differentialcoefficienten gegeben sind, so wird man die fehlenden zum Theil als willkührliche Funktionen von den unabhängigen Variabeln annehmen können und je nachdem man diese annimmt wird man mehrere Ausdrücke für die primitive Funktion erhalten welche alle den gegebenen Differentialcoefficienten Genüge thun, und welche übrigens mehr oder weniger Willkührliches enthalten.

Hätten z. B. die gegebenen Gleichungen nur zugereicht die beyden Differentialcoefficienten $\frac{d^2 z}{dx^2} = y^2$ und

$\frac{d^2 z}{dy^2} = x^2$ zu bestimmen, so geben beyde, wenn man integrirt $\frac{dz}{dx} = y^2 x + Y$ und $\frac{dz}{dy} = x^2 y + X$, wo Y eine Funktion von y allein und X eine von x allein ist. Integrirt man die erste noch einmahl so erhält man $z = \frac{y^2 x^2}{2} + Yx + \mathfrak{Y}$, wird dieses nach y differenzirt so erhält man $\frac{dz}{dy} = x^2 y + x \frac{dY}{dy} + \frac{d\mathfrak{Y}}{dy}$ und da dieses $= x^2 y + X$ seyn muß, so erhält man folgende Bedingungsgleichung:

$$x \frac{dY}{dy} + \frac{d\mathfrak{Y}}{dy} = X.$$

Dieser Gleichung kann man Genüge thun wenn man $X = x$, $\frac{dY}{dy} = 1$ und $\frac{d\mathfrak{Y}}{dy} = 0$ setzt. Hieraus erhält man $Y = y + C$ und $\mathfrak{Y} = \text{const}$ folglich wird $z = \frac{y^2 x^2}{2} + yx + Cx + C'$ welche Integralfunktion sich von der vorhin gefundenen darin unterscheidet, daß man anstatt der Constanten B hier die veränderliche Größe x erhalten hat. Wenn man mit dem andern Coefficienten $\frac{d^2 z}{dy^2} = x^2$ eben so verfahren hätte würde man $z = \frac{y^2 x^2}{2} + yx + Cy + C'$ erhalten haben, welche ebenfalls den beyden gegebenen Differentialcoefficienten Genüge thut, und man wird hieraus leicht schließen, daß es auch die Funktion $z = \frac{y^2 x^2}{2} + Cyx + C'$ thut. Da überhaupt nur erfordert wird daß die gesuchte Funktion z den beyden gegebenen Differentialcoefficienten Genüge thue, so kann sie noch eine Funktion $\varphi(x, y)$ enthalten, welche so beschaffen ist, daß ihre Differentialcoefficienten $\frac{d^2\varphi(x,y)}{dx^2}$ und $\frac{d^2\varphi(x,y)}{dy^2}$ beyde $=$ o sind, welche Eigenschaft die Funktion $Cxy + C'$ hat.

Wäre nur eine einzige Gleichung zwischen Differentialcoefficienten gegeben z. B. $\frac{d^2z}{dx^2} + \frac{d^2z}{dy^2} + z = o$, so wäre keiner dieser Differentialcoefficienten besonders gegeben, sondern nur eine gewisse Relation unter denselben. Die gesuchte Funktion z von x und y darf also nur so beschaffen seyn, daß sie dieser Relation Genüge leistet.

Zu §. 48. Seite 96.

In Ansehung der im Anfange dieses § aufgestellten Behauptung ist zu bemerken, daß $\frac{du}{dx}$, $\frac{du}{dy}$ und $\frac{du}{dz}$ gegebene Funktionen sind und daß also in den beyden Differentialgleichungen nur die Differentialcoefficienten $\frac{dz}{dx}$ und $\frac{dz}{dy}$ befindlich sind. Eliminirt man nun aus diesen drey Gleichungen irgend zwey beständige oder veränderliche Factoren die in jeder derselben vorkommen so wird das Resultat eine Differentialgleichung von der ersten Ordnung seyn welche auf die im § angezeigte Form wird gebracht werden können.

Die beyden Gleichungen $dy - Mdx = o$ und $dz + Ndx = o$ geben $\frac{dy}{dx} = M$ und $\frac{dz}{dx} = -N$. Setzt man diese Differentialverhältnisse in die gegebene Gleichung für M und N so erhält man $\frac{dz}{dx} + \frac{dy}{dx}\,\frac{dz}{dy} - \frac{dz}{dx} = o$ und wenn man mit dx multiplicirt $\frac{dz}{dx}.dx$

$+ \frac{dz}{dy} dy = dz$ als das allgemeine Schema des Differentials einer Funktion z von x und y.

Zu N. 3. Diese Analyse ist folgende: Nimmt man von $S = a$ und $T = b$ die Differentiale so erhält man

$$\frac{dS}{dx} dx + \frac{dS}{dy} dy + \frac{dS}{dz} dz = 0 \text{ und}$$

$$\frac{dT}{dx} dx + \frac{dT}{dy} dy + \frac{dT}{dz} dz = 0,$$

dividirt man beyde durch dx und eliminirt das Differentialverhältniß $\frac{dy}{dx}$ so erhält man

$$\frac{dz}{dx} = \frac{\frac{dT}{dx} \cdot \frac{dS}{dy} - \frac{dT}{dy} \cdot \frac{dS}{dx}}{\frac{dS}{dz} \cdot \frac{dT}{dy} - \frac{dT}{dz} \cdot \frac{dS}{dy}} = - N.$$

Auf gleiche Art erhält man

$$\frac{dy}{dx} = \frac{\frac{dS}{dz} \cdot \frac{dT}{dx} - \frac{dT}{dz} \cdot \frac{dS}{dx}}{\frac{dS}{dy} \cdot \frac{dT}{dz} - \frac{dS}{dz} \cdot \frac{dT}{dy}} = M.$$

Nimmt man nun die partiellen Differentiale der Gleichung $S = \varphi T$ in Bezug auf x und y so erhält man

$$\frac{dS}{dz} \frac{dz}{dx} + \frac{dS}{dx} = \varphi' T \left(\frac{dT}{dz} \cdot \frac{dz}{dx} + \frac{dT}{dx}\right) \text{ und}$$

$$\frac{dS}{dz} \frac{dz}{dy} + \frac{dS}{dy} = \varphi' T \left(\frac{dT}{dz} \cdot \frac{dz}{dy} + \frac{dT}{dy}\right)$$

Diese geben wenn man $\varphi' T$ eliminirt

$$\frac{\frac{dS}{dz} \cdot \frac{dz}{dx} + \frac{dS}{dx}}{\frac{dT}{dz} \cdot \frac{dz}{dx} + \frac{dT}{dx}} = \frac{\frac{dS}{dz} \cdot \frac{dz}{dy} + \frac{dS}{dy}}{\frac{dT}{dz} \cdot \frac{dz}{dy} + \frac{dT}{dy}}$$

und hieraus erhält man

$$\frac{dz}{dx} + \frac{\frac{dS}{dx}\cdot\frac{dT}{dz} - \frac{dS}{dz}\cdot\frac{dT}{dx}}{\frac{dS}{dz}\cdot\frac{dT}{dy} - \frac{dS}{dy}\cdot\frac{dT}{dz}}\cdot\frac{dz}{dy} + \frac{\frac{dS}{dx}\cdot\frac{dT}{dy} - \frac{dS}{dy}\cdot\frac{dT}{dx}}{\frac{dS}{dz}\cdot\frac{dT}{dy} - \frac{dT}{dz}\cdot\frac{dS}{dy}} = 0$$

oder

$$\frac{dz}{dx} + M\frac{dz}{dy} + N = 0$$

wie erfordert wird.

Es ist zu merken, daß wenn man ein Paar Gleichungen wie $s = a$ und $T = b$ hat, wo S und T Ausdrücke von x, y und z sind, man so wohl z als y, als Funktion von x allein betrachten kann. Die Differentialverhältnisse $\frac{dz}{dx}$ und $\frac{dy}{dx}$ sind also eigentlich als durch x allein gegeben anzusehen. Wenn sie aber gleichwohl durch x, y und z gegeben sind, so können die veränderlichen Größen y und z nicht anders als durch Substitution in diese Differentialausdrücke gekommen seyn, oder welches einerley ist, es müssen bey der Ableitung von $\frac{dz}{dx}$ und $\frac{dy}{dx}$ die beyden Gleichungen $S = a$ und $T = b$ verbunden worden seyn. Denn diese beyden Gleichungen geben:

$$\frac{dS}{dx} + \frac{dS}{dy}\,\frac{dy}{dx} + \frac{dS}{dz}\,\frac{dz}{dx} = 0 \text{ und}$$

$$\frac{dT}{dx} + \frac{dT}{dy}\,\frac{dy}{dx} + \frac{dT}{dz}\,\frac{dz}{dx} = 0$$

folglich kann man die Werthe von $\frac{dz}{dx}$ und $\frac{dy}{dx}$ nicht anders durch x, y und z ausgedrückt erhalten als indem man beyde Gleichungen combinirt. Wenn man also $\frac{dy}{dx} = M$ und $\frac{dz}{dx} = -N$ hat, worin M und N Funktionen von x, y und z sind, so wird man nicht für jede dieser Gleichungen eine Integralgleichung suchen dürfen

dürfen welche ihr allein Genüge thut, sondern man wird ein Paar Integralgleichungen bestimmen, welche den obigen Gleichungen verbunden (conjunctim) Genüge thun. Man kann also hier nicht auf die gewöhnliche Art integriren, sondern man muß die beyden Differentialgleichungen vereint integriren, wozu aber die Vorschriften höchst dürftig sind. Indem man nun nachmals $S = \varphi T$ setzt wird die zwischen y und x eingeführte Abhängigkeit wieder aufgehoben.

Es seyn z. B. die beyden Gleichungen $z + ay - bx = o$ und $z^2 - cxy = o$ gegeben. Aus der Combination derselben erhält man die beyden Differentialgleichungen $\frac{dz}{dx} = \frac{(bx + ay)\,c}{cx + 2az}$ und $\frac{dy}{dx} = \frac{2bz - cy}{cx + 2az}$ Aus den beyden gegebenen Gleichungen erhält man aber auch folgende beyde

$$az^2 + cxz - cbx^2 = o \text{ und}$$
$$a^2y^2 - (2ba + c)\,xy + b^2x^2 = o$$

wodurch z und y als Funktionen von x bestimmt werden. Aus der ersten erhält man $\frac{dz}{dx} = \frac{(2bx - z)\,c}{2az + cx}$ und dieser Werth von $\frac{dz}{dx}$ stimmt mit dem vorher gefundenen überein, wenn man beyde vermittelst der zuletzt gefundenen Gleichungen bloß durch x ausdrückt. Diese Gleichungen vereint werden also der Gleichung $\frac{dz}{dx} = \frac{(bx + ay)\,c}{cx + 2az}$ und eben so auch der Gleichchung $\frac{dy}{dx} = \frac{2bz - cy}{cx + 2az}$ Genüge thun und würden anstatt der erstern gebraucht werden können. Hätte man aber aus den Gleichungen $\frac{dz}{dx} = \frac{(bx + ay)c}{cx + 2az}$ und $\frac{dy}{dx} = \frac{2bz - cy}{cx + 2az}$ auf irgend eine Art die beyden Gleichungen $z + ay - bx = o$ und $z^2 - cxy = o$ bestimmt, so würde $\frac{z + ay}{x} = \varphi \,.\, \frac{z^2}{xy}$ die Integralfunktion der Gleichung $\frac{dz}{dx} + \frac{2bz - cy}{cx + 2az} \cdot \frac{dz}{dy} - \frac{(bx + ay)c}{cx + 2az} = o$ seyn.

Bey dieser Gelegenheit ist zu bemerken, daß wenn man überhaupt n Differentialgleichungen von folgender Form hat

$$\frac{d^i y}{dx^i} + P = o, \quad \frac{d^i y'}{dx^i} + P' = o,$$

worin die n veränderlichen Größen y, y' ꝛc., die veränderliche Größe x und die Differentialverhältnisse aller niederen Ordnungen vorkommen, so müssen diese von n endlichen Gleichungen zwischen den n + 1 Größen y, y' y'' ... x abgeleitet seyn, worin y, y', y'' ꝛc. sämmtlich als Funktionen von x angesehen werden können. Nimmt man nehmlich von jeder der n Gleichungen die Differentialgleichung von der Ordnung i, so wird jede dieser Differentialgleichungen wenn man mit dx^i dividirt, die n Differentialverhältnisse $\frac{d^i y}{dx^i}$, $\frac{d^i y'}{dx^i}$, $\frac{d^i y''}{dx^i}$ ꝛc. enthalten und da man n solcher Differentialgleichungen hat so wird man daraus jedes dieser Differentalverhältnisse durch eine Funktion von x, y, y' ꝛc. und den Differentialverhältnissen der niedrigern Ordnungen bestimmen können, woraus die n Gleichungen der obigen Form entstehen werden. Kann man nun y, y' ꝛc. in Funktionen von x so bestimmen, daß den gegebenen Gleichungen dadurch Genüge geschiehet, so kann man diese Funktionen anstatt der obigen n Gleichungen gebrauchen.

Zu §. 51. Seite 101.

Das hier gewählte Bey'piel erfordert eine Erläuterung. Es ist die Differentialgleichung $x^2 \frac{d^2 z}{dx^2} + \frac{d^2 z}{dy^2} + x \frac{dz}{dx} = 0$ gegeben. Da die Coefficienten der Differentialverhältnisse bloß x enthalten, so kann man daraus schließen, daß sie aus der Gleichung $z = \varphi p + \psi q$ und ihren ersten und zweyten partiellen Differentialcoefficienten combinirt worden sey. Da man nun die Werthe von p und q nicht auf die Art finden kann wie etwa im §. 47 und 50. so bleibt nichts übrig als sie durch schickliche Versuche zu bestimmen, wobey dem Analysten sein Genie und seine Bekanntschaft mit den Eigenschaften der Funktionen zu Hülfe kommen. Im gegenwärtigen Fall siehet man leicht, daß sich die Gleichung in folgende verwandeln läßt $-\frac{x\, d.x \frac{dz}{dx}}{dx} = \frac{d^2 z}{dy^2}$, denn es ist $\frac{d.x \frac{dz}{dx}}{dx} = \frac{dz}{dx} + x \frac{d^2 z}{dx^2}$ folglich

$$-\frac{x\, d.x \frac{dz}{dx}}{dx} = -x \frac{dz}{dx} - x^2 \frac{d^2 z}{dx^2} = \frac{d^2 z}{dy^2}.$$

Nun ist aus dieser Verwandelung zu vermuthen, daß da $\frac{dz}{dx}$ ehe es nach dx differenzirt worden, mit x multiplicirt ist, es x gar nicht weiter enthalten habe, und folglich $\frac{dz}{dx}$ bloß als Funktion von y anzusehen sey so daß $\frac{d^2 z}{dx^2} = 0$ wird. Dieses leitet also darauf für z die Form $z = xZ$ vorauszusetzen worin Z blos eine Funktion von y ist. Aus dieser Form erhält man nun wenn man nach x und y differenzirt $\frac{dz}{dx} = Z$, $\frac{dz}{dy} = x \frac{dZ}{dy}$ und $\frac{d^2 z}{dy^2} = x \frac{d^2 Z}{dy^2}$ folglich $\frac{d^2 Z}{dy^2} = \frac{1}{x} \frac{d^2 z}{dy^2}$. Nun ist aber $x \frac{dz}{dx} = xZ$ und wenn man aufs Neue nach x differenzirt $\frac{d \,.\, x \frac{dz}{dx}}{dx} = Z$. Nun ist aber vermöge der gegebenen Gleichung $\frac{d \,.\, x \frac{dz}{dx}}{dx} = - \frac{1}{x} \frac{d^2 z}{dy^2}$ folglich $Z = - \frac{d^2 Z}{dy^2}$ oder $\frac{d^2 Z}{dy^2} = - Z$.

Es sey zum zweyten Beyspiel die Gleichung $x \frac{d^2 z}{dx^2} + \frac{dz}{dy} - y \frac{d^2 z}{dy\, dx} = 0$ gegeben, welche sich auf ähnliche Art in $\frac{d \,.\, x \frac{dz}{dx}}{dx} = y \frac{d \,.\, \frac{dz}{dy}}{dx}$ verwandelt. Hier kann man die vorige Voraussetzung nicht anwenden. Setzt man aber $z = y^X$ worin X blos Funktion von x ist, so erhält man $\frac{dz}{dx} = y^X \frac{dX}{dx}$, $\frac{d \,.\, x \frac{dz}{dx}}{dx} = y^X \frac{dX}{dx} + x y^X \left(\frac{dX}{dx}\right)^2 + x y^X \frac{d^2 X}{dx^2}$ und $\frac{dz}{dy} = X y^{X-1}$ folglich $y \frac{d^2 z}{dy\, dx} = y^X \frac{dX}{dx} + x y^X \frac{dX}{dx}$. Es muß also $x y^X \left(\frac{dX}{dx}\right)^2 + x y^X \frac{d^2 X}{dx^2} = X y^X \frac{dX}{dx}$ seyn oder wenn man mit y^X dividirt so muß man haben $x \left(\frac{dX}{dx}\right)^2 + x \frac{d^2 X}{dx^2} = X \frac{dX}{dx}$.

Dieser Gleichung kann Genüge geschehen wenn man $X = \pm x$ setzt, folglich wird in diesem Beyspiel $p = y^x$ und $q = y^{-x}$, demnach $z = \varphi y^x + \psi y^{-x}$ das generelle Integral der gegebenen Differentialgleichung. Nimmt man hiervon die ersten beyden Differentialcoefficienten so erhält man $\frac{dz}{dx} = \varphi' y^x . y^x - \psi' y^{-x}$ $. y^{-x}$ und $\frac{dz}{dy} = \varphi' y^x . x y^{x-1} - \psi' y^{-x}$. $x y^{-x-1}$ woraus sich ergiebt $x \frac{dz}{dx} = y \frac{dz}{dy}$. Dieser Relation zwischen partiellen Differentialen geschiehet aber auch durch die Gleichung $z = \varphi (x . y + c)$ Genüge, wie man sich leicht durch das im zweyten Absatz des §. 47. gegebene Beyspiel überzeugen kann, woraus man siehet, daß einer und derselben Gleichung zwischen partiellen Differentialen durch mehrere Integralformen Genüge geschehen könne. Eben dieses ergiebt sich aus dem §. 52. wo die Relation $\frac{dz}{dy} + fz . \frac{dz}{dx}$ den Integralformen $z = x + y fx$, $z = \varphi (x + y fz)$ und $\varphi z = \varphi (x + y fz)$ zugleich zukommt, wovon aber die erste der dritten als untergeordnet zu betrachten ist.

Wenn die gegebene Differentialgleichung nicht die im § angezeigte Form hat, so kann sie auch nicht auf diese Weise behandelt werden. Es sey z. B. die Gleichung $\frac{d^2z}{dx^2} + \frac{d^2z}{dy^2} + z = 0$ gegeben, worin z als eine Funktion von x und y zu betrachten ist, die aber wegen des Gliedes $+ z$ nicht unter der obigen Form gesetzt werden kann. Aus der zum §. 39. gehörigen Erläuterung im letzten Beyspiel kann man schon schließen, daß die Gleichung $z = ay \sin x + bx \cos y$ derselben Genüge thue. Eben dieses thun auch di Gleichungen $z = a \sin x + b \cos y$ und $z = ax \sin y + by \cos x$.

Zu §. 68. Seite 139.

Es sind hier nehmlich $\frac{dFx}{dx}$, $\frac{d^2Fx}{dx}$, $\frac{d^3Fx}{dx^3}$ c. mit $F'x$, $F''x$, $F'''x$ bezeichnet worden und eben so $\frac{dfx}{dx}$ mit $f'x$ u. s. w.

Zu §. 71. Seite 145.

In dem ersten Absatz ist alles was daselbst von Berührungskreisen gesagt wird, in Bezug auf einen jeden Punkt der Curve zu verstehen.

Zu §. 87. Seite 176.

Herr Hauptmann Rohde, in der Vorrede zu seiner Differentialrechnung, beweißt sogar für einen besondern Fall das Gegentheil von der Lagrangeschen Behauptung. Der Satz muß aber doch in so fern seine Richtigkeit haben, als man die Ordinaten gehörig nahe zusammen stellt oder $i = \Delta x$ gehörig klein nimmt, weil sonst unmöglich die richtige Formel zur Quadratur solcher krummen Oberflächen daraus hätte gefolgert werden können. Nur gehet ihm die Evidenz eines Grundsatzes ab. Aber eben diese Evidenz scheint auch dem Satze zu fehlen, daß die conoidische Zone welche ein Bogenstück einer Curve beschreibt indem sie um die Axe der Abscissen gedrehet wird, allezeit größer sey als die conische Zone welche die zugehörige Sehne beschreibt, in dem Falle nehmlich da das Bogenstück convex gegen die Abscissenaxe ist. Es scheint also daß man von diesen Sätzen keinen Gebrauch machen könne, um mit deutlicher Ueberzeugung die Formel zur Quadratur der Revolutionsflächen abzuleiten.

Zu §. 93. Seite 189 oben.

Es ist nehmlich $z' = \alpha + \beta x' + \gamma y'$ für die Gleichung einer andern durch den gemeinschaftlichen Punkt gehenden Ebene genommen worden.

Zu §. 93. Seite 190. im 1sten Absatz.

Die Berührungsebene stehet nehmlich winkelrecht auf der Ebene worin die Normale und ihre Projection auf die Ebene der z und x befindlich sind. Auf eben dieser Ebene stehet aber auch die Ebene der z und x winkelrecht, folglich muß die gemeinschaftliche Durchschnittslinie dieser letzten Ebene mit der Berührungsebene ebenfalls winkelrecht auf der Projectionsebene der Normalen stehn, folglich auch auf der Projection der Normalen selbst. Die Projection der Normalen auf die Ebene der z und x ist daher winkelrecht auf die Durchschnittslinie der Berührungsebene und der Ebene der z und x.

Zu §. 114. Seite 221.

Man kann diesen Satz noch besser so erweisen. Es sey $\int V\,dx = U$ und V folglich auch U eine Funktion von x, y, z 2c. worin y, z 2c. unbestimmte Funktionen von x sind. Wenn nun die Funktionen y, z 2c. ihre Relation mit x ändern so wird $\delta \int V\,dx$

$= \delta U = \frac{dU}{dy} \delta y + \frac{dU}{dz} \delta z +$ etc. Nun ist aber $\frac{dU}{dy} = \frac{d \int V\, dx}{dy} = \int \frac{dV}{dy} dx$ und da sich das Integralzeichen nur auf x bezieht, so wird $\frac{dU}{dy} \delta y = \int \frac{dV}{dy} \delta y\, dx$. Eben so erhält man $\frac{dU}{dz} \delta z = \int \frac{dV}{dz} \delta z\, dx$ u. s. f. Folglich

$$\delta U = \int \frac{dV}{dy} \delta y\, dx + \int \frac{dV}{dz} \delta z\, dx + \text{etc.}$$

$$= \int \left[\frac{dV}{dy} \delta y + \frac{dV}{dz} \delta z + \text{etc.}\right] dx = \int \delta V\, dx$$

daher $\delta \int V\, dx = \int \delta V\, dx$.

Zu §. 117. Seite 228.

$\frac{dy}{dx} = \frac{b' - b}{a' - a}$ ist die Tangente des Winkels den die gesuchte grade Linie mit der Abscissenaxe macht, und $\frac{db}{da}$, $\frac{db'}{da'}$, sind die Tangenten der Winkel welche die Tangenten der beyden Curven mit derselben Axe machen. Aus den beyden Gleichungen $(a' - a) + (b' - b) \frac{db}{da} = 0$ und $(a' - a) + (b' - b) \frac{db'}{da'} = 0$ folgt unmittelbar $\frac{db}{da} = \frac{db'}{da'}$. Die beyden Berührungslinien an den Punkten der beyden Curven welche durch die kürzeste grade Linie verbunden werden sollen, müssen also einander parallel seyn. Da ferner $\frac{dy}{dx} = -1 : \frac{db}{da}$ so stehet die Verbindungslinie auch auf beyden Berührungslinien winkelrecht.

FSC
www.fsc.org
MIX
Papier | Fördert gute Waldnutzung
FSC® C083411

Zeitfracht Medien GmbH
Ferdinand-Jühlke-Straße 7
99095 Erfurt, Deutschland
produktsicherheit@kolibri360.de